MySQL数据库技术与应用

胡晓辉　肖新元　曹方玲 主编
赵　頔　张　煜　陈慧娇 副主编

清華大學出版社
北京

内 容 简 介

本书通过“学生信息管理系统”典型案例，采用 MySQL 8.0，由浅入深、循序渐进地介绍数据库的设计及 MySQL 相关概念与技术。全书共 8 个项目：认识数据库、创建与管理数据库、创建与管理数据表、数据处理、数据查询、索引与视图、数据库编程和数据安全。全书理论与实践相结合，每个任务的任务实施部分均有实施过程、执行结果等内容，能加深学生对知识点的理解，且本书配有在线开放课程，读者可以通过资源链接实现灵活学习。

本书内容丰富、难度适中、可操作性强，既可以作为高职高专、应用型本科院校计算机类专业的学生用书，也可以作为全国计算机等级考试及“1+X”Web 前端开发职业技能等级考试的参考用书，还可以作为广大计算机爱好者的自学用书。

图书在版编目（CIP）数据

MySQL 数据库技术与应用 / 胡晓辉，肖新元，曹方玲主编 . -- 北京：清华大学出版社，2024. 12. -- ISBN 978-7-302-67711-6

Ⅰ. TP311.132.3

中国国家版本馆 CIP 数据核字第 2024LR4361 号

责任编辑：郭丽娜
封面设计：曹　来
责任校对：袁　芳
责任印制：沈　露

出版发行：清华大学出版社
网　　址：https://www.tup.com.cn，https://www.wqxuetang.com
地　　址：北京清华大学学研大厦 A 座　　**邮　　编：**100084
社 总 机：010-83470000　　**邮　　购：**010-62786544
投稿与读者服务：010-62776969, c-service@tup.tsinghua.edu.cn
质量反馈：010-62772015, zhiliang@tup.tsinghua.edu.cn
课件下载：https://www.tup.com.cn,010-83470410
印 装 者：三河市龙大印装有限公司
经　　销：全国新华书店
开　　本：185mm×260mm　　**印　　张：**15.5　　**字　　数：**373 千字
版　　次：2024 年 12 月第 1 版　　**印　　次：**2024 年 12 月第 1 次印刷
定　　价：49.00 元

产品编号：108098-01

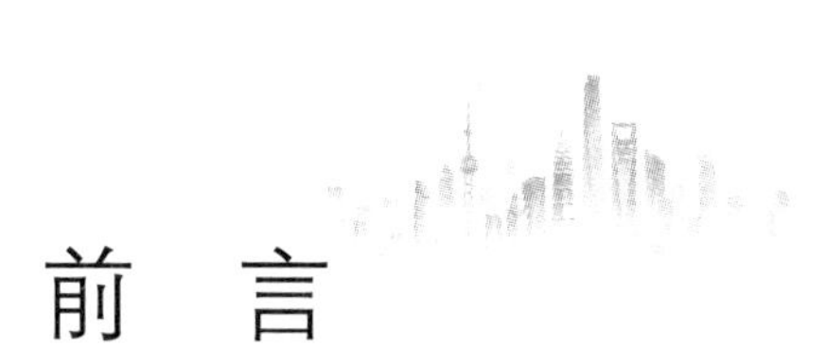

前　言

MySQL 是一个开源的关系型数据库管理系统，以体积小、速度快、成本低的特点被广泛应用于中小型和大型网站的开发中。MySQL 数据库也是计算机相关专业的核心课程之一。

本书以项目化教学为指导，围绕学生信息管理系统组织教学内容，结构清晰，重点突出，深入浅出地介绍了数据库的设计及 MySQL 的相关概念与技术，内容涵盖数据库概述、MySQL 的安装与配置、数据库设计及规范化理论、数据库和表的创建与管理、数据的插入、数据的修改和删除、单表查询及多表查询、视图与索引的创建与管理、数据库编程及数据的安全管理。全书理论与实践相结合，内容安排遵循学生的认知规律。本书融合了全国计算机等级考试及“1+X”Web 前端开发职业技能等级考试要求和企业岗位标准，在理论够用的基础上突出实践技能，让读者在实践的基础上加深对知识点的理解，从而提高综合应用能力。

本书具有以下几个特色。

（1）图文并茂，循序渐进。本书所有项目均包含任务实施部分，其中列举了大量实例，并提供运行语句和执行结果，使读者在阅读时即使脱离系统运行环境也能直观地看到操作过程，且内容由浅入深、循序渐进，符合学生的认知规律。

（2）案例典型，实用性强。“学生信息管理系统”典型案例贯穿项目教学的全过程，教学内容和典型案例有机地融为一体，且每个项目后面均配有实践训练部分，可提高读者的应用能力。

（3）资源丰富，立体多元。本书内容丰富、难度适中、可操作性强，不仅有在线开放课程，还提供了大量的微课视频。读者可以通过手机扫码和资源链接实现灵活学习。

（4）实践为主，结构新颖。本书深入浅出地简单介绍知识点后，安排了与当前知识点匹配的任务实施部分，其中所有的实例都经过了精心的考虑和设计，能帮助学生加深对知识点的理解，具有启发性和实用性。

（5）提供丰富的教学资源。为方便教学，本书配套了精美的教学课件、源程序文件、教学示例数据库及习题参考答案等教学资源。

本书由江西机电职业技术学院一线教师团队联合编写，尽管编者在编写本书时已全力以赴，但书中的疏漏、不足之处仍在所难免，敬请广大读者提出宝贵意见和建议，编者将不胜感激。

教学配套资源

编　者

2024 年 5 月

目　录

认识数据库

项目导读

在大数据时代，数据已成为一种宝贵的资源，其价值和影响力日益凸显。数据库作为数据资源的主要存储工具，其重要性不言而喻。数据库不仅是一个简单的数据存储仓库，更是一个能够将数据按照特定的规律、结构和方式进行组织和存储的系统。数据库的设计、建立和维护都需要遵循一系列严格的规则和原则，以确保数据的完整性、准确性和高效性。为充分利用这一资源并发挥数据库的最大效用，深入了解数据库技术至关重要。而要实现这一目标，需要先从认识数据库开始。

学习目标

- 掌握数据库的基本概念与原理。
- 熟悉结构化查询语言（SQL）的核心特性。
- 熟练安装与配置 MySQL 数据库系统。
- 熟悉与 MySQL 服务器建立连接、启动并运行的多种途径。

任务 1.1 数据库概述

任务描述

（1）掌握数据库的基本概念。
（2）了解数据库的发展历程。
（3）了解数据模型的概念。
（4）掌握关系数据库的基础知识。

任务目标

（1）理解和掌握数据库的基本概念和基本理论。

（2）通过学习数据库的基本概念，了解数据安全的意义，培养学生保护数据安全、防范潜在风险的能力，增强其社会责任感和职业道德意识。

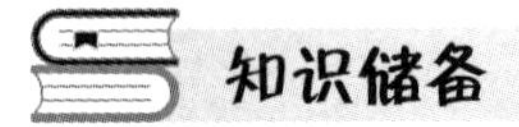

知识储备

知识点1　数据库的基本概念

1. 数据

数据是客观世界被记录下来的可辨识物理符号，用于反映真实情况。如今，数据的定义已不再仅限于数值型数据，而是拓展到文字、声音、图像等一切计算机能接收并处理的符号。

2. 数据库

数据库（database，DB）是指按照数据结构组织、存储和管理数据的仓库。它是一个长期存储在计算机内、有组织、可共享、可统一管理的大量数据的集合。数据库能以最佳方式、最少重复，为多种应用服务。

3. 数据库管理系统

数据库管理系统（database management system，DBMS）是一种操纵和管理数据库的大型软件，用于建立、使用和维护数据库。它对数据库进行统一的管理和控制，以保证数据库的安全性和完整性。用户通过DBMS访问数据库中的数据，数据库管理员也通过DBMS进行数据库的维护。DBMS提供数据定义语言（data definition language，DDL）和数据操纵语言（data manipulation language，DML），供用户定义数据库的模式结构与权限约束，实现对数据的追加、删除等操作。

知识点2　数据库发展史

1. 人工管理阶段

20世纪50年代中期之前，数据量相对较小，数据主要由人工管理，没有专门的数据库管理系统，计算机主要用于科学计算。数据存储在磁带、卡片等外部存储设备上，且主要以批处理方式进行处理。数据由应用程序自己管理，无法保存，且数据不共享，不具有独立性，冗余大。这个阶段的数据管理效率较低，缺乏统一的数据结构和标准。

2. 文件系统阶段

20世纪50年代后期至60年代中期，随着计算机硬件和软件技术的发展，计算机开始被用于信息管理。数据的存储、检索和维护变得日益重要，因此数据结构和数据管理技术迅速发展起来。在这个阶段，数据可以长期保存，由文件系统来管理，并以文件的形式存储在计算机上。虽然文件系统提供了一定的数据管理功能，但仍然存在数据共享性差、数据冗余大、数据独立性差等问题。

3. 数据库系统阶段

20世纪60年代后期开始，数据库系统逐渐崭露头角，克服了文件系统的缺陷，提供了对数据更高级、更有效的管理。在这个阶段，数据库管理系统的出现使得程序和数据的联系得以通过DBMS实现。数据库系统提供了数据结构化、数据共享、数据独立和数据安全等核心特性，大大提高了数据的管理效率和使用便利性。随着数据库技术的发展，关系数据库、面向对象数据库和非结构化数据库等不同类型的数据库系统相继出现，满足了不同领域和应用场景的需求。

知识点3 数据库系统

数据库系统（database system，DBS）是一个集成系统，主要由数据库、数据库管理系统和相关应用程序组成。它的主要目标是提供数据存储、管理和访问的功能，以支持各种数据处理和应用程序。

此外，数据库系统还包括相关的应用程序和数据库管理员。应用程序用于与数据库进行交互，实现数据的增、删、改、查等操作。而数据库管理员（database administrator，DBA）是负责管理数据库系统的专业人员，负责数据库的设计、安装、配置、维护和优化等工作，以确保数据库的高效、安全和可靠运行。图1.1所示为数据库系统的结构。

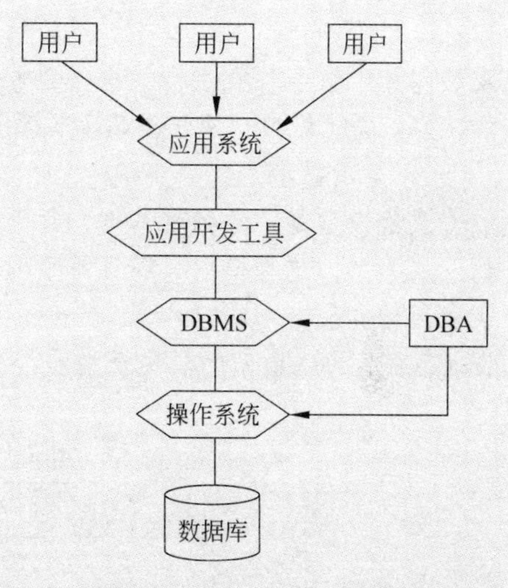

图1.1 数据库系统的结构

知识点4 数据模型

数据模型（data model）是对现实世界数据特征的抽象表示，描述了系统的静态特征、动态行为和约束条件，并为数据库系统的信息表示与操作提供了抽象的框架。数据模型主要包含数据结构、数据操作和数据约束三大部分。

数据模型是数据库设计中的一个重要概念，作为对现实世界的抽象工具，为数据库提供了一个统一的、结构化的信息表示和操作框架。数据模型可以根据其抽象层次的不同，被分为三类：最上面的概念模型、中间的逻辑模型和最底层的物理模型。

在数据库设计过程中，从概念模型到逻辑模型的转换主要由数据库设计师完成，他们需要根据实际需求和分析结果，设计出合适的逻辑模型。而从逻辑模型到物理模型的转换则主要由数据库管理系统完成，数据库管理系统会根据逻辑模型的要求，自动选择合适的物理存储和操作方式，以实现对数据的高效管理。

1. 概念模型

概念模型是数据库设计中的一个核心概念，它是对现实世界中的事物及其关系的抽象表示，也称信息模型。这个概念模型的核心在于它提供了一个高层次的、与特定数据库管理系统无关的视角，使设计师能够专注于理解业务需求和数据的本质。其主要目的是利用一系列的概念和关系描述现实世界中的事物以及它们之间的相互联系。在概念模型中，通常使用实体和关系描述数据。实体代表现实世界中的具体事物，如人、地点或事物本身，而关系则描述了这些实体之间的连接和互动。这种模型通常通过图形化的方式呈现，如实体—关系图（entity relationship diagram，E-R 图），其中实体以矩形表示，关系以菱形表示，而连接实体和关系的线则显示了数据流动的方向。概念模型的主要优势在于其简单性和通用性，它能够帮助设计师更好地理解业务流程和数据流动，为后续的数据库设计提供坚实的基础。

2. 逻辑模型

逻辑模型是面向数据库的逻辑结构，提供了表示和组织数据的方法，使得数据可以在数据库中以一种有序、结构化的方式进行存储和查询。数据库系统中常用的逻辑模型有三种：层次模型、网状模型和关系模型，其中关系模型应用最为广泛。

1）层次模型

层次模型是一种树状结构，每个节点代表一个记录类型，节点间的连线表示记录间的从属关系。这种模型直观且易于理解，特别适用于表示具有明显层次结构的数据，如组织架构、家族关系。然而，层次模型在处理多对多关系时较为困难，且查询效率较低。图 1.2 所示为一个系的层次模型。

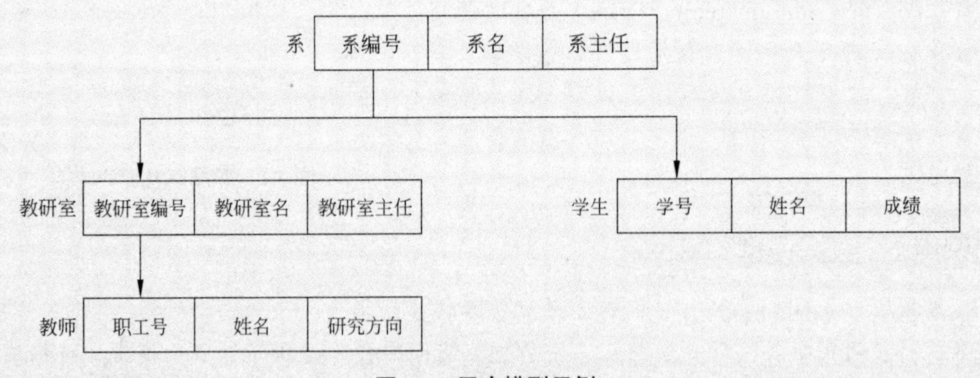

图 1.2　层次模型示例

2）网状模型

网状模型在层次模型的基础上增加了灵活性，允许节点拥有多个父节点和子节点，从而能够表示更复杂的数据关系，尤其是多对多关系。这种模型在图书馆系统或社交网络等场景中非常有用。但网状模型的查询效率较低，且结构相对复杂，管理和维护起来较困难。图 1.3 所示为网状模型示例。

3）关系模型

关系模型使用二维表组织数据，每个表由行和列组成，表之间的关系通过“键”建立。

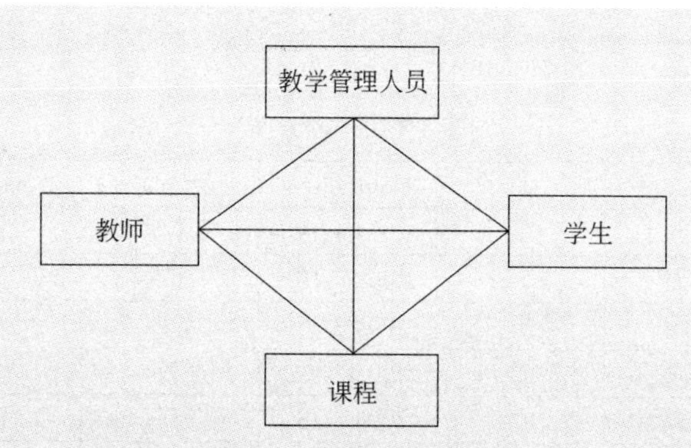

图 1.3 网状模型示例

这种模型提供了规范的数据结构和丰富的查询语言，如结构化查询语言（structured query language，SQL），使数据的查询和管理变得高效且统一。关系模型广泛应用于各种数据库系统中，尽管对于某些特定类型的数据（如图形、图像）的表示不够直观，但它仍然是当前数据库设计的主流选择。表 1.1 所示为关系模型示例。

表 1.1 关系模型示例

c_no	c_name	credit	cr_hours	semester
11001	计算机基础	3	48	1
11002	Office 应用	2	32	2
11003	Java 语言程序设计	4	64	3
21001	会计学	3	48	2
21002	就业指导	2	32	2
11005	数据库	4	64	4
11006	操作系统	4	64	5

3. 物理模型

物理模型是数据模型的最底层，是对数据的最底层抽象，主要描述了数据在计算机系统内部的表示方式和存取方法。它涉及数据的物理存储、索引结构、磁盘操作等细节，是面向计算机系统的。物理模型的实现主要由数据库管理系统完成，数据库管理系统会根据逻辑模型的要求，选择合适的物理存储结构和操作方式，以实现对数据的高效访问和管理。

知识点5 关系型数据库

基于关系模型建立的数据库称为关系型数据库，是由若干张二维表组成的集合，广泛应用于企业级应用、电子商务、金融系统等领域，是目前最成熟、最稳定的数据库技术之一。常见的关系型数据库管理系统有 Oracle、MySQL、SQL Server、PostgreSQL 等。

微课：理解关系型数据库

1. 关系

关系是满足关系模型基本性质的二维表格，一个关系就是一张二维表，是关系型数据库存储数据的基本单位。每个关系都有一个唯一的关系名（或称为表名），用于标识该关系。例如，表 1.2 所示为 student 表。

表 1.2　student 表

s_no	s_name	sex	birthday	nat_place	nation	class_no
20221090501	汪燕	女	2003/12/9	江西	汉	JSJ2201
20221090502	李强	男	2004/7/10	江西	汉	JSJ2201
20221090803	陈海	男	2004/3/27	江西	汉	JSJ2202
20221090602	程鸿	男	2003/11/12	广西	壮	JSJ2202
20221090701	谢婷	女	2004/8/13	河南	汉	JD2301
20221090976	王菲	女	2003/12/29	山西	汉	KJ2201
20232090807	陆优	女	2004/8/15	安徽	汉	KJ2302

2. 属性

属性是关系中的列，也叫作字段。每个属性都有一个名字，称为属性名。属性表示实体的一个特征或数据项，具有相同的数据类型。例如，student 表中，属性包括学号（s_no）、姓名（s_name）、性别（sex）等。

3. 元组

元组是关系中的一行数据，也称记录。它是关系的一个具体实例，即实体的一个具体属性值集合。例如表 1.2 中，（20221090501，汪燕，女，2003/12/9，江西，汉，JSJ2201）为一条记录。在关系型数据库中，元组是数据的基本操作单位，如插入、更新和删除等操作都是以元组为单位的。

4. 分量

元组中的一个字段值称为一个分量。关系数据库要求每一个分量都必须是不可分的数据项，即不允许表中还有表。

5. 值域

值域是指属性可以取值的范围或集合，它定义了属性可以拥有的合法值。例如，性别（sex）属性的值域为“男”和“女”。

6. 关系模式

对关系的描述称为关系模式，一个关系模式对应一个关系的结构。关系模式的一般结构如下：

关系名（属性名 1，属性名 2，属性名 3，…，属性名 n）

例如，表 1.2 中的关系模式为 student（s_no，s_name，sex，birthday，nat_place，nation，class_no）。

7. 主关键字

主关键字是关系型数据库中的一个重要概念，也称主键或主码，是指在一个关系（即表）中能够唯一标识每一个元组的一个或一组属性。其作用是确保数据的唯一性和完整性，即在一个关系中，主关键字的值必须是唯一的，不允许有重复值。同时，主关键字的值也不能为 NULL，即不能为空值。

例如，在student表中，学生的学号（s_no）通常被设为主关键字，因为每个学生的学号都是唯一的，可以唯一标识一个学生。这样，通过学号就可以准确地查询到对应的学生信息，保证了数据的唯一性和准确性。

8. 外部关键字

外部关键字是关系型数据库中另一个重要的概念，也称外键。它是指在一个关系（即表）中，一个或一组属性不是该关系的主关键字，而是另一个关系的主关键字。外部关键字用于建立两个关系之间的联系，实现数据的关联和引用完整性。

假设除student表外，还有一张class表，其主关键字是班级编号（class_no）。这样，通过班级编号这个外部关键字，可以将student表和class表关联起来，以查询每个学生所在的班级信息。

知识点6 常见的数据库管理系统

数据库作为关键的基础设施软件，在企业架构中扮演着不可或缺且难以替代的角色。事实上，高达90%的企业业务应用系统都是基于数据库构建的。即便在大数据和云计算的时代浪潮中，数据库服务仍然是云计算行业巨头竞相争夺的核心领域。随着技术的进步和应用场景的不断演变，数据库领域已经从关系数据库的"一统天下"逐渐转变为多种类型数据库的"百花齐放"。这些数据库根据所使用的语言可以划分为三大类：SQL、NoSQL和NewSQL。

SQL类数据库、NoSQL类数据库和NewSQL类数据库之间的区别主要体现在数据结构、查询语言、一致性模型、应用场景以及扩展性等方面。

1. SQL类数据库

数据结构：SQL类数据库使用二维表存储数据，每个二维表都由行和列组成，行代表元组或记录，列代表属性或字段。

查询语言：通过结构化查询语言（SQL）进行数据操作，包括增、删、改、查等。

一致性模型：遵循ACID原则（原子性、一致性、隔离性、持久性），确保数据在事务处理中的完整性和一致性。

应用场景：适用于需要复杂查询、事务处理和数据一致性的场景，如企业资源规划（enterprise resource planning，ERP）、客户关系管理（customer relationship management，CRM）等。

扩展性：传统的SQL类数据库在垂直扩展方面表现较好，但在水平扩展方面表现较差。

2. NoSQL类数据库

数据结构：NoSQL类数据库采用非结构化的数据模型，如键值对、文档、列族、图形等，适用于存储多样化的数据。

查询语言：不依赖于SQL，而是使用各自的查询语言或API进行数据操作。

一致性模型：通常采用最终一致性模型，放宽了ACID原则的要求，以提高性能和可用性。

应用场景：适用于需要高并发读写、低延迟、水平扩展以及非结构化数据存储的场景，如社交媒体、实时分析、物联网等。

扩展性：NoSQL 类数据库在水平扩展方面表现出色，可以通过增加节点提高系统的处理能力和存储容量。

3. NewSQL 类数据库

数据结构：NewSQL 类数据库结合了关系型数据库和非关系型数据库的特点，支持结构化和非结构化数据的存储。

查询语言：提供类似 SQL 的查询语言，使用户能够方便地进行数据查询和操作。

一致性模型：在保持高性能和可扩展性的同时，尽量满足 ACID 原则的要求，并提供一定程度的数据一致性保证。

应用场景：适用于需要大规模并发访问、高性能、数据一致性以及支持复杂查询的场景，如在线金融、电商的大数据分析等。

扩展性：NewSQL 类数据库在水平扩展方面表现出色，可以通过分布式架构实现高性能和可扩展性。

总的来说，SQL 类数据库适用于需要复杂查询和事务处理的场景；NoSQL 类数据库适用于需要高并发读写、低延迟和非结构化数据存储的场景；而 NewSQL 类数据库则结合了两者的优点，可提供高性能、可扩展性和一定程度的数据一致性保证。

任务 1.2 MySQL 的安装与配置

任务描述

（1）了解 MySQL 数据库的优势。

（2）掌握在 Windows 平台安装和配置 MySQL 8.0。

（3）掌握 MySQL 常用的图形管理工具。

（4）掌握常见的 MySQL 功能。

任务目标

（1）掌握 MySQL 数据库的安装与配置方法。

（2）通过学习安装与配置 MySQL 数据库，使读者体会到严谨与细致的重要性。数据库的安装涉及多个步骤，包括配置环境变量、设置权限、创建数据库等，每一步都需要认真对待，否则可能导致安装失败或数据库运行不稳定。这种严谨与细致的态度，可以使其在未来的学习和工作中，对待每一项任务都能够认真、负责，追求高质量和高效率。

微课：MySQL 的安装与配置

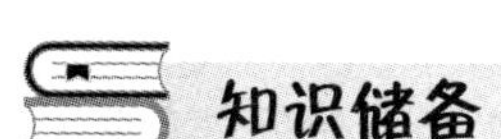

知识储备

知识点1 MySQL的优势

MySQL 是一个开源的关系型数据库管理系统，由瑞典公司 MySQL AB 开发，后被甲骨文（Oracle）公司收购。由于其性能稳定、易于使用、跨平台兼容性强以及开源免费等特点，MySQL 成了许多 Web 应用程序的首选数据库。

MySQL 数据库主要有以下八个特性。

（1）开源与免费：是一个开源项目，用户可以免费地使用、修改和分发其源代码。这使得 MySQL 在开发者社区中非常受欢迎，特别是在需要低成本解决方案的场合。

（2）稳定可靠：拥有成熟稳定的架构，支持高并发访问和大量数据处理。通过持续更新和修复，可确保在各种应用场景下的稳定性和可靠性。

（3）跨平台兼容性：支持多种操作系统，包括 Windows、Linux、macOS 等，用户可以根据需要选择合适的平台部署 MySQL 数据库。

（4）高性能：通过优化查询算法、使用索引、缓存机制等技术手段，提高查询速度和数据处理能力。同时，支持多线程并发访问，能够充分利用多核 CPU 资源。

（5）易于使用：提供了丰富的 SQL 接口和图形化管理工具（如 phpMyAdmin、MySQL Workbench 等），使得数据库的管理和维护变得简单直观。

（6）可扩展性：支持多种存储引擎，如 InnoDB、MyISAM、Memory 等，用户可以根据需求选择合适的存储引擎以满足不同的性能要求。此外，MySQL 还支持分区、复制、集群等技术，以实现数据库的水平扩展和负载均衡。

（7）安全性：提供了访问控制、数据加密、审计日志等安全特性，确保数据库的安全性和数据完整性。用户可以通过配置用户权限、使用 SSL 连接等方式提高数据库的安全性。

（8）社区支持：由于 MySQL 是一个开源项目，拥有庞大的用户社区和丰富的文档资源，这意味着用户可以轻松找到解决问题的方案、分享经验以及获取技术支持。

MySQL 广泛应用于各种领域，包括但不限于以下四个领域。

（1）Web 开发：MySQL 是许多 Web 应用程序的默认数据库选择，如内容管理系统（CMS）、电子商务网站、社交媒体平台等。

（2）数据分析：可以用于存储和查询大量数据，支持数据分析和数据挖掘任务。

（3）嵌入式系统开发：其轻量级版本（如 MySQLEmbedded）适用于嵌入式系统和设备，如智能家居、物联网设备等。

（4）企业应用开发：也适用于企业级应用，如客户关系管理、企业资源规划等应用开发。

知识点2 MySQL图形化管理工具

MySQL 图形化管理工具对于数据库的日常操作和管理至关重要，它们通过直观的用户界面，让数据库管理员和开发者能够更轻松、高效地完成各项任务。在众多图形化

管理工具中，MySQL Workbench、phpMyAdmin、Navicat for MySQL 等工具备受用户青睐。

1. MySQL Workbench

MySQL Workbench 是一款功能全面的数据库管理工具，特别适用于那些需要全面管理和维护 MySQL 数据库的用户。作为官方出品的工具，MySQL Workbench 不仅支持 MySQL 5.0 及以上版本，还提供了丰富的数据库设计、数据建模、SQL 开发以及数据库管理等功能。虽然 4.x 版本以下的用户只能使用社区版，但这也足以满足大部分用户的需求。社区版提供了基本的数据库管理功能，并且完全免费，非常适合个人开发者和小型企业使用。对于需要更多高级功能的企业用户，商业版提供了更加全面的支持和服务。

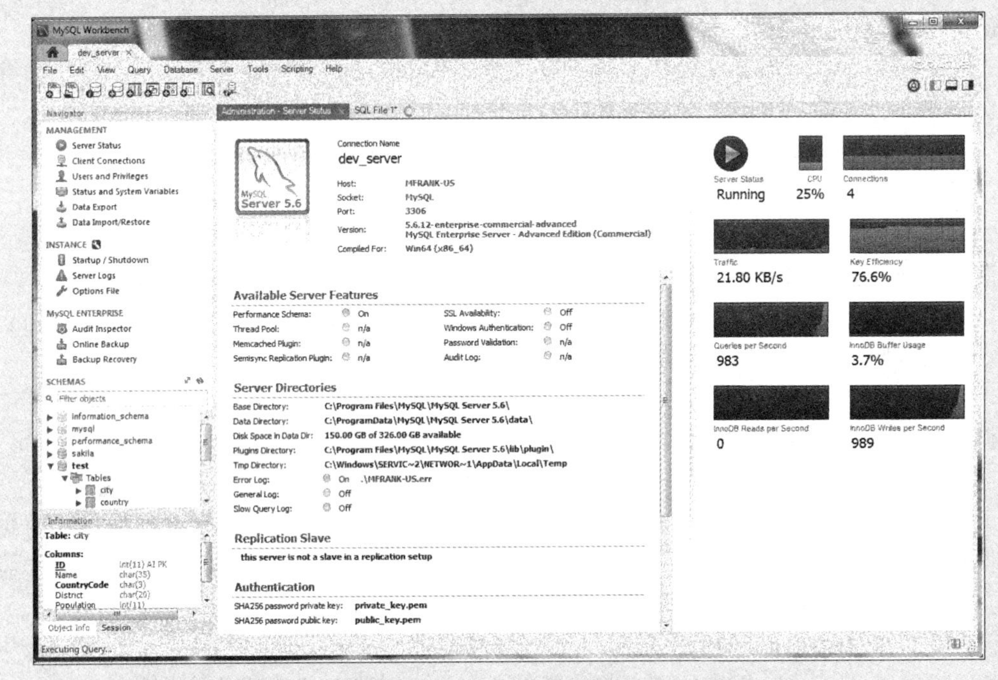

图 1.4　MySQL Workbench 图形化管理工具界面

2. phpMyAdmin

phpMyAdmin 是一个基于 Web 的 MySQL 数据库管理工具，通过直观的界面，用户可以轻松管理数据库、执行 SQL 查询、导入导出数据等，通过简单的配置即可在 Web 服务器上使用。无论是数据库新手还是专业开发者，phpMyAdmin 都提供了强大的功能和易用性，使得数据库管理变得简单高效。图 1.5 所示为 phpMyAdmin 图形化管理工具界面。

3. Navicat for MySQL

Navicat 是一套高效、便捷的数据库管理工具，旨在简化数据库的管理流程并降低系统运维成本，其设计理念充分满足了数据库管理员、开发人员以及中小企业的实际需求。特别是 Navicat for MySQL，它与 MySQL 数据库服务器完美兼容，通过直观易用的图形用户界面（GUI）支持 MySQL 的大多数最新功能，同时支持中文操作界面，这使得用户可以安全、快速地创建、组织、访问和共享信息。图 1.6 所示为 Navicat for MySQL 图形化管理工具界面。

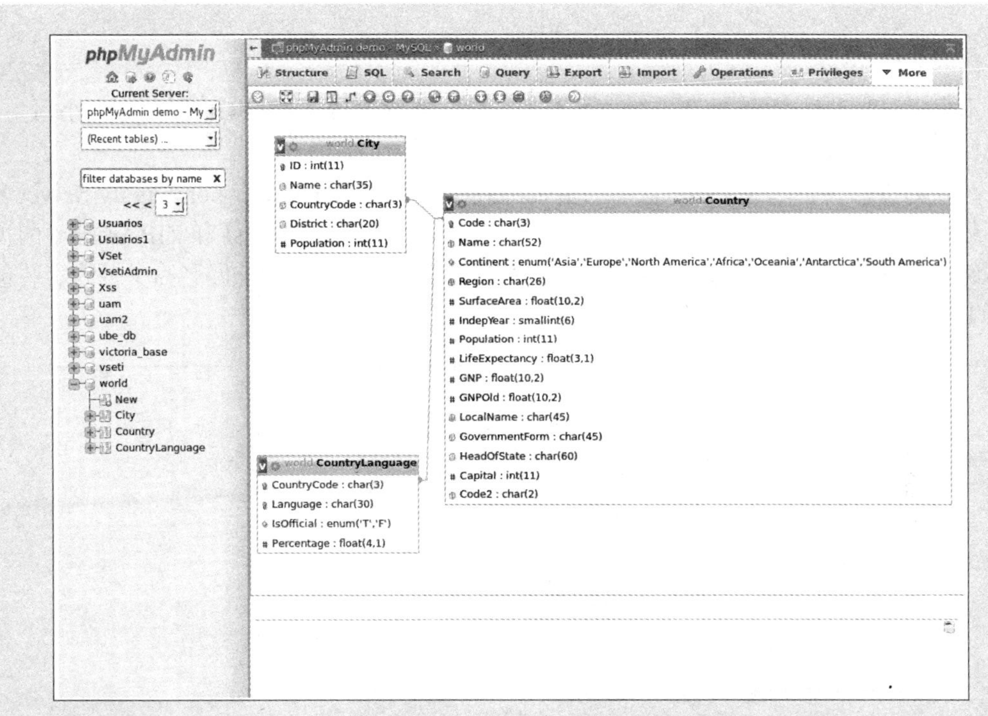

图 1.5 phpMyAdmin 图形化管理工具界面

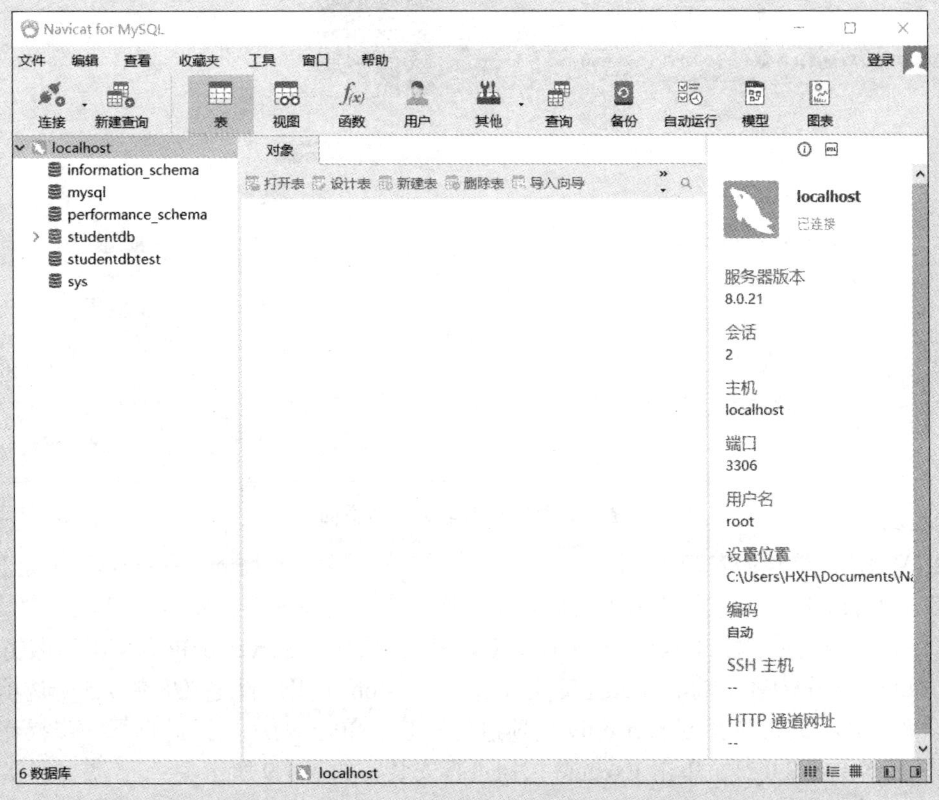

图 1.6 Navicat for MySQL 图形化管理工具界面

任务实施

本书以 Windows 系统为例进行数据库的安装，在该系统下 MySQL 不区分大小写。

1. 下载 MySQL 安装文件

打开浏览器，访问 MySQL 官网。单击下载链接跳转到 MySQL Community Server 8.0 的下载页面，选择 Microsoft Windows 平台，安装方式有 Installer MSI 和 ZIP Archive 两种，本书讨论 Installer MSI 的安装。单击 Go to Download Page 按钮，下载扩展名为 .msi 的安装包，如图 1.7 所示。

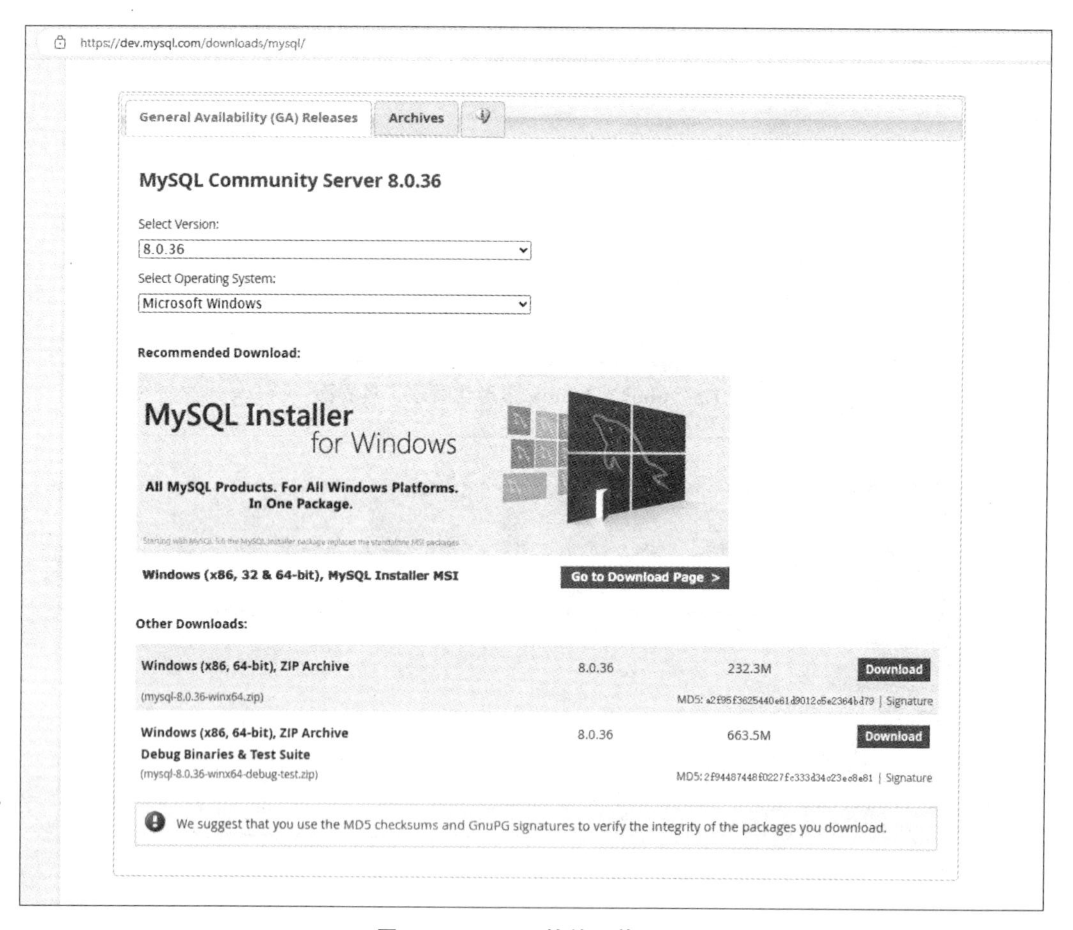

图 1.7　MySQL 软件下载页面

2. MySQL 软件的安装

双击下载好的安装包，进入安装向导中的产品类型选择界面，如图 1.8 所示。

产品选择界面分为 Developer Default（开发者默认）、Server only（仅作为服务器）、Client only（仅作为客户端）、Full（完全安装）、Custom（用户自定义安装）5 个选项。对于初学者而言，此处选择 Server only 选项进行安装。单击 Next 按钮进行下一步操作，选中 MySQL Server 8.0.21，单击 Execute 按钮进行安装，如图 1.9 所示。

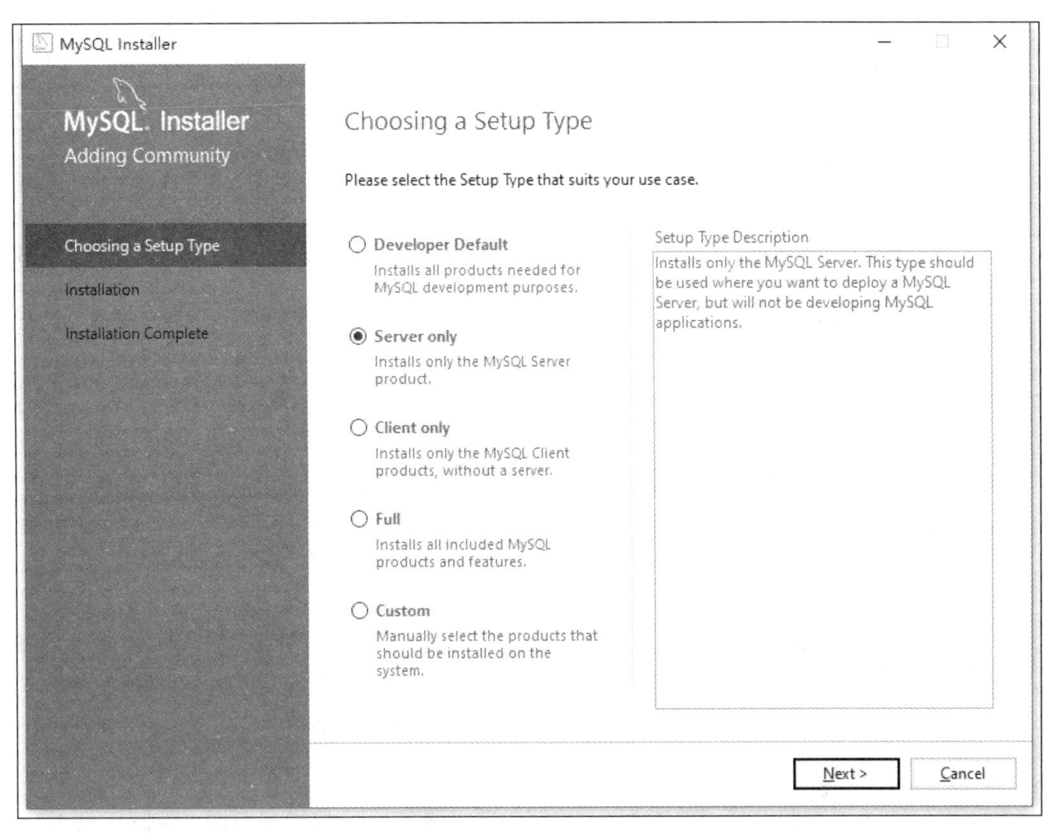

图 1.8 安装向导 -MySQL 产品类型选择界面

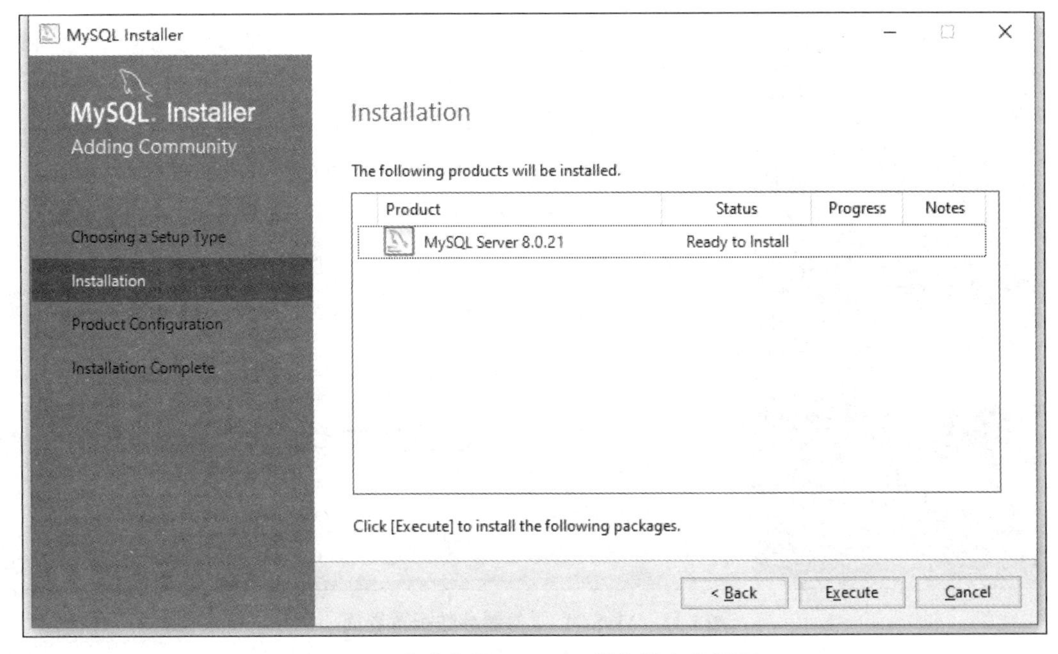

图 1.9 安装向导 -MySQL 服务器安装界面

MySQL 服务器安装完成后如图 1.10 所示。

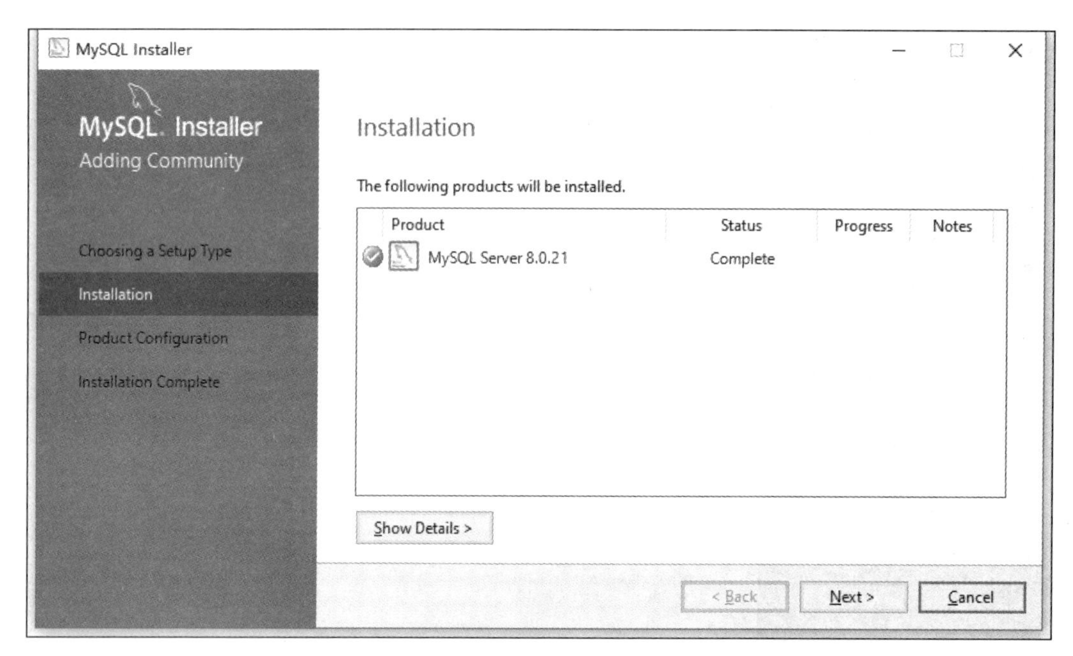

图 1.10　安装向导 -MySQL 服务器安装完成

3. MySQL 服务器的配置

MySQL 服务器安装完毕，单击 Next 按钮，进入服务器参数配置界面，如图 1.11 所示。

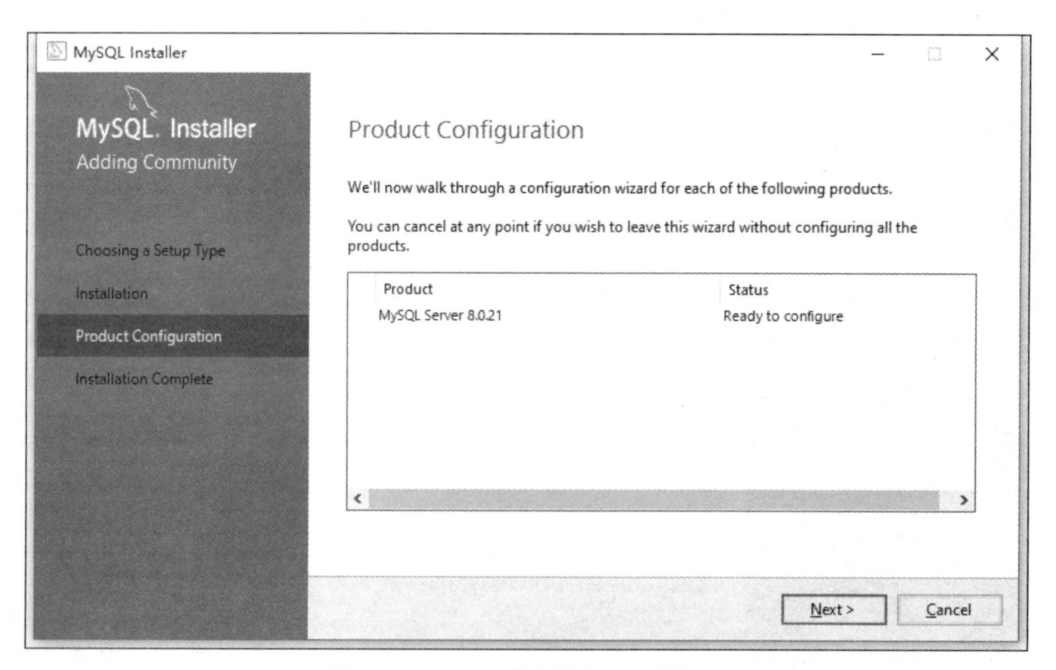

图 1.11　MySQL 服务器参数配置界面

在 MySQL 服务器配置界面，采用默认配置，单击 Next 按钮，如图 1.12 所示。

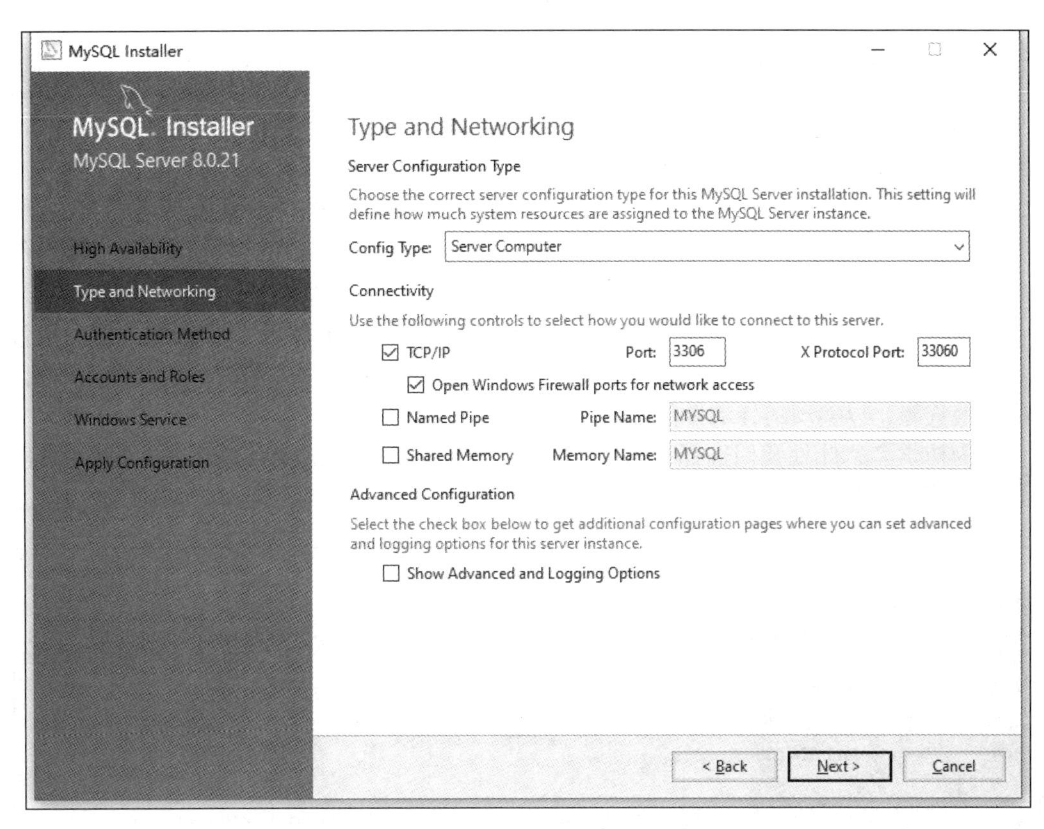

图 1.12　MySQL 服务器默认配置界面

其中，默认配置界面中的 Config Type 选项用于设置服务器的类型，包括三个选项，如图 1.13 所示。

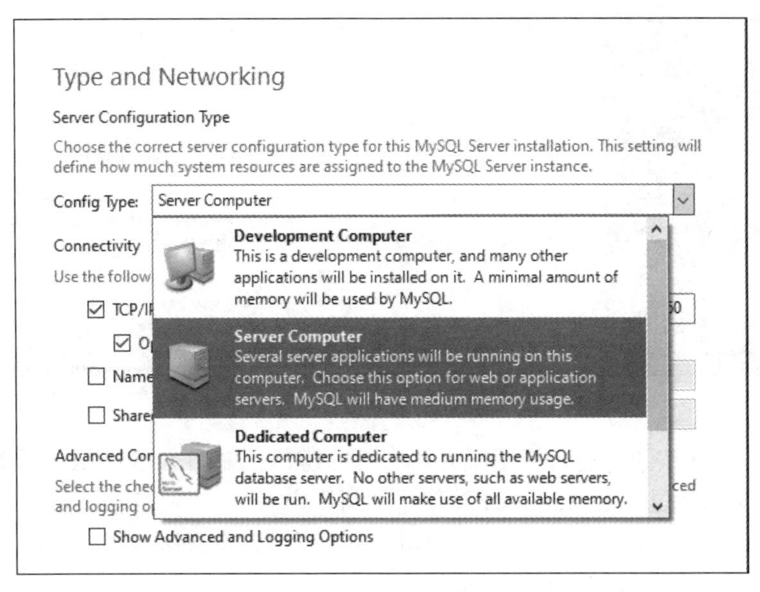

图 1.13　MySQL 服务器的类型

图 1.13 所示的三个选项的含义具体如下。

Development Computer（开发器）：此选项主要适用于个人桌面工作站，这种环境通常需要同时运行多个桌面应用程序。因此，MySQL 服务器的配置被优化为使用尽可能少的系统资源，以确保不会对其他应用程序的运行造成干扰。

Server Computer（服务器）：此选项适用于通用服务器环境，MySQL 服务器可能需要与其他应用程序（如 FTP、电子邮件和网络服务器）一起运行。在这种情况下，其配置被优化为使用适当比例的系统资源，以实现与其他应用程序的均衡运行。

Dedicated Computer（专用服务器）：此选项专为仅运行 MySQL 服务的服务器而设计。在这种环境下，假定没有其他服务程序在运行，因此 MySQL 服务器被配置为使用所有可用的系统资源，以实现最佳的性能和效率。

作为初学者，此处我们选择 Server Computer 选项，并单击 Next 按钮进入身份验证方式配置界面，如图 1.14 所示。

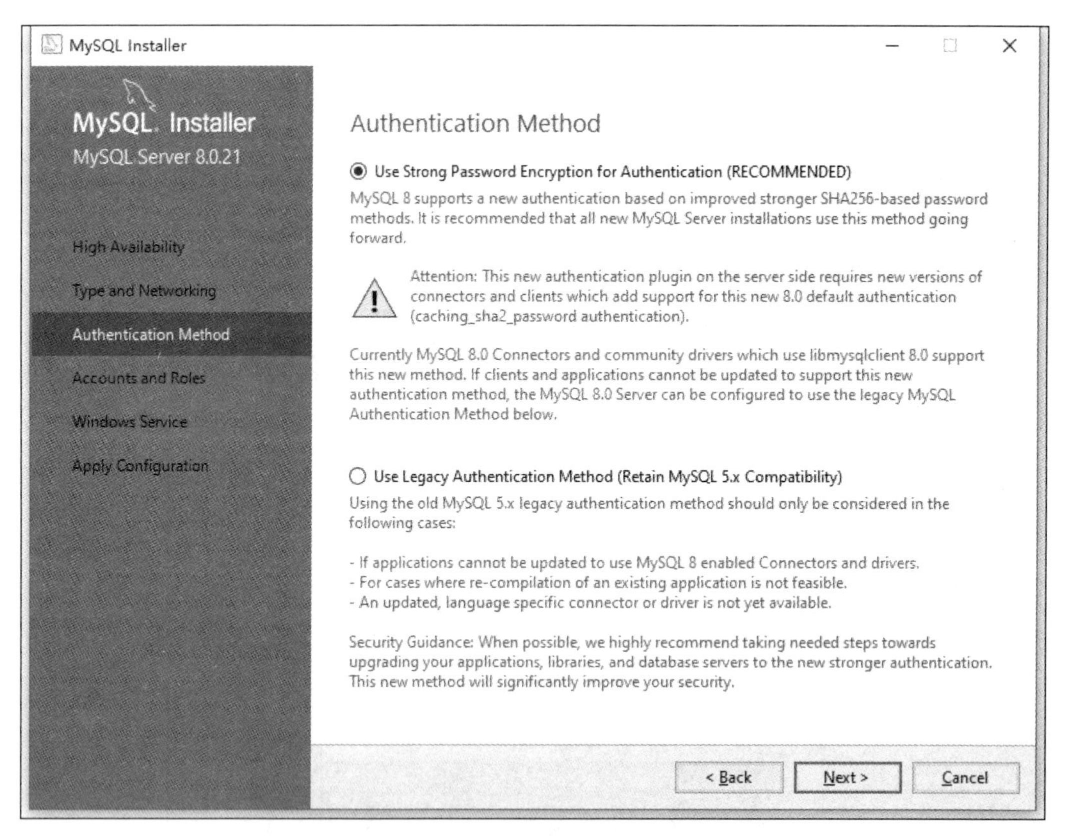

图 1.14　MySQL 身份验证方式配置界面

继续单击 Next 按钮，进入设置服务器密码的窗口，如图 1.15 所示。系统默认的用户名称为 root，可以通过单击 Add User 按钮添加新用户。

重复输入两次同样的登录密码后，单击 Next 按钮，设置服务器名称。本书中使用默认服务器名称 MySQL80，如图 1.16 所示。

单击 Next 按钮，进入服务器参数设置的确认窗口，单击 Execute 按钮，确认 MySQL

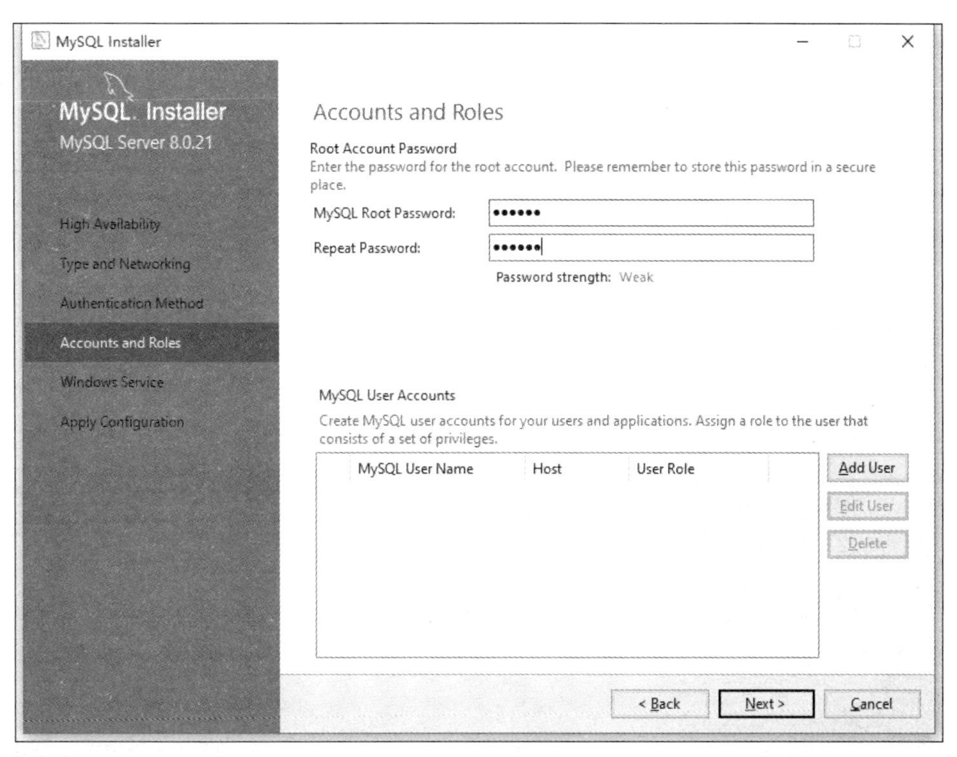

图 1.15　MySQL 账号与密码设置

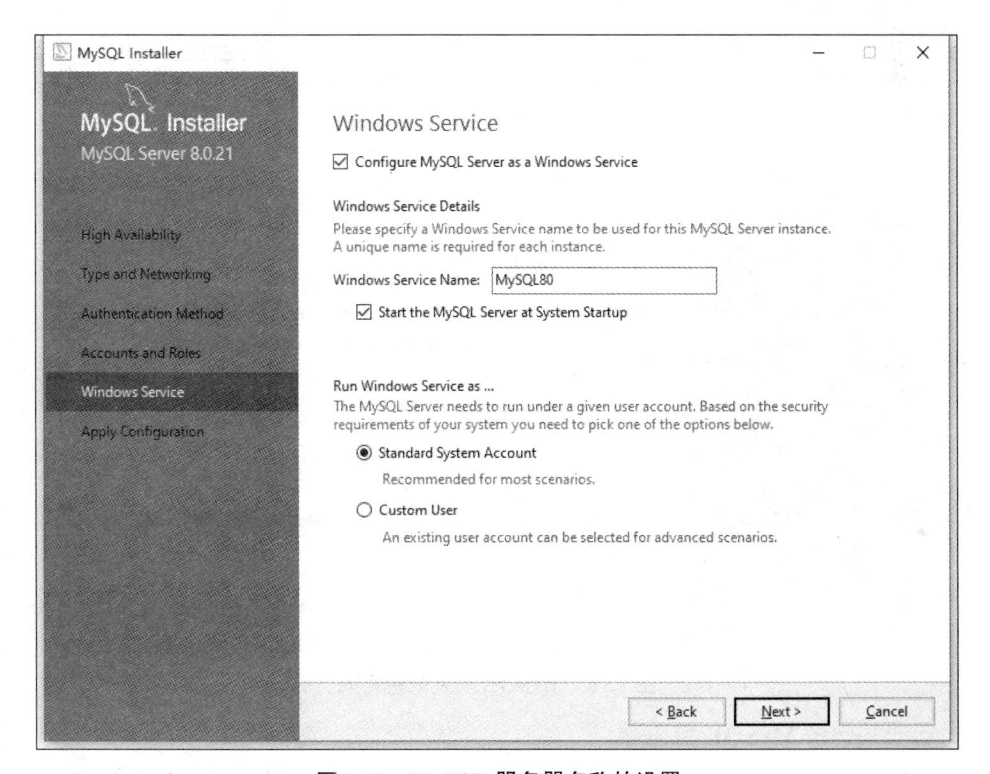

图 1.16　MySQL 服务器名称的设置

服务器的所有配置，如图 1.17 所示。

系统自动配置 MySQL 服务器，配置完成后，单击 Finish 按钮，进入 MySQL 8.0.21 的配置完成界面，如图 1.18 所示。

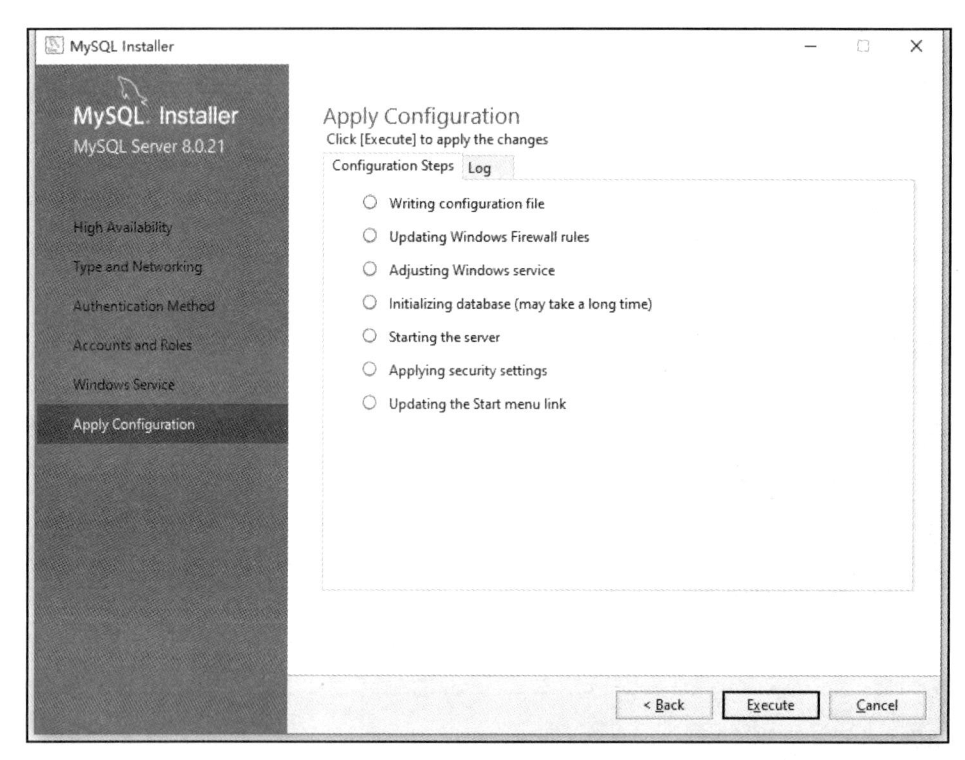

图 1.17　确认服务器配置

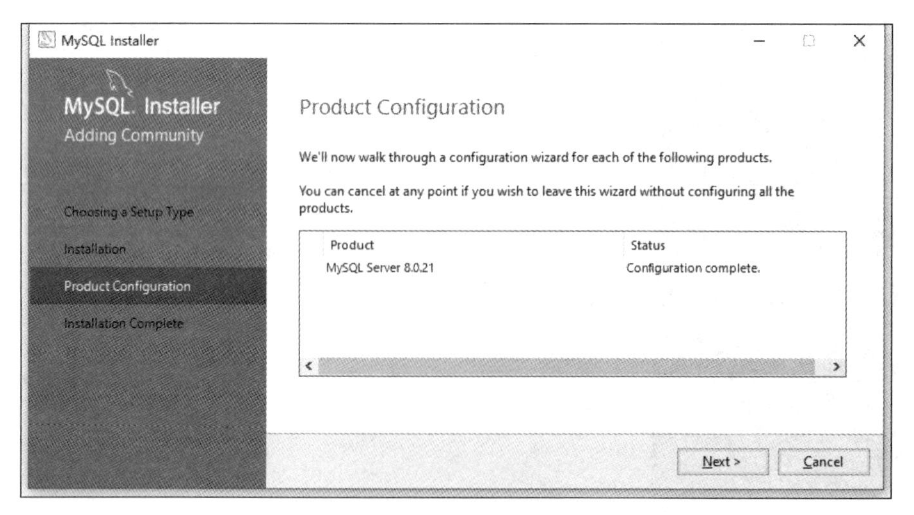

图 1.18　MySQL 安装配置完成

4. 启动并登录 MySQL 服务器

MySQL 服务器安装与配置完成后，系统会在“开始”菜单中创建一个名为 MySQL 8.0

Command Line Client 的快捷方式。

用户可以通过单击“开始”菜单，然后依次选择“程序”→ MySQL → MySQL Server 8.0 → MySQL 8.0 Command Line Client 或直接在搜索框中搜索 MySQL 8.0 Command Line Client 来启动 MySQL 的命令行窗口，如图 1.19 所示。在打开的命令行窗口中，用户需要输入在安装过程中为 root 用户设置的密码。如果窗口成功显示 MySQL 的命令行提示符“mysql>”，这表示 MySQL 服务器已经成功安装、启动，并且已经以 root 用户的身份成功连接到 MySQL 服务器，如图 1.20 所示。此时，用户可以在这个窗口中输入 SQL 语句来操作 MySQL 数据库。

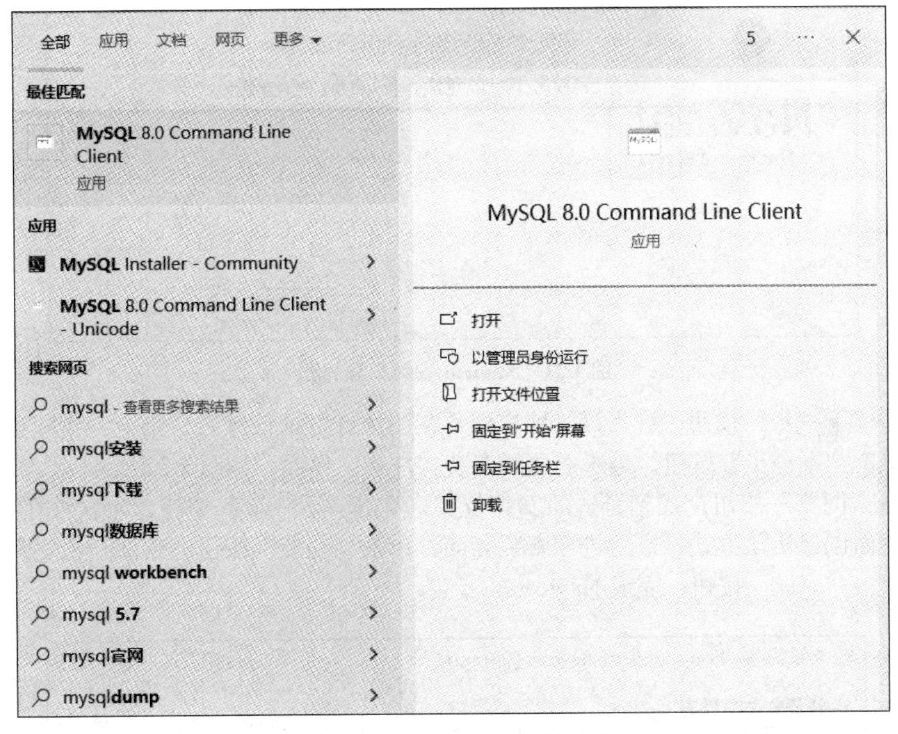

图 1.19　MySQL 8.0 快捷方式

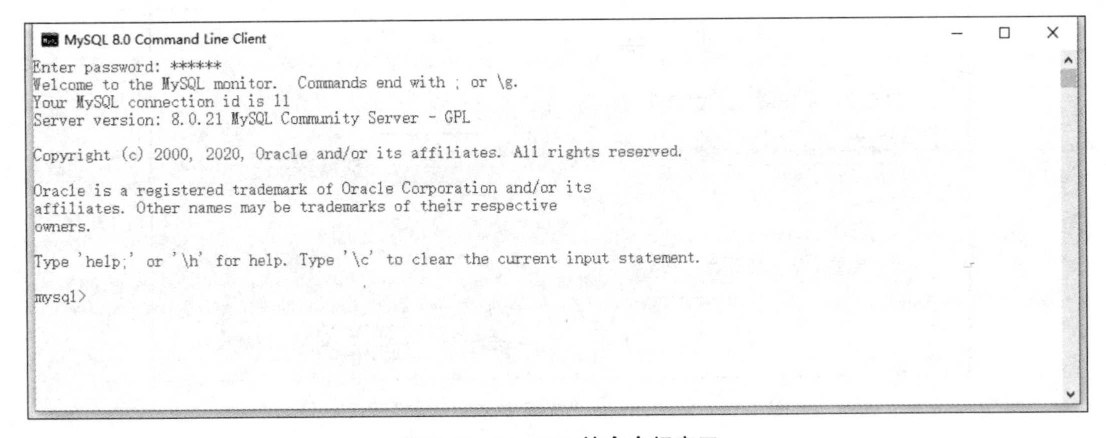

图 1.20　MySQL 的命令行窗口

5. Navicat 的安装

在官网下载 Navicat 的安装文件后，双击该安装文件，进入安装向导界面，如图 1.21 所示。

图 1.21 Navicat 安装向导界面

单击“下一步”按钮，进入许可证界面，在阅读许可证信息后，单击“我同意”按钮并继续单击“下一步”按钮，进入“选择安装文件夹”界面，如图 1.22 所示。

单击“浏览”按钮，找到合适的安装位置；单击“下一步”按钮，为软件在“开始”菜单和桌面创建快捷方式。最后进入安装界面，单击“安装”按钮，软件开始安装，安装完成后单击“完成”按钮，完成 Navicat 的安装。

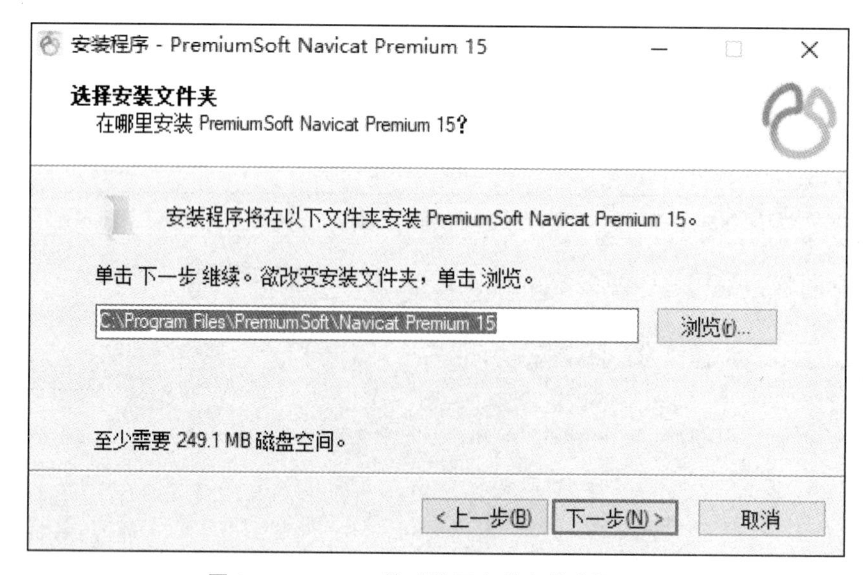

图 1.22 Navicat 的“选择安装文件夹”界面

6. Navicat 的连接服务

在 Navicat 安装完成后，启动 Navicat，单击主菜单中的“连接”按钮，如图 1.23 所示。

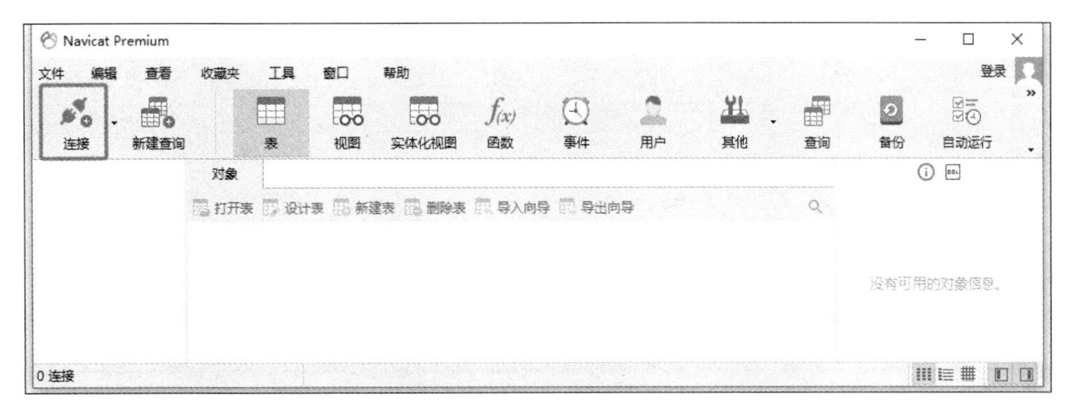

图 1.23 Navicat 主界面

选择 MySQL 进行连接，进入“新建连接”对话框，如图 1.24 所示。

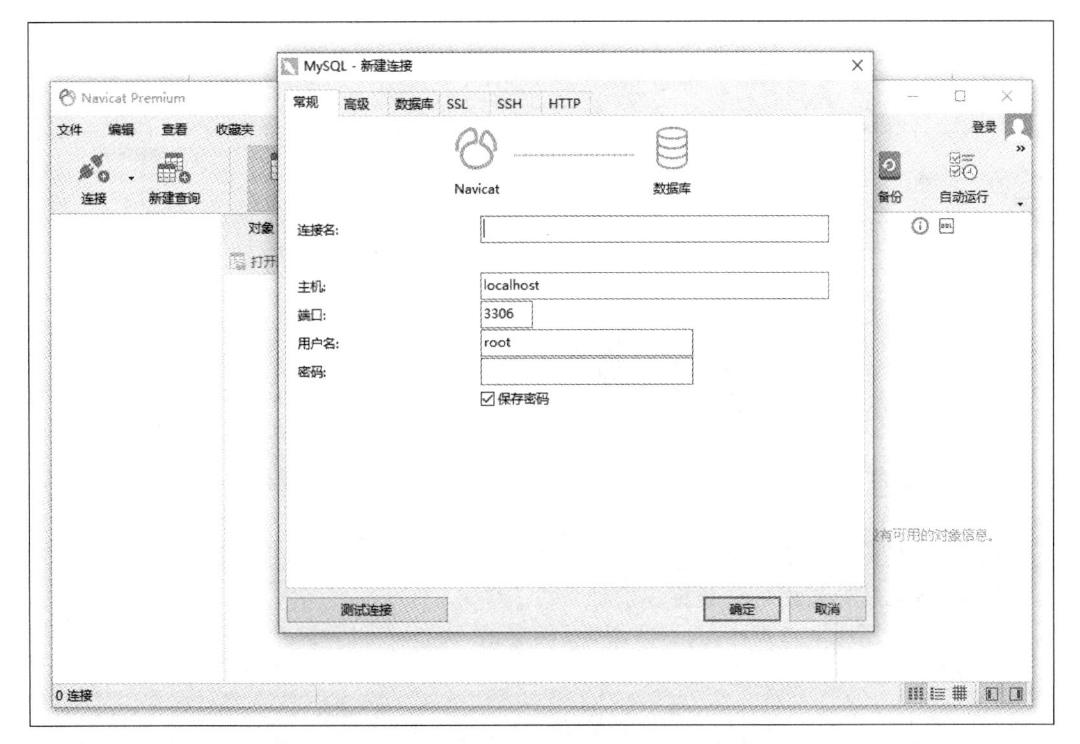

图 1.24 Navicat 数据库“新建连接”对话框

其中，“连接名”不做要求，用户可以任取；“主机”指 MySQL 服务器名称，如果 MySQL 安装在本机，可以使用 localhost 代替本机地址；默认端口为 3306，如果没有特别指定，不需要更改。所有信息填写完成后，单击“测试连接”按钮进行数据库连接。数据库连接成功后如图 1.25 所示。

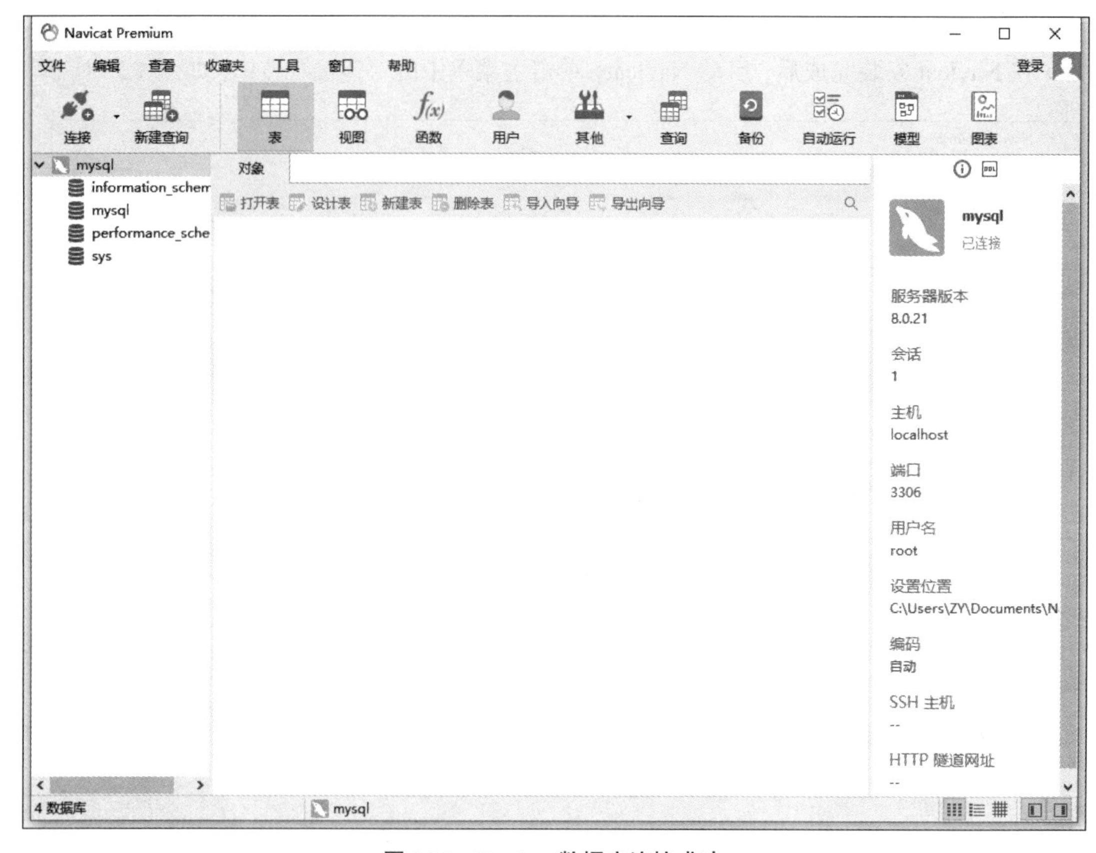

图 1.25 Navicat 数据库连接成功

任务 1.3 数据库设计

任务描述

（1）掌握 E-R 图的基本概念。

（2）能够运用 E-R 图进行数据库设计。

（3）掌握模式转换的基础知识。

（4）能够合理设计数据库。

任务目标

（1）理解和掌握数据库设计的规范化理论，并能将其应用于实际设计中。

（2）通过对数据库进行分析设计，培养学生在复杂环境下分析、设计和解决问题的能力。

知识储备

知识点1 数据库设计步骤

数据库设计是一个系统化、逐步细化的过程，从需求分析到物理实现和维护，每一步都至关重要。目前，数据库的设计大多采用生命周期法，将整个数据库设计分解为以下几个步骤：需求分析、概念结构设计、逻辑结构设计、物理结构设计、数据库实施以及数据库运行与维护等。

需求分析：这一步骤是整个数据库设计的基础，主要目的是准确了解和分析用户的需求，包括数据和处理两方面的需求。通过详细调查现实世界要处理的对象，充分了解原系统的工作概况，明确用户的各种需求，然后在此基础上确定系统功能。同时，还需要考虑系统未来的可能扩充与改变。

概念结构设计：也称为实体—关系图（E-R 图）设计，该步骤旨在对用户需求进行综合、归纳与抽象，形成一个独立于具体 DBMS 的概念模型。这主要是通过设计 E-R 图来实现的，它说明了有哪些实体、实体有哪些属性以及它们之间的关系等。

逻辑结构设计：这一步是将概念结构转换为某个 DBMS 所支持的数据模型，并对其进行优化。具体来说，就是将 E-R 图转换成关系模式，即转换成实际的关系。在这一步中，需要选择合适的数据模型，确定数据表之间的关系，并设计数据的完整性约束等。

物理结构设计：这一步主要关注如何组织数据在磁盘存储器上的存储结构，即数据在存储介质上的组织形式。需要考虑数据的存储方式、数据的读写效率以及数据的安全性等因素。

数据库实施：根据逻辑设计和物理设计的结果，在选定的数据库管理系统上创建实际的数据库结构。这包括编写 DDL 语句来创建表、索引等数据库对象，以及组织数据加载。

数据库运行与维护：数据库投入运行后，需要进行应用程序开发、测试和调试，以确保系统正常运行。同时，持续进行性能监控与调优，定期备份数据库，保证数据的安全性，并根据需要调整物理设计和添加新的功能。

知识点2 概念设计

概念设计是数据库设计过程中的一个关键阶段，其主要目标是创建一个与特定数据库管理系统无关的概念模型，这个模型主要用于描述系统中的数据实体以及它们之间的关系。通常使用 E-R 图常用来表示概念模型，通过 E-R 图中的实体、实体的属性以及实体之间的关系来表示数据库系统的结构。

1. E-R 图的基本概念

E-R 图提供了一种方式来描述现实世界中的实体、实体的属性以及这些实体之间的关系。其主要目的是帮助设计者理解和沟通数据库的结构，确保所有相关方对数据库的需求和设计有一个共同的理解。E-R 图主要由以下几个要素构成。

（1）实体（entity）：实体是现实世界中可以区分的对象或事物，它们通常具有某种共同的特性和属性。在 E-R 图中，实体用矩形表示，矩形内部通常包含实体的名称。例如，在一个学校数据库中，学生、教师、课程等都是实体。

（2）属性（attribute）：属性是描述实体特征的数据元素或数据项。每个实体都由一组属性来定义和描述。在 E-R 图中，属性用椭圆形或圆角矩形表示，并用无向线段连接到相应的实体上。例如，学生的属性可能包括学号、姓名、年龄等。实体的主键用短横线在连接处标出或在属性中用下画线标出。

（3）关系（relationship）：关系描述了实体之间的联系或相互作用。在 E-R 图中，关系用菱形表示，菱形内部通常包含关系的名称。关系可以是一对一（1∶1）、一对多（1∶*n*）或多对多（*m*∶*n*）的形式。关系通过无向线段与相关的实体连接起来，线段旁通常会标注关系的类型。例如，学生和课程之间的关系可能是多对多的，因为一个学生可以选修多门课程，而一门课程也可以被多个学生选修。

2. 一对一联系

一对一联系（1∶1）表示两个实体集 ***A*** 和 ***B*** 之间的关系，其中每个实体在实体集 ***A*** 中至多有一个与实体集 ***B*** 中的一个实体相联系，反之亦然。这意味着 ***A***、***B*** 两个实体集之间的映射是一一对应的。例如，一个“班级”实体集和一个“正班长”实体集。每个班级只有一名正班长，每名正班长也只属于一个班级。因此，“班级”和“正班长”这两个实体集之间的关系就是一对一的。这两个实体集的 E-R 图如图 1.26 所示。

3. 一对多联系

一对多联系（1∶*n*）指的是两个实体集 ***A*** 和 ***B*** 之间的关系，其中实体集 ***A*** 中的一个实体可以与另一个实体集 ***B*** 中的多个实体相联系。但反过来，实体集 ***B*** 中的每个实体只能与实体集 ***A*** 中的一个实体相联系。这意味着 ***A***、***B*** 两个实体集之间的映射是一对多的。例如一个“班级”实体集和一个“学生”实体集，一个班级可以有多名学生，但每个学生只能属于一个班级，“班级”和“学生”之间的关系就是一对多的。这两个实体集的 E-R 图如图 1.27 所示。

4. 多对多联系

多对多联系（*m*∶*n*）指的是两个实体集 ***A*** 和 ***B*** 之间的关系，其中实体集 ***A*** 中的每个实体都可以与实体集 ***B*** 中的多个实体相联系，反之亦然。这意味着 ***A***、***B*** 两个实体集之间的映射关系是多对多的。例如一个“学生”实体集和一个“课程”实体集，一个学生可以选修多门课程，同时一门课程也可以被多个学生选修，“学生”和“课程”之间的关系就是多对多的。这两个实体集的 E-R 图如图 1.28 所示。

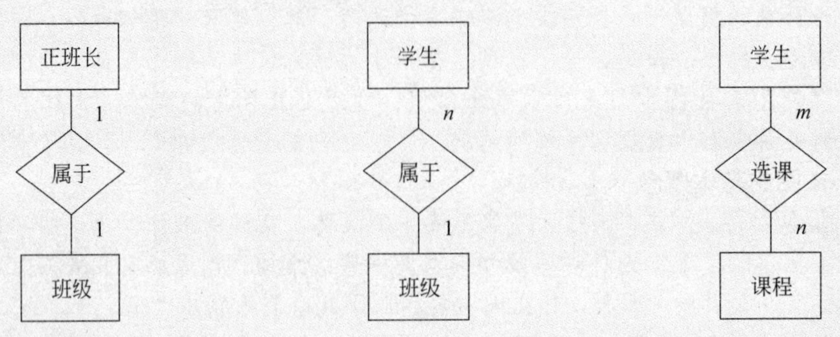

图 1.26　实体间的一对一联系　　**图 1.27　实体间的一对多联系**　　**图 1.28　实体间的多对多联系**

知识点3 E-R图设计实例

【例 1.1】 学校图书馆需要设计一个管理系统，用于管理图书、借阅者、借阅记录等信息。该管理系统需要具有以下功能。

图书管理：系统需要能够记录所有图书的详细信息，包括书名、作者、图书编号、出版社和出版日期等。

借阅者管理：系统需要记录所有学生和教职工的借阅信息，包括他们的学号 / 教职工号、姓名、联系方式和所在部门 / 班级等。

借阅记录管理：系统需要记录每本书的借阅和归还情况，包括借阅单号、借阅日期、归还日期、借阅者和图书等。

请画出该图书馆管理系统的 E-R 图。

1. 案例分析

该学校图书馆管理系统中有两个实体集：图书、借阅者，图书在借阅给借阅者时，图书会与借阅者建立关联。

图书实体集（book）的属性有书名、作者、图书编号、出版社和出版日期。在图书实体集中，每本图书都有唯一的图书编号，所以该实体的主键为图书编号。

借阅者实体集（custom）的属性有学号 / 工号、姓名、联系方式和部门 / 班级。在借阅者实体集中，每位借阅者都有唯一的学号 / 工号，所以该实体的主键为学号 / 工号。

图书借阅时，图书实体会与借阅者实体发生关联，产生“借阅”的联系，并产生借阅属性，包括借阅单号、借阅日期和归还日期。为方便标识借阅记录，可以将借阅单号作为“借阅”联系的主键。

因为一个借阅者可以借阅多本书，而一本书也可以被多个借阅者借阅，所以图书和借阅者之间是一种多对多（$m:n$）的联系。

2. E-R 图设计

根据上述分析，可以绘制出该图书馆管理系统的 E-R 图，如图 1.29 所示。

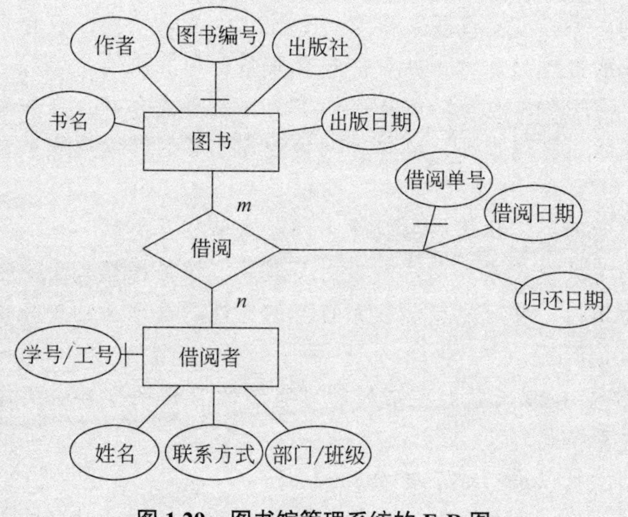

图 1.29 图书馆管理系统的 E-R 图

知识点4 逻辑结构设计

逻辑结构设计的核心任务在于将概念模型转换为特定数据库管理系统（如 MySQL）所支持的逻辑模型。鉴于 MySQL 属于关系数据库管理系统，其逻辑模型即为关系模型。因此，逻辑结构设计实际上就是将 E-R 图中的各个实体集及其相互间的联系转换为一系列关系模式的过程。

1. 实体集的转换原则

实体集的转换原则主要是将现实世界的实体映射到数据库中的关系模式。具体而言，每个实体集都对应一个关系模式，实体的属性对应关系的属性，而实体的键（唯一标识实体的属性或属性组合）则对应关系的主键。

2. 实体集之间的联系的转换原则

根据不同的联系类型有不同的处理方式，有以下的三种情况。

1）一对一联系

一对一联系通常表示两个实体集之间的一种严格的对应关系。在关系模式转换中，这种联系可以转换为一个独立的关系模式，也可以与任意一端所对应的关系模式合并。

若转换为独立的关系模式：将联系本身作为一个独立的关系模式，该关系模式包含参与联系的两个实体集的键作为属性，并可能包含联系自身的属性。

若与任意一端合并：将联系与其中一个实体集所对应的关系模式合并，合并后的关系模式除了包含原有关系模式的所有属性，还包含另一个实体集的键以及联系自身的属性。

2）一对多联系

一对多联系表示一个实体集中的每个实体与另一个实体集中的多个实体相关联。在关系模式转换中，这种联系可以转换为一个独立的关系模式，也可以与 *n* 端所对应的关系模式合并。

转换为独立的关系模式：将联系作为一个独立的关系模式，包含多端的实体集的键以及一端的实体集的键作为外键，并可能包含联系自身的属性。

与 *n* 端合并：将联系与多端实体集所对应的关系模式合并，合并后的关系模式除了包含原有关系模式的所有属性外，还包含一端的实体集的键以及联系自身的属性。

3）多对多联系

多对多联系表示两个实体集中的实体可以任意地相互关联。

创建一个新的关系模式来表示这种多对多联系，该关系模式至少包含参与联系的两个实体集的键作为属性，并可能包含联系自身的属性。这个新的关系模式的键通常由这两个实体集的键组合而成。

【例 1.2】 将图 1.29 所示的图书馆管理系统的 E-R 图中各个实体集以及实体集之间的联系转换为关系模式。

根据转换原则，可以进行如下转换。

（1）将两个实体集“图书”和“借阅者”分别转换成两个独立的关系模式。

（2）“借阅”是多对多联系，应当转换为独立的关系模式。

转换为的关系模式如下：

图书（图书编号、书名、作者、出版社、出版日期）

借阅者（学号 / 工号、姓名、联系方式、部门 / 班级）

借阅（借阅单号、图书编号、学号 / 工号、借阅日期、归还日期）

知识点5 数据库设计规范化

数据库设计规范化（database normalization）是数据库设计过程中的一个关键步骤，其目的是减少数据冗余、增强数据完整性以及简化数据的管理和维护。规范化通过数学定理和关系理论来实现，以确保数据库结构的高效性和准确性。

规范化基于数学定理和关系理论，为数据库设计提供了一套标准和指导原则。通过逐步满足不同的范式，数据库设计者可以逐步优化数据库的结构，确保数据的逻辑一致性和高效性。规范化的过程不仅涉及对表结构的调整，还包括对数据的分析和整理，以确保数据的质量和准确性。

1. 第一范式

第一范式（1NF）是数据库规范化的最低要求，也是后续范式的基础。它主要关注数据表中的列如何存储数据，确保每个列都存储原子值，即不可再分的数据项。

在第一范式中，每个列都不可再分，即列中存储的都是不可再分的数据项。这意味着列中不应该存储集合、数组、记录或其他复合数据类型。每个列都应该只包含一个简单的数据值，如整数、字符串或日期。

例如，在表 1.3 所示的学生成绩表（grade）中，属性成绩（s_grade）是由数学成绩和英语成绩组成的，因此这个学生成绩表不满足第一范式。

表 1.3 不满足第一范式的 grade 表

s_no	s_name	s_grade
20221090501	汪燕	数学：98 英语：80
20221090502	李强	数学：88 英语：82
20221090803	陈海	数学：86 英语：90
20221090602	程鸿	数学：74 英语：95
20221090701	谢婷	数学：83 英语：80
20221090976	王菲	数学：77 英语：68
20232090807	陆优	数学：79 英语：90

将表 1.3 中的成绩（s_grade）字段拆分成多个字段，则可以使该数据满足第一范式，如表 1.4 所示。

表 1.4　满足第一范式的 grade 表

s_no	s_name	math_grade	english_grade
20221090501	汪燕	98	80
20221090502	李强	88	82
20221090803	陈海	86	90
20221090602	程鸿	74	95
20221090701	谢婷	83	80
20221090976	王菲	77	68
20232090807	陆优	79	90

2. 第二范式

第二范式（2NF）是建立在第一范式基础之上的。满足 2NF 的数据表不仅要符合 1NF 的要求，还要满足额外的条件，以进一步减少数据冗余和提高数据完整性。在 2NF 中，表中的每个非主属性必须完全函数依赖于整个主键（如果主键是复合主键，即由多个列组成）。完全函数依赖意味着非主属性的值是由主键整体决定的，而不是仅仅由主键的一部分决定。

例如，在表 1.5 所示的学生信息表（student）中，主键是学号（s_no），班级人数（class_num）字段完全依赖于班级号（class_no）字段。因此，该表不满足 2NF。

表 1.5　不满足 2NF 的 student 表

s_no	s_name	class_no	class_num
20221090501	汪燕	JSJ2201	54
20221090502	李强	JSJ2201	54
20221090803	陈海	JSJ2202	60
20221090602	程鸿	JSJ2202	60
20221090701	谢婷	JD2301	48
20221090976	王菲	KJ2201	46
20232090807	陆优	KJ2302	40

当该 student 表不符合 2NF 时，这个 student 表会存在如下问题。

（1）数据冗余：在不满足 2NF 的表中，某些数据可能会被重复存储。例如，在上面的 student 表中，“class_num”这一列对于同一班级的所有学生都是相同的，因此这一列的数据是冗余的。如果班级人数发生变化，需要在多个学生记录中更新相同的值，这增加了维护数据的复杂性和出错的可能性。

（2）更新异常：当需要更新表中的某些信息时，如果不满足 2NF，可能会导致更新操作变得复杂和容易出错。例如，如果我们要更改某个班级的人数，由于这个信息被冗余地存储在每个学生的记录中，我们需要更新多个记录来反映这一变化。这增加了更新操作的复杂性和出错的可能性。

（3）插入异常：在不满足 2NF 的表中，可能会出现无法插入新记录的情况。例如，如果我们想添加一个新学生到一个班级，但由于 class_num 这一列的存在，我们可能无法直接插入新记录，因为这会破坏表的完整性（即班级人数与实际学生数量不一致）。

（4）删除异常：不满足 2NF 的表还可能导致删除操作出现问题。例如，如果我们删除了某个班级的所有学生记录，那么与该班级相关的班级编号（class_no）和班级人数信息（class_num）也会被删除。

为了避免以上问题的产生，正确的做法应该是将班级人数 (class_num) 这一列移到另一个表（如 class 表）中，然后通过外键班级编号（class_no）将两个表连接起来，如表 1.6 和表 1.7 所示。

表 1.6 满足 2NF 的 student 表

s_no	s_name	class_no
20221090501	汪燕	JSJ2201
20221090502	李强	JSJ2201
20221090803	陈海	JSJ2202
20221090602	程鸿	JSJ2202
20221090701	谢婷	JD2301
20221090976	王菲	KJ2201
20232090807	陆优	KJ2302

表 1.7 满足 2NF 的 class 表

class_no	class_num
JSJ2201	54
JSJ2202	60
JD2301	48
KJ2201	46
KJ2302	40

表 1.6 和表 1.7 所示的数据库表是符合 2NF 的，消除了数据冗余、更新异常、插入异常和删除异常。

3. 第三范式

第三范式（3NF）则是在第二范式的基础上进一步规范化数据库的一种范式。如果一个数据表已经符合 2NF 的要求，且该表中任意两个非主键之间不存在直接的函数依赖关系，那么这个表就满足 3NF。

任务实施

设计一个学生信息管理系统，主要步骤包括需求分析、概念结构设计（绘制 E-R 图）和逻辑结构设计（关系模式设计）等。

1. 需求分析

数据库要存储大量学生基本信息、班级基本信息、课程基本信息以及学生的成绩。

教师可以录入、修改学生成绩并导出。

可以按条件查询相关数据，例如，查询某班级的基本信息、学生的某门课程成绩等。

可以实现数据的统计，例如，班级人数、学生平均成绩、最高分、通过率等。

2. 概念结构设计（绘制 E-R 图）

对以上需求分析得出的信息进行抽象化处理，得出该学生信息管理系统所包含的实体集及其属性如下：

学生有学号、姓名、性别、出生日期、联系方式、籍贯、民族、班级编号属性；课程有课程号、课程名称、学分、学时、学期、类型属性；班级有班级编号、班级名称、院系、专业、年级、人数属性。

其中，一个班级可以有多名学生，一名学生只属于一个班级，属于一对多联系；一名学生可以选修多门课程，一门课程也可以被多名学生选修，属于多对多联系。

1）各实体 E-R 图

学生实体 E-R 图如图 1.30 所示。

课程实体 E-R 图如图 1.31 所示。

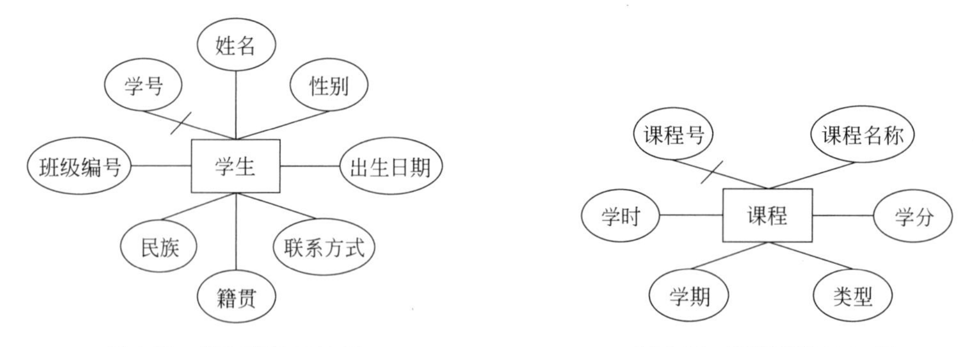

图 1.30 学生实体 E-R 图　　**图 1.31 课程实体 E-R 图**

班级实体 E-R 图如图 1.32 所示。

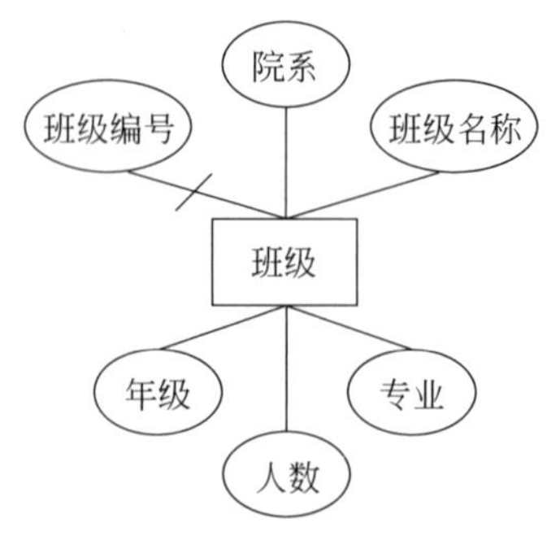

图 1.32 班级实体 E-R 图

2）绘制局部 E-R 图

学生与班级的从属局部 E-R 图如图 1.33 所示，学生与课程的局部 E-R 图如图 1.34 所示。

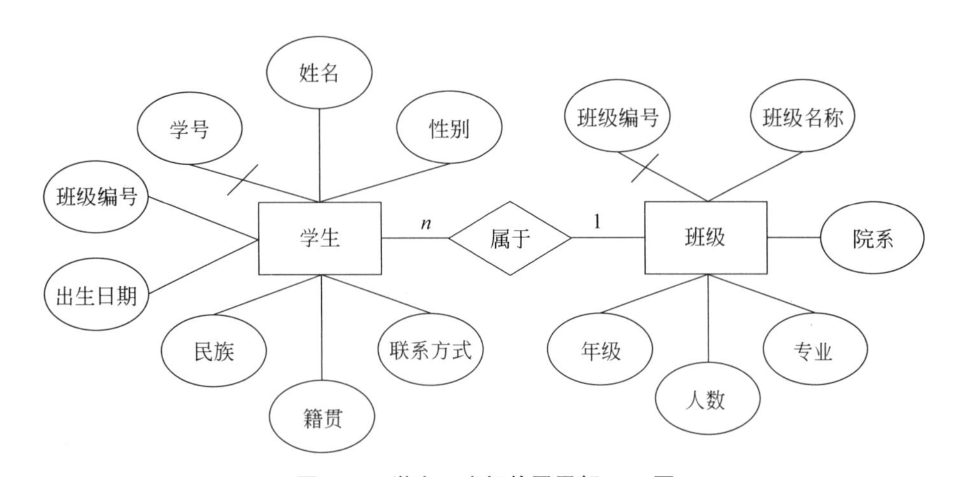

图 1.33　学生—班级从属局部 E-R 图

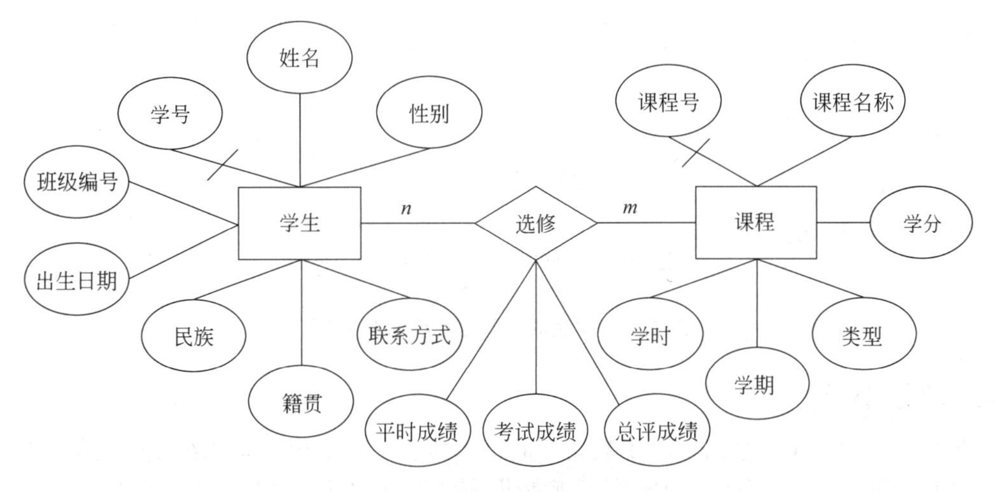

图 1.34　学生—课程局部 E-R 图

3）合并 E-R 图

将各部分 E-R 图进行合并，得到最终的学生信息管理系统的 E-R 图，如图 1.35 所示。

3. 逻辑结构设计（关系模式设计）

根据图 1.35 所示的学生信息管理系统的 E-R 图，我们将各实体集以及实体间联系进行以下转换。

（1）将“学生”“课程”“班级”分别转换成独立的关系模式。

（2）“班级”和“学生”之间属于一对多联系，需合并到 *n* 端对应的关系模式中。

（3）“学生”和“课程”之间属于多对多联系，需转换为独立的关系模式。

转换结果如下：

学生（学号、姓名、性别、出生日期、联系方式、籍贯、民族、班级编号）

课程（课程号、课程名称、学分、学时、学期、类型）

班级（班级编号、班级名称、院系、专业、年级、人数）

成绩（学号、课程号、平时成绩、考试成绩、总评成绩）

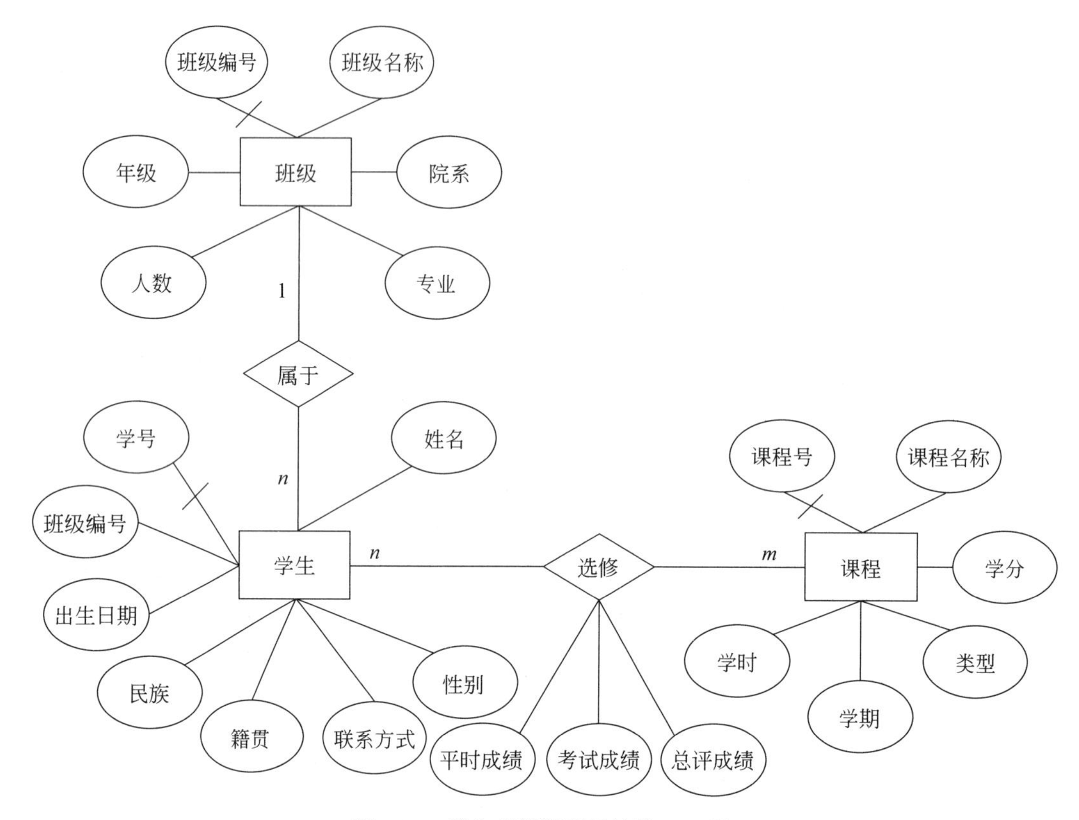

图 1.35　学生成绩管理系统的 E-R 图

项目小结

在本项目中，我们全面学习了数据库的基本概念、发展史、系统组成以及数据模型。通过深入的任务分析，我们学习了关系型数据库的特点和常见的数据库管理系统，不仅了解了数据库的基础理论知识，还通过具体任务如 MySQL 的安装与配置，加深了对数据库实践操作的掌握。

此外，我们还进行了初步的数据库设计学习，包括数据库设计的步骤、概念设计、E-R 图设计实例以及数据库设计规范化的原则。这些知识点对于构建和优化数据库系统至关重要。通过任务实施部分的案例教学，我们初步掌握了数据库设计的实际操作技能。

总的来说，项目 1 为我们后续的数据库学习奠定了坚实的基础，使我们对数据库有了更为全面和深入的认识。通过这一项目的学习，我们不仅提升了理论水平，还增强了实践操作能力，为日后的数据库应用和开发打下了坚实的基础。

知识巩固与能力提升

一、选择题

1. 数据库（DB）、数据库系统（DBS）和数据库管理系统（DBMS）之间的关系是（　　）。

A. DBS 包括 DB 和 DBMS　　　　B. DBMS 包括 DB 和 DBS
C. DB 包括 DBS 和 DBMS　　　　D. DBS 就是 DB，也就是 DBMS

2. 下列四项中，不属于数据库特点的是（　　）。
A. 数据共享　　B. 数据完整性　　C. 数据冗余度高　　D. 数据独立性高

3. 将 E-R 图转换成关系模型的过程，属于数据库设计的（　　）阶段。
A. 需求分析　　B. 概念结构设计　　C. 逻辑结构设计　　D. 物理结构设计

4. E-R 图的三要素是（　　）。
A. 实体、属性、实体集　　B. 实体、键、联系
C. 实体、属性、关系　　D. 实体、域、候选区

二、简答题

1. 请举例说明一对一、一对多、多对多联系。
2. 简述 1NF、2NF、3NF 的区别。
3. 简述 E-R 图的绘制步骤。

三、实践训练

某学校需要搭建一个图书管理系统，教师和学生均可借阅书籍。读者类别主要有教师和学生。一种读者类别下有多个读者，一个读者只能属于一种读者类别。一个读者可以借阅多本图书，一本图书也可以被多个读者借阅。此外，图书借阅需要记录借书日期和还书日期。图书管理系统包括以下三个实体集：

图书（图书号、图书名称、图书类别、作者、出版社、图书单价、库存）

读者（读者 ID、读者姓名、身份证号码、性别、手机号、读者类别）

读者类别（读者类别号、读者类别、可借数量、可借天数）

根据以上信息完成该图书管理系统的 E-R 图。

项目2

创建与管理数据库

项目导读

通过对前面项目的学习，我们对数据库有了一定的了解，MySQL 数据库开发环境搭建好之后，我们就可以对数据库进行相关操作了。但是想要操作数据库中的数据，必须通过 MySQL 提供的数据库操纵语言实现。本项目通过典型任务，帮助读者学习如何创建数据库、指定当前数据库、修改数据库、删除和查看数据库等操作。

学习目标

- 理解数据库的结构。
- 掌握 CREATE 语句、ALTER 语句、DROP 语句的基本语法格式。
- 掌握数据库的创建、修改和删除的方法。
- 掌握查看与选择数据库的方法。

任务 2.1 创建数据库

任务描述

（1）创建三个数据库，名称分别为 StudentDB、MyTest、StudentDBTest，指定数据库 StudentDBTest 的默认字符集为 utf8。

微课：数据库的创建

（2）显示 MySQL 服务器中数据库的相关信息。

（3）查看给定名称的数据库，并使用通配符查看满足匹配条件的数据库。

（4）显示数据库 StudentDBTest 的默认字符集。

任务目标

（1）会创建、查看数据库。

（2）能查看满足匹配条件的数据库。

（3）会查看 MySQL 支持的字符集。

（4）掌握指定、查看数据库默认字符集的方法。

（5）通过对数据库命名规范和代码编写规范的学习，培养学生严谨认真的工作态度。

知识储备

知识点1 数据库的构成

在 MySQL 中，数据库可以分为系统数据库和用户数据库两大类。系统数据库是指 MySQL 安装配置完成之后，系统自动创建的一些数据库，MySQL 自带四个系统数据库 mysql、information_schema、performance_schema、sys。若删除以上系统数据库，系统则无法正常运行。

（1）mysql 数据库：MySQL 的核心数据库，用于存储 MySQL 服务器运行时所需的信息，包括数据库的用户信息、权限信息等控制管理信息。

（2）information_schema 数据库：信息数据库，主要存储系统中一些数据库对象信息，包括数据库名、表、字段类型以及访问权限等。

（3）performance_schema 数据库：性能数据库，监视并收集 MySQL 服务器时间，主要用于收集数据库服务器性能参数。MySQL 默认启动性能数据库。

（4）sys 数据库：该数据库通过视图的形式将 information_schema 和 performance_schema 结合起来，可查询出更容易理解的数据，包含一系列方便 DBA（数据库管理员）和开发人员利用 performance_schema 性能数据库进行性能调优和诊断的视图。

知识点2 数据库的创建

创建数据库，实际上是在数据库服务器中划分出一块空间，用来存储相应的数据库对象。使用 CREATE DATABASE 或 CREATE SCHEMA 命令可以创建数据库。其语法结构如下：

```
CREATE {DATABASE | SCHEMA} [IF NOT EXISTS] db_name
    [[DEFAULT] CHARACTER SET charset_name | [DEFAULT] COLLATE
    collation_name]
```

语法说明如下。

（1）CREATE DATABASE：创建具有给定名称的数据库。

（2）CREATE SCHEMA：与 CREATE DATABASE 同义。

（3）IF NOT EXISTS: 在创建数据库之前进行判断，只有该数据库目前尚不存在时才能执行创建数据库的操作。此选项可以用来避免数据库已经存在而重复创建的错误。

（4）db_name：创建的数据库名称。在文件系统中，MySQL 的数据存储区将以目录方式表示 MySQL 数据库，因此数据库名称必须符合操作系统文件夹命名规则，数据库名要求简单明了、见名知意、不能以数字开头，不能与其他数据库同名。在 MySQL 中不区分大小写。

（5）DEFAULT：指定默认值。

（6）CHARACTER SET: 指定数据库的字符集，指定字符集的目的是避免在数据库中存储的数据出现乱码的情况。如果在创建数据库时不指定字符集，就使用系统的默认字符集。MySQL 支持多种字符集，用于存储和处理不同语言的文本数据。常见的字符集包括 ascii 字符集、gb2312 字符集、utf8 字符集、latin1 字符集等。

（7）COLLATE: 指定字符集的校对规则，MySQL 支持多种校对规则，可以在创建表或列时指定校对规则，也可以在查询时指定，可以用 SHOW COLLATION 语句显示所有可用的校对规则。

（8）参数“[ ]”内为可选项；“{ | }”表示二选一，也就是竖线两侧的内容选择一项即可。如果省略语句中“[ ]”中的所有可选项，其结构形式为 CREATE DATABASE db_name。

知识点3　MySQL中的字符集和校对规则

字符（character）指的是人类语言中最小的表义符号，如 A、B 等。给每个字符赋予一个数值，用该数值来代表对应的字符，这个数值就是该字符的编码（encoding）。因此，字符集就是所有字符和编码对组成的集合。校对规则是在字符集内用于比较字符的一套规则。一个字符集可以对应多种校对规则，但一种校对规则只对应一个字符集，也就是两个不同的字符集不能对应相同的校对规则。MySQL 的字符集设置提供了灵活的层次结构，字符集和校对规则主要分为四个级别，分别是服务器级别、数据库级别、数据表级别及字段级别。可以在同一台服务器、同一个数据库、同一个表中使用不同字符集或校对规则来混合字符串。

MySQL 能够使用多种字符集来存储字符串，并使用多种校对规则来比较字符串。它支持 40 多种字符集的 270 多种校对规则，可以使用语句“SHOW CHARACTER SET；”显示字符集及默认的校对规则，通过语句“SHOW COLLATION LIKE '字符集名'；”来查看某一个字符集对应的校对规则。

知识点4　数据库的查看

要想知道数据库中包含了哪些内容，可以通过 SHOW DATABASES 命令查看所有数据库，MySQL 查看数据库的语法格式如下：

```
SHOW {DATABASES |SCHEMAS}
[LIKE 'pattern'| WHERE expr]
```

要想了解某个数据库的定义脚本，可以通过 SHOW CREATE 进行查看。查看数据库定义脚本语法如下：

```
SHOW CREATE {DATABASE | SCHEMA} db_name
```

语法说明如下。

（1）SHOW DATABASES：列出 MySQL 服务器上的数据库。SHOW SCHEMAS 与 SHOW DATABASES 同义。

（2）LIKE：该子句是可选项，用于匹配指定的数据库名称。LIKE 子句可以部分匹配，也可以完全匹配。数据库名由单引号“''”括起来。通配符“%”代表任意多个字符，通配符“_”代表任意单个字符。

（3）WHERE：该子句可以使用更一般的条件来选择数据库。在 MySQL 中，每一条 SQL 语句都以“;”作为结束标志。

（4）SHOW CREATE DATABASE：查看数据库定义脚本，db_name 是要查看定义脚本的数据库名称。

任务实施

1. 使用 CREATE 语句直接创建数据库

使用 CREATE 语句直接创建数据库 StudentDB，其语句如下：

```
mysql> CREATE DATABASE StudentDB;
```

执行结果如图 2.1 所示。

```
mysql> CREATE DATABASE StudentDB;
Query OK, 1 row affected (0.02 sec)
```

图 2.1　创建数据库 StudentDB

系统提示“Query OK, 1 row affected (0.02 sec)”，表示数据库创建成功。

如果输入的命令有错误，系统将给出错误的提示信息。比如输入“CREAT DATABASE StudentDB;”，系统将提示出错。这是因为 CREATE 拼写错误，所以系统并没有创建 StudentDB 数据库。执行结果如图 2.2 所示。

```
mysql>  CREAT DATABASE StudentDB;
ERROR 1064 (42000): You have an error in your SQL syntax; check the
 manual that corresponds to your MySQL server version for the right
 syntax to use near 'CREAT DATABASE StudentDB' at line 1
```

图 2.2　创建数据库时系统提示错误信息

如果再次输入正确的语句“CREATE DATABASE StudentDB;”，系统也将提示出错，因为在上面已经创建了数据库 StudentDB，MySQL 不允许两个数据库使用相同的名字。执行结果如图 2.3 所示。

```
mysql> CREATE DATABASE StudentDB;
ERROR 1007 (HY000): Can't create database 'studentdb';
database exists
```

图 2.3　创建同名的数据库时系统提示出错

2. 判断数据库是否已存在并创建数据库

在 MySQL 中，要想避免创建一个已经存在的数据库时系统提示出错，可以使用 IF NOT EXISTS 从句。

```
mysql>CREATE DATABASE IF NOT EXISTS MyTest;
```

执行结果如图 2.4 所示，结果显示 MyTest 数据库创建成功。

```
mysql> CREATE DATABASE IF NOT EXISTS MyTest;
Query OK, 1 row affected, 1 warning (0.01 sec)
```

图 2.4 使用 IF NOT EXISTS 创建数据库

如果使用了 IF NOT EXISTS 从句，即使创建的数据库和已经存在的数据库同名，也不会提示错误信息。我们再次创建 MyTest 数据库，执行结果如图 2.5 所示。

```
mysql> CREATE DATABASE IF NOT EXISTS MyTest;
Query OK, 1 row affected, 1 warning (0.00 sec)
```

图 2.5 使用 IF NOT EXISTS 创建同名数据库时不会提示错误信息

3. 查看数据库

为验证数据库是否创建成功，使用 SHOW DATABASES 语句查看数据库。

```
mysql>SHOW DATABASES;
```

执行结果如图 2.6 所示，可以看到已成功创建数据库。

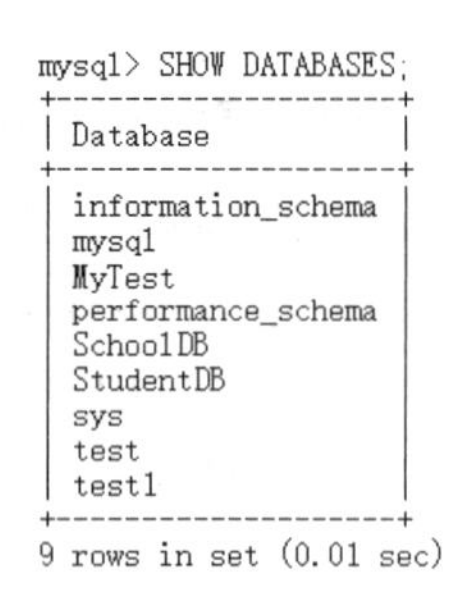

```
mysql> SHOW DATABASES;
+--------------------+
| Database           |
+--------------------+
| information_schema |
| mysql              |
| MyTest             |
| performance_schema |
| SchoolDB           |
| StudentDB          |
| sys                |
| test               |
| test1              |
+--------------------+
9 rows in set (0.01 sec)
```

图 2.6 数据库的查询结果

4. 查看 MySQL 支持的字符集

可以通过 SHOW CHARACTER SET 语句查看 MySQL 支持的字符集，结果如图 2.7 所示。

```
mysql>SHOW CHARACTER SET;
```

在结果集中，Charset 列指的是字符集的名字，Description 列是对应字符集的描述，Default collation 列是字符集的默认校对规则，Maxlen 列是该字符集中一个字符占用的最大字节数。MySQL 校对规则的命名，以其相关的字符集名开始，一般包括一个语言名称，结尾的“_ci”表示不区分大小写，“_cs”表示区分大小写。

```
mysql> SHOW CHARACTER SET;
+----------+---------------------------------+---------------------+--------+
| Charset  | Description                     | Default collation   | Maxlen |
+----------+---------------------------------+---------------------+--------+
| armscii8 | ARMSCII-8 Armenian              | armscii8_general_ci |      1 |
| ascii    | US ASCII                        | ascii_general_ci    |      1 |
| big5     | Big5 Traditional Chinese        | big5_chinese_ci     |      2 |
| binary   | Binary pseudo charset           | binary              |      1 |
| cp1250   | Windows Central European        | cp1250_general_ci   |      1 |
| cp1251   | Windows Cyrillic                | cp1251_general_ci   |      1 |
| cp1256   | Windows Arabic                  | cp1256_general_ci   |      1 |
| cp1257   | Windows Baltic                  | cp1257_general_ci   |      1 |
| cp850    | DOS West European               | cp850_general_ci    |      1 |
| cp852    | DOS Central European            | cp852_general_ci    |      1 |
| cp866    | DOS Russian                     | cp866_general_ci    |      1 |
| cp932    | SJIS for Windows Japanese       | cp932_japanese_ci   |      2 |
| dec8     | DEC West European               | dec8_swedish_ci     |      1 |
| eucjpms  | UJIS for Windows Japanese       | eucjpms_japanese_ci |      3 |
| euckr    | EUC-KR Korean                   | euckr_korean_ci     |      2 |
| gb18030  | China National Standard GB18030 | gb18030_chinese_ci  |      4 |
| gb2312   | GB2312 Simplified Chinese       | gb2312_chinese_ci   |      2 |
| gbk      | GBK Simplified Chinese          | gbk_chinese_ci      |      2 |
| geostd8  | GEOSTD8 Georgian                | geostd8_general_ci  |      1 |
| greek    | ISO 8859-7 Greek                | greek_general_ci    |      1 |
| hebrew   | ISO 8859-8 Hebrew               | hebrew_general_ci   |      1 |
| hp8      | HP West European                | hp8_english_ci      |      1 |
| keybcs2  | DOS Kamenicky Czech-Slovak      | keybcs2_general_ci  |      1 |
| koi8r    | KOI8-R Relcom Russian           | koi8r_general_ci    |      1 |
| koi8u    | KOI8-U Ukrainian                | koi8u_general_ci    |      1 |
| latin1   | cp1252 West European            | latin1_swedish_ci   |      1 |
| latin2   | ISO 8859-2 Central European     | latin2_general_ci   |      1 |
| latin5   | ISO 8859-9 Turkish              | latin5_turkish_ci   |      1 |
| latin7   | ISO 8859-13 Baltic              | latin7_general_ci   |      1 |
| macce    | Mac Central European            | macce_general_ci    |      1 |
| macroman | Mac West European               | macroman_general_ci |      1 |
| sjis     | Shift-JIS Japanese              | sjis_japanese_ci    |      2 |
| swe7     | 7bit Swedish                    | swe7_swedish_ci     |      1 |
| tis620   | TIS620 Thai                     | tis620_thai_ci      |      1 |
| ucs2     | UCS-2 Unicode                   | ucs2_general_ci     |      2 |
| ujis     | EUC-JP Japanese                 | ujis_japanese_ci    |      3 |
| utf16    | UTF-16 Unicode                  | utf16_general_ci    |      4 |
| utf16le  | UTF-16LE Unicode                | utf16le_general_ci  |      4 |
| utf32    | UTF-32 Unicode                  | utf32_general_ci    |      4 |
| utf8     | UTF-8 Unicode                   | utf8_general_ci     |      3 |
| utf8mb4  | UTF-8 Unicode                   | utf8mb4_0900_ai_ci  |      4 |
+----------+---------------------------------+---------------------+--------+
41 rows in set (0.01 sec)
```

图 2.7　MySQL 字符集及默认校对规则

5. 创建数据库并设置数据库的字符集

创建数据库 StudentDBTest，并设置该数据库的字符集为 utf8，其语句如下：

```
mysql>CREATE DATABASE StudentDBTest DEFAULT CHARACTER SET utf8;
```

执行结果如图 2.8 所示。

```
mysql> CREATE DATABASE StudentDBTest DEFAULT CHARACTER SET utf8;
Query OK, 1 row affected, 1 warning (0.01 sec)
```

图 2.8　创建数据库并指定默认字符集 utf8

6. 查看数据库的定义脚本

查看数据库 StudentDBTest 的定义脚本，其语句如下：

```
mysql> SHOW CREATE DATABASE StudentDBTest;
```

执行结果如图 2.9 所示，可以看出数据库 StudentDBTest 的默认字符集为 utf8。

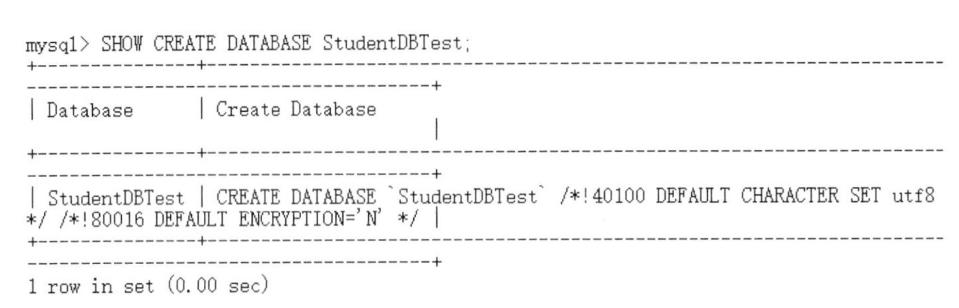

```
mysql> SHOW CREATE DATABASE StudentDBTest;
+---------------+-----------------------------------------------------------------
--------------------------------------+
| Database      | Create Database
                                      |
+---------------+-----------------------------------------------------------------
--------------------------------------+
| StudentDBTest | CREATE DATABASE `StudentDBTest` /*!40100 DEFAULT CHARACTER SET utf8
*/ /*!80016 DEFAULT ENCRYPTION='N' */ |
+---------------+-----------------------------------------------------------------
--------------------------------------+
1 row in set (0.00 sec)
```

图 2.9　查看数据库的定义脚本

7. 查看某个数据库

查看名称为 MyTest 的数据库，其语句如下：

```
mysql> SHOW DATABASES like 'MyTest';
```

执行结果如图 2.10 所示，只显示了 MyTest 数据库。

8. 查看名称中包含 Test 的数据库

```
mysql> SHOW DATABASES like '%Test%';
```

执行结果如图 2.11 所示，显示了所有名称中包含 Test 的数据库。

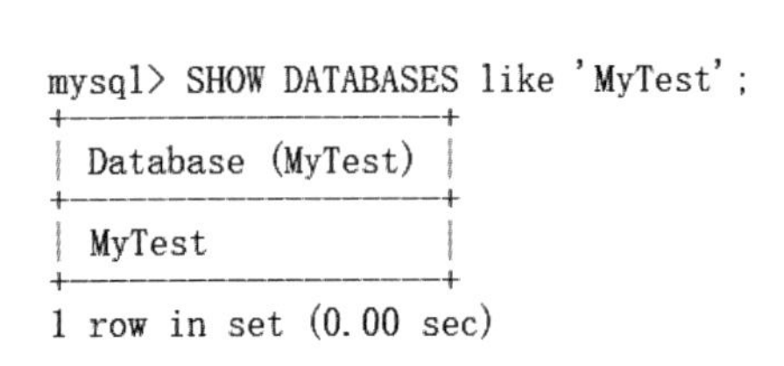

```
mysql> SHOW DATABASES like 'MyTest';
+-------------------+
| Database (MyTest) |
+-------------------+
| MyTest            |
+-------------------+
1 row in set (0.00 sec)
```

图 2.10　查看 MyTest 数据库

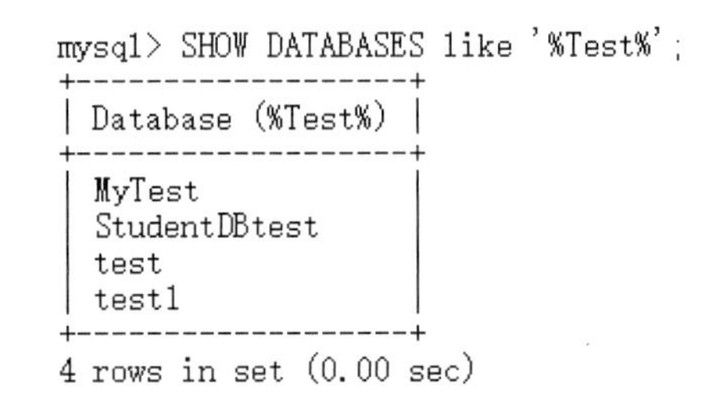

```
mysql> SHOW DATABASES like '%Test%';
+-------------------+
| Database (%Test%) |
+-------------------+
| MyTest            |
| StudentDBtest     |
| test              |
| test1             |
+-------------------+
4 rows in set (0.00 sec)
```

图 2.11　查看名称中包含 Test 的数据库

9. 查看名称以 Stu 开头的数据库

```
mysql> SHOW DATABASES like 'Stu%';
```

执行结果如图 2.12 所示，显示了所有名称以 Stu 开头的数据库。

```
mysql>  SHOW DATABASES like 'Stu%';
+-----------------+
| Database (Stu%) |
+-----------------+
| StudentDB       |
| StudentDB Test  |
+-----------------+
2 rows in set (0.00 sec)
```

图 2.12　查看名称以 Stu 开头的数据库

任务2.2 管理数据库

任务描述

微课：管理数据库

（1）指定当前数据库为 MyTest 数据库。

（2）查看数据库 StudentDBTest 的字符集。

（3）修改数据库 StudentDBTest 的字符集为 gb2312。

（4）修改数据库 StudentDBTest 的校对规则为 gb2312_chinese_ci，并查看其校对规则。

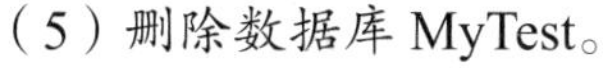

（5）删除数据库 MyTest。

（6）再次删除数据库 MyTest，看是否有错误提示。

任务目标

（1）会指定当前数据库。

（2）会修改、删除数据库。

（3）掌握修改、查看数据库字符集的方法。

（4）通过管理数据库语句的学习，培养学生的职业操守和职业道德。

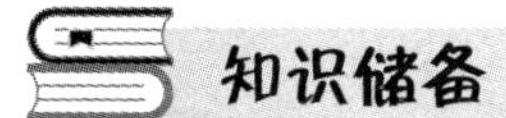

知识储备

知识点1 MySQL数据库字符集及排序规则的查看

（1）可以用下面的语句查看 MySQL 数据库字符集，如果在指定的数据库下使用如下语句，则查看的是该数据库对应的字符集。

```
SHOW VARIABLES LIKE 'character_set_database';
```

（2）可以用下面的语句查看 MySQL 数据库校验规则，如果在指定的数据库下使用如下语句，则查看的是该数据库对应的字符集校验规则。

```
SHOW VARIABLES LIKE 'collation_database';
```

（3）可以用下面的语句查看某一个字符集对应的校对规则。

```
SHOW COLLATION LIKE '字符集名';
```

其中，“字符集名”是要查看的字符集的名称，可以在“字符集名”中使用通配符。例如，查看 GBK 字符集的校对规则，字符集名即为 gbk%。

注意

要想知道某一个数据库的排序规则，需要先使用 USE 语句选择数据库，再使用 SHOW 语句进行查看。

知识点2　当前数据库的指定

数据库管理系统中一般会存在多个数据库，用户在对数据库进行操作之前，首先要选择数据库。使用 CREATE DATABASE 语句创建好数据库之后，该数据库不会自动成为当前数据库，这时可以使用 USE 语句选择该数据库作为当前数据库，USE 语句也可以用来完成从一个数据库到另一个数据库的跳转。指定当前数据库的语法格式如下：

```
USE db_name;
```

其中，USE 是用来指定某个数据库作为当前数据库的命令；db_name 表示数据库的名称。

知识点3　数据库的修改

数据库创建后，可以使用 ALTER 语句修改数据库，其语法格式如下：

```
ALTER {DATABASE | SCHEMA} [db_name]
      alter_option ...
      alter_option: {
         [DEFAULT] CHARACTER SET [=] charset_name
       | [DEFAULT] COLLATE [=] collation_name
       | [DEFAULT] ENCRYPTION [=] {'Y' | 'N'}
      }
```

语法说明如下。

（1）ALTER DATABASE：该命令用来修改数据库的参数。用户必须有对数据库修改的权限，才可以使用该命令。

（2）[db_name]：可选项，是指所要修改的数据库名称。如果省略数据库名称，则修改当前（默认）数据库。

（3）alter_option：用于指定所要修改的参数。

（4）[DEFAULT]：可选项，用于指定默认值。

（5）CHARACTER SET [=] charset_name：用于对数据库字符集进行修改。

（6）COLLATE [=] collation_name：用于对数据库的校对规则进行修改。

（7）[DEFAULT] ENCRYPTION [=] {'Y' | 'N'}：用于定义是否加密默认数据库。

知识点4　数据库的删除

如果要删除已经创建好的数据库，可以使用 DROP DATABASE 命令。其语法格式如下：

```
DROP {DATABASE | SCHEMA} [IF EXISTS] db_name
```

语法说明如下。

（1）DROP DATABASE：该命令用来删除数据库，如果删除某个数据库，该数据库中所有的表也将被删除。

（2）[IF EXISTS]：可选项，使用该子句可以避免删除不存在的数据库时提示错误信息。

（3）db_name：要删除的数据库名称。

注意

如果删除某个数据库，也会删除该数据库里的所有数据，并且执行删除命令前不会有任何提示，因此一定要小心使用该命令。

任务实施

1. 指定当前数据库

指定数据库 MyTest 为当前数据库，其语句如下：

```
mysql> USE MyTest;
```

执行结果如图 2.13 所示。Database changed 表明指定当前数据库成功。

```
mysql> USE MyTest;
Database changed
```

图 2.13 选择当前数据库

2. 修改数据库的默认字符集，并查看修改结果

修改数据库 StudentDBTest 的默认字符集，然后查看修改结果，其语句如下：

```
mysql>ALTER DATABASE StudentDBTest DEFAULT CHARACTER SET GB2312;
```

执行结果如图 2.14 所示。结果显示“Query OK,1 row affected (0.01 sec)”,表示修改成功。

```
mysql> ALTER DATABASE StudentDBTest DEFAULT CHARACTER SET GB2312;
Query OK, 1 row affected (0.01 sec)
```

图 2.14 修改数据库的默认字符集

要想知道修改数据库 StudentDBTest 的默认字符集是否成功，可以查看修改结果。首先要指定数据库 StudentDBTest 为当前数据库，语句如下：

```
mysql> USE StudentDBTest;
mysql> SHOW VARIABLES LIKE 'character_set_database';
```

执行结果如图 2.15 所示。结果显示数据库的字符集为 gb2312, 表示已经修改成功。

```
mysql> USE StudentDBTest;
Database changed
mysql> SHOW VARIABLES LIKE 'character_set_database';
+------------------------+--------+
| Variable_name          | Value  |
+------------------------+--------+
| character_set_database | gb2312 |
+------------------------+--------+
1 row in set, 1 warning (0.00 sec)
```

图 2.15 查看数据库的默认字符集

3. 修改数据库的默认校对规则，并查看其校对规则

修改数据库 StudentDBTest 的校对规则为 gb2312_chinese_ci，并查看其校对规则，语句如下：

```
mysql>ALTER DATABASE StudentDBTest DEFAULT collate gb2312_chinese_ci;
```

执行结果如图 2.16 所示。结果显示“Query OK, 1 row affected (0.02 sec)”，表示已经修改成功。

```
mysql> ALTER DATABASE StudentDBTest DEFAULT collate gb2312_chinese_ci;
Query OK, 1 row affected (0.02 sec)
```

图 2.16　修改数据库的默认校对规则

要想查看修改结果，需要把 StudentDBTest 指定为当前数据库，其语句如下：

```
mysql> USE StudentDBTest;
mysql>SHOW VARIABLES LIKE 'collation_database';
```

执行结果如图 2.17 所示。结果显示数据库的校对规则为 gb2312_chinese_ci, 表示已经修改成功。

```
mysql> USE StudentDBTest;
Database changed
mysql> SHOW VARIABLES LIKE 'collation_database';
+--------------------+-------------------+
| Variable_name      | Value             |
+--------------------+-------------------+
| collation_database | gb2312_chinese_ci |
+--------------------+-------------------+
1 row in set, 1 warning (0.00 sec)
```

图 2.17　查看数据库的校对规则

4. 查看某一个字符集对应的校对规则

查看 gbk 字符集的校对规则，其语句如下：

```
mysql> SHOW COLLATION LIKE 'GBK%';
```

执行结果如图 2.18 所示。结果显示了 gbk 字符集的校对规则。

```
mysql> SHOW COLLATION LIKE 'GBK%';
+----------------+---------+----+---------+----------+---------+---------------+
| Collation      | Charset | Id | Default | Compiled | Sortlen | Pad_attribute |
+----------------+---------+----+---------+----------+---------+---------------+
| gbk_bin        | gbk     | 87 |         | Yes      |       1 | PAD SPACE     |
| gbk_chinese_ci | gbk     | 28 | Yes     | Yes      |       1 | PAD SPACE     |
+----------------+---------+----+---------+----------+---------+---------------+
2 rows in set (0.01 sec)
```

图 2.18　查看 gbk 字符集的校对规则

5. 删除数据库

删除数据库 MyTest，其语句如下：

```
mysql> DROP  DATABASE MyTest;
```

执行结果如图 2.19 所示。结果显示“Query OK, 0 rows affected (0.02 sec)”，表示已成功删除。

```
mysql> DROP  DATABASE MyTest;
Query OK, 0 rows affected (0.02 sec)
```

图 2.19　删除数据库

6. 删除不存在的数据库

上面的操作已经删除了数据库 MyTest，如果再次执行上面的操作，系统将会报错，如果要防止系统报此类错误，需要使用 IF EXISTS 从句，其语句如下：

```
mysql>  DROP  DATABASE IF EXISTS MyTest;
```

执行结果如图 2.20 所示。结果显示使用 IF EXISTS 从句后系统不会报错。

```
mysql>  DROP  DATABASE MyTest;
ERROR 1008 (HY000): Can't drop database 'mytest'; database doesn't exist
mysql>  DROP  DATABASE IF EXISTS MyTest;
Query OK, 0 rows affected, 1 warning (0.01 sec)
```

图 2.20　删除不存在的数据库

任务 2.3　使用图形化管理工具管理数据库

任务描述

（1）启动 Navicat for MySQL，连接服务器。

（2）创建数据库 gltest。

（3）维护数据库 gltest。

任务目标

（1）会连接 MySQL 服务器。

（2）掌握使用图形化管理工具创建数据库的方法。

（3）会使用图形化管理工具访问数据库。

（4）通过对管理工具的学习，培养学生的自我管理能力。

任务实施

1. 启动 Navicat for MySQL 并连接服务器

打开 Navicat for MySQL，连接服务器。图形化管理工具连接 MySQL 之后，会自动显示数据库列表，如图 2.21 所示。

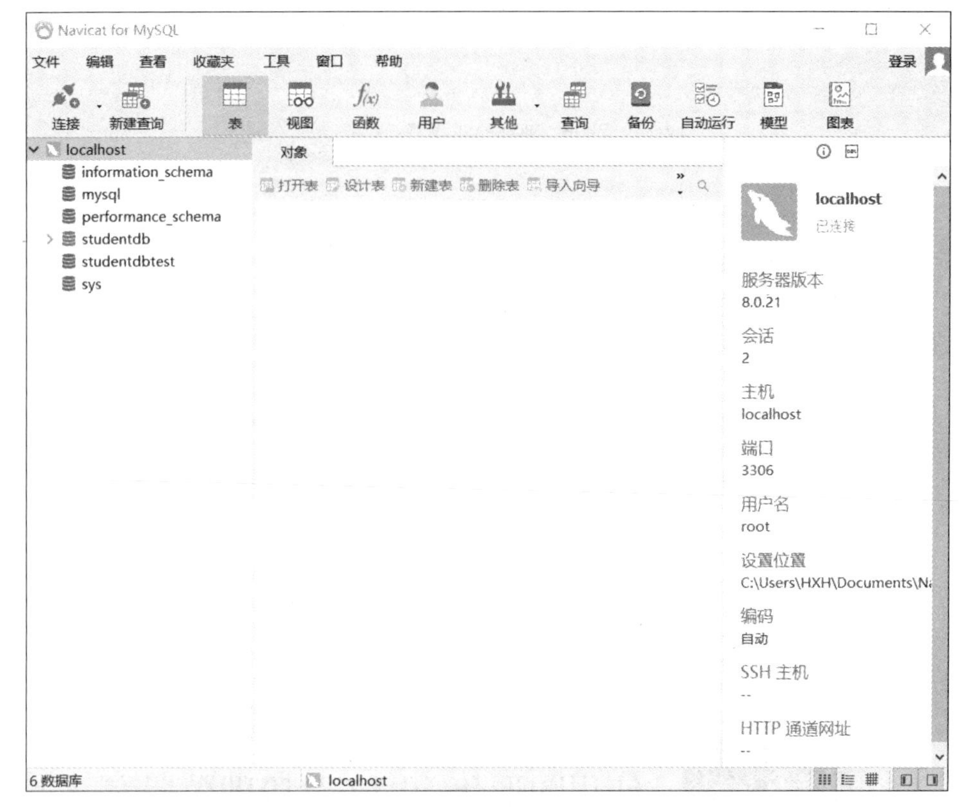

图 2.21 Navicat for MySQL 成功连接服务器

2. 创建数据库

使用命令行方式创建数据库需要记住 SQL 语句，用户可以用图形化管理工具创建数据库。使用图形化管理工具创建数据库 gltest 的操作步骤如下。

（1）在图 2.21 所示的窗口中右击已建立的连接名 localhost。

（2）在弹出的快捷菜单中选择“新建数据库...”命令，打开如图 2.22 所示的对话框。

图 2.22 Navicat for MySQL 的“新建数据库”对话框

（3）在“数据库名”文本框中输入数据库名称 gltest，这里直接采用默认的字符集和排序规则，所以直接单击“确定”按钮，数据库 gltest 就创建好了，如图 2.23 所示。

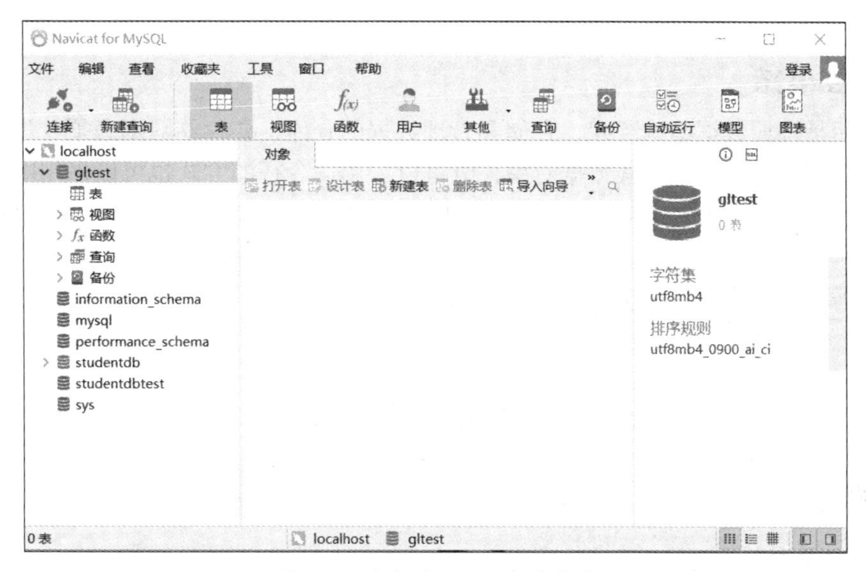

图 2.23 数据库 gltest 创建成功

如果要使用特定的字符集和校对规则，则在相应的文本框中输入特定的字符集和校对规则即可。

3. 维护数据库

数据库创建好后，可以通过图形化管理工具进行管理。在图 2.24 左侧的窗格中，双击要维护的数据库，会出现所选数据库中已建立的数据表；右击要维护的对象，在弹出的快捷菜单中执行相关命令可以实现维护数据库的相关操作。

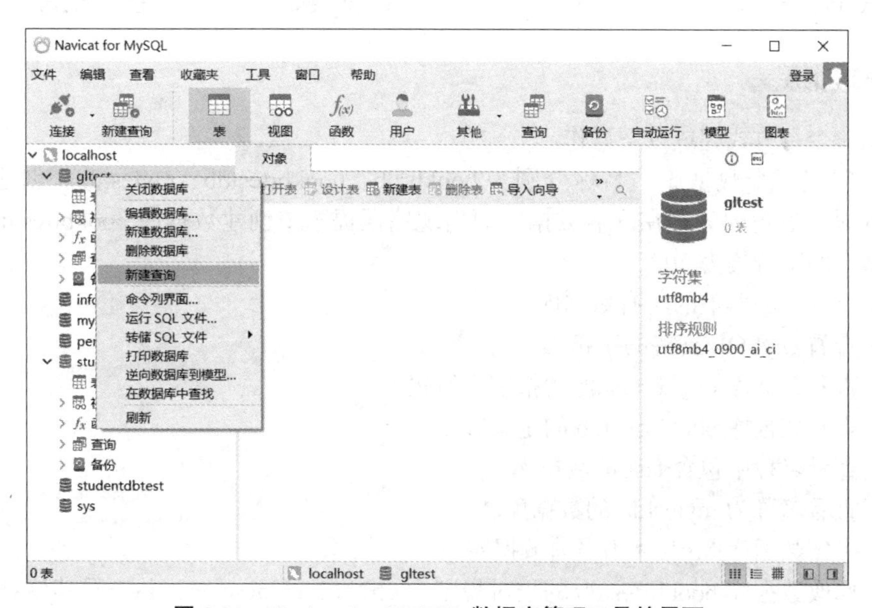

图 2.24 Navicat for MySQL 数据库管理工具的界面

项目小结

数据库是按照数据结构组织、存储和管理数据的仓库，要存储数据必须首先创建数据库。要创建和管理数据库及其数据对象，既可以采用命令行的方式也可以采用图形化管理工具来完成。本项目主要讲解了创建、修改和删除数据库的基本操作，这是本项目的重点，也是数据库开发的基础。通过对任务的学习，读者将掌握这些内容，并为学习后续内容奠定坚实的基础。

知识巩固与能力提升

一、选择题

1. 数据库中存储的是（　　）。

A. 数据　　B. 数据模型　　C. 数据及数据之间的联系　　D. 信息

2. 创建数据库的 SQL 语句是（　　）。

A. ALTER DATABASE　　B. DROP DATABASE

C. COPY DATABASE　　D. CREATE DATABASE

3. 能列出 MySQL 服务器上的数据库的命令是（　　）。

A. SHOW DATABASES　　B. DROP DATABASE

C. COPY DATABASE　　D. CREATE DATABASE

4. MySQL 自带四个系统数据库，即 information_schema、mysql、performance_schema 和（　　）。

A. information　　B. sys　　C. mytest　　D. system

二、实践训练

使用命令行方式完成以下操作。

（1）创建三个数据库，名称分别为 bookbrdb、bookbrtestdb、mytestdb。创建数据库 bookbrdb 时，避免因为存在同名数据库而出现错误提示；创建数据库 bookbrtestdb，并设置该数据库的字符集为 utf8。

（2）查看服务器上的所有数据库。

（3）查看 MySQL 支持的字符集。

（4）查看数据库 bookbrtestdb 的指定字符集。

（5）查看数据库 bookbrtestdb 的定义脚本。

（6）查看名称中包含 test 的数据库。

（7）查看名称为 mytestdb 的数据库。

（8）指定数据库 MyTest 为当前数据库。

（9）修改数据库 bookbrtestdb 的校对规则为 gb2312_chinese_ci，并查看其校对规则。

（10）从数据库列表中删除数据库 mytestdb。

创建与管理数据表

项目导读

数据表是数据库的重要组成部分，是存储数据的基本单位，所有的数据都保存在数据表中。数据库创建好后，可以根据数据库设计的关系模式创建数据表。本项目通过典型任务学习创建与管理数据表、了解常用的数据类型，并使用完整性约束条件保证数据的完整性。

学习目标

- 掌握 MySQL 的常用数据类型及 SQL 语句中不同类型数据的表示方式。
- 掌握创建与管理数据表的基本语法，能够创建、查看、修改、删除数据表。
- 理解数据完整性约束的概念，能够使用不同的约束保证数据的完整性。

任务 3.1　创建数据表

任务描述

（1）在数据库 StudentDB 中创建数据表，名称分别为 students 表、class 表、course 表。

（2）查看数据表结构。

（3）查看数据表的定义脚本。

微课：创建数据表

任务目标

（1）掌握常用的数据类型。

（2）会创建数据表。

（3）会查看数据表结构。

（4）会查看数据表的定义脚本。
（5）培养学生良好的职业素养和认真做事的工作态度。

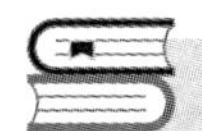

知识储备

知识点1　数据类型

使用 MySQL 数据库存储数据时，数据类型不同，存储数据的方式也不同。数据表中的每个字段都应该有合适的数据类型，数据类型用于规定数据的存储格式、约束和有效范围。数据库提供了多种数据类型，主要包括数值类型、日期和时间类型、字符串类型，以及二进制类型。

1. 数值类型

数值类型主要用于存储数值数据，包括整数类型、浮点数类型和定点数类型。

1）整数类型

整数类型是数据库中最基本的数据类型，在 MySQL 中，整数类型包括 tinyint、smallint、mediumint、int、bigint，其属性字段可以添加自增约束条件（AUTO_INCREMENT）。整数类型的取值范围如表 3.1 所示。

表 3.1　整数类型的取值范围

数据类型	字节数	取值范围（无符号数）	取值范围（有符号数）
tinyint	1	0~255	−128~127
smallint	2	0~65535	−32768~32767
mediumint	3	0~16777215	−8388608~8388607
int	4	0~4294967295	−2147483648~2147483647
bigint	8	0~18446744073709551615	−9223372036854775808~9223372036854775807

创建数据表时，数值类型字段默认存放有符号数，如果字段后加 UNSIGNED 关键字，则该字段只能存储无符号数。

从表 3.1 可以看出，不同类型的整数存储所需的字节数和取值范围都不相同，占用字节数最少的是 tinyint 类型，占用字节最多的是 bigint 类型。如果某个数据类型占用的字节数越多，那么它所能表示的数值范围就越大。

2）浮点数类型和定点数类型

在 MySQL 中，使用浮点数和定点数来表示小数。浮点数类型包括单精度浮点数（float）和双精度浮点数（double），而定点数类型是 decimal 类型。浮点数类型和定点数类型都可以用 (M,D) 来表示，如 float(M,D)、decimal(M,D)，其中 M 是精度，表示该值总长度为 M 位；D 是标度，表示小数的位数。在 float 和 double 中 M 和 D 是可选的，如果不指定精度，则 float 和 double 类型将被保存为硬件所支持的最大精度，而 decimal

类型默认 M 的值为 10、D 的值为 0。

在数据库中，浮点数类型存放的是近似值，而定点数类型存放的是精确值。但无论是浮点数类型还是定点数类型，如果用户指定的精度超出精度范围，那么将会按四舍五入进行处理。在 MySQL 中，以字符串的形式存储定点数，当对精度要求比较高时，使用 decimal 类型。浮点数类型和定点数类型的取值范围如表 3.2 所示。

表 3.2 浮点数类型和定点数类型的取值范围

数据类型	字节数	取值范围（无符号数）	取值范围（有符号数）
float	4	0 和 1.175494351E−38~ 3.402823466E+38	−3.402823466E+38~ −1.175494351E−38
double	8	0 和 2.2250738585072014E−308~ 1.7976931348623157E+308	−1.7976931348623157E+308~ −2.2250738585072014E−308
decimal(M，D)	M+2	0 和 2.2250738585072014E−308~ 1.7976931348623157E+308	−1.7976931348623157E+308~ −2.2250738585072014E−308

从表 3.2 中可以看出，单精度浮点数占用 4 字节，双精度浮点数占用 8 字节。

decimal 的存储空间并不是固定的，而是由 M 决定，占用的字节数为 M+2。浮点数相对于定点数而言，在长度一定的情况下，浮点数能够表示更大的范围，缺点是浮点数也存在精度问题。

2. 日期和时间类型

日期和时间类型的数据具有特定的格式，用于存储日期和时间。日期和时间类型包括 year、date、time、datetime 和 timestamp。每种类型都有其合法的取值范围，当指定不合法的值时，系统将向数据库中插入“零”值。日期和时间类型的相关信息如表 3.3 所示。

表 3.3 日期和时间类型的相关信息

数据类型	字节数	取 值 范 围	日 期 格 式
year	1	1901~2155	YYYY
date	3	1000-01-01~9999-12-3	YYYY-MM-DD
time	3	−838:59:59~838:59:59	HH:MM:SS
datetime	8	1000-01-01 00:00:00~ 9999-12-31 23:59:59	YYYY-MM-DD HH:MM:SS
timestamp	4	1970-01-01 00:00:01~ 2038-01-19 03:14:07	YYYY-MM-DD HH:MM:SS

在表 3.3 中，year 类型表示年份，date 类型表示日期，time 类型表示时间，datetime 类型和 timestamp 类型都表示日期和时间，两者存储所需的字节数不同，取值范围也不同。“YYYY-MM-DD”中的 YYYY 表示年，MM 表示月，DD 表示日；“HH:MM:SS”中的 HH 表示小时，MM 表示分钟，SS 表示秒。

3. 字符串类型和二进制类型

MySQL 支持两类字符型数据，即文本字符串和二进制字符串。字符串类型的数据主要有字母、数字、汉字、符号、特殊符号等。字符串类型有 char、varchar、binary、varbinary、blob、text、enum、set 等，其中 enum 类型和 set 类型是比较特殊的字符串数据类型，它们的取值范围是一个预先定义好的列表。各数据类型占用字节数和存储范围如表 3. 4 所示，表中的 M 表示可以为其指定长度，L 表示给定字符串值的实际长度。

表 3. 4　字符串类型

数据类型	存储需求	类型说明
char(M)	M 字节，0≤M≤255	固定长度的字符串
varchar(M)	L+1 字节，L≤M 且 0≤M≤255	可变长度的字符串
binary(M)	M 字节	固定长度的二进制数据
varbinary(M)	L+1 字节	可变长度的二进制数据
blob	0~65535	一个二进制对象，存储可变数量的数据
text	0~65535	小的非二进制字符串
enum	1 或 2 字节，取决于枚举值数目（最大值为 65535）	枚举类型，只能存储一个枚举字符串值
set	1、2、3、4 或 8 字节，取决于集合成员的数量（最多 64 个成员）	一个设置，字符串对象可以有零个或多个 set 成员

1）char 类型和 varchar 类型

char 类型和 varchar 类型都用来存储字符串数据，都可以通过指定 M 值来限制存储的最大字符数，M 必须小于或等于该类型允许的最大字符数，两者的主要区别是存储方式的不同。

定义 char 类型数据的语法格式为 char(M)，M 是指定的 char 类型的长度，该类型的长度是固定的。当存储的数据长度小于指定长度时，将在后面填充空格以达到指定长度，如果实际长度超过指定长度，则会被截断。例如，当定义字段的数据类型为 char(5) 时，不管插入的值实际长度是多少，所占用的存储空间都是 5 字节。

定义 varchar 类型数据的语法格式为 varchar (M)，该类型可以存储可变长度的字符串，其实际占用的空间为字符串的实际长度加 1。例如，varchar(5) 定义了一个最大长度为 5 的字符串，如果插入的字符串只有 3 个字符，则实际存储的字符串为 3 个字符，另一个字节记录长度。当在保存和检索 varchar 类型的值时，其尾部的空格仍然保留。

表 3.5 以 char(4) 和 varchar(4) 来说明 char 类型和 varchar 类型之间的差别。

表 3.5　char 类型和 varchar 类型的差别

插入值	char(4)	存储需求 / 字节	varchar(4)	存储需求 / 字节
''	''	4	''	1
'ab'	'ab'	4	'ab'	3
'abcd'	'abcd'	4	'abcd'	5
'abcdefg'	'abcd'	4	'abcd'	5

2）binary 类型和 varbinary 类型

binary 类型和 varbinary 类型类似于 char 类型和 varchar 类型。不同的是前者所表示的是二进制数据，以字节为存储单位，而后者存储的是字符串数据，以字符为存储单位。例如，binary(4) 存储 4 字节的二进制数据，char(4) 存储 4 个字符的数据。

binary 类型的长度是固定的，binary(N) 存储 N 字节的二进制数据。N 的取值范围是 0~255，默认值是 1。如果数据的长度小于指定的长度 N，那么将在数据的后面填充“\0”补齐，以达到指定长度 N。例如，指定某列的数据类型为 binary(2)，当插入数据 a 时，存储的内容实际为“a\0”，无论存储的内容是否达到指定的长度，存储空间均为指定的值 N。

varbinary 类型的长度是可变的，varbinary(N) 存储 N 字节变长二进制数据。N 的取值范围是 0~65535，varbinary 类型数据的长度为数据本身长度加 1 字节。例如，指定某个列数据类型为 varbinary(10)，如果插入的值长度为 5 字节，那么存储空间为 5 加 1 字节。

3）text 类型和 blob 类型

text 类型和 blob 类型都可用来存储比较大的数据，不过存储方式不同。text 类型是以文本方式存储的，如个人履历、文章内容、评论等；blob 类型存储的是二进制字符串，它常用于存储数据量很大的二进制数据，如图片、视频、声音等。

如果存储的是英文，text 类型区分大小写，而 blob 类型不区分大小写。前者可以指定字符集，而后者不用指定字符集。这两种数据类型的列不能有默认值。

4）enum 类型和 set 类型

enum 类型和 set 类型都是比较特殊的字符串类型，取值范围都是一个预先定义好的列表。被枚举的值不能为表达式或者变量，并且枚举值要用单引号标注。enum 类型又称枚举类型，该类型的数据只能从枚举列表中选取，而且一次只能选取一个。其语法格式如下：

```
<字段名> enum('值1', '值2', ... , '值n')
```

字段名是指要定义的字段；值 n 是指枚举列表中第 n 个值。

每个枚举值都有一个索引值，MySQL 中存储的就是这个索引值（索引值默认从 1 开始），而不是列表中的值。enum 列总有一个默认值，如果该列被声明为 NULL，则默认值为 NULL。如果被声明为 NOT NULL，则默认值为取值列表中的第一个元素。

set 类型用于存储字符串对象，其值来自一个用逗号分隔的列表，且可以有零个或者多个，其语法格式如下：

```
set('值1', '值2' , '值3' , ..., '值n')
```

与 enum 类型相同，('值 1','值 2','值 3' ， … ，'值 n') 列表中的每个值都有一个索引编号，MySQL 中存入的就是索引编号。enum 类型的列只能插入列值中的一个值，而 set 类型的列可从列值中选择多个字符的联合。

知识点2 数据表的创建

数据表是数据库的重要组成部分，是组织和管理数据的基本单位。表是由行和列组成的二维结构。表的每一行表示一条记录或元组，每一列表示记录的一个属性又称为字段。数据库创建之后，可以创建数据表来存放数据。在创建数据表时，需要定义数据表中的字段。定义信息包括数据类型、数据长度、是否允许为空值、是否为主键，约束条件等。在计算机中，表是以文件的形式存在的，因此创建数据表时要设定数据表的文件名称。创建 MySQL 数据表的语法格式如下：

```
CREATE TABLE [IF NOT EXISTS] tbl_name
(col_name data_type  [NOT NULL | NULL] [DEFAULT default_value]...)
     ENGINE = engine_name
```

语法说明如下。

（1）CREATE TABLE：创建数据表的命令。

（2）IF NOT EXISTS：在创建表之前判断表是否存在，该表不存在时才执行 CREATE TABLE 语句。如果没有给出此条语句，创建同名的已经存在的数据表，则会报错。

（3）tbl_name：数据表的名称。

（4）col_name：表中列的名称。列名称必须符合标识符规则，表中列名称必须唯一。

（5）data_type：列的数据类型，有的数据类型需要指定长度 n，并用括号括起来。

（6）NOT NULL | NULL：非空约束，指定该列是否允许为空，如果不指定，则默认为 NULL，如果不允许空值必须使用 NOT NULL。

（7）DEFAULT default_value：为列指定默认值，默认值必须为一个常数。当数据表中某个字段不输入值时，默认值约束自动为其添加一个已经设置好的值。不能赋予 blob 类型和 text 类型列默认值。

（8）ENGINE = engine_name：engine_name 是存储引擎名称，使用时要用具体的存储引擎名称来代替，如 ENGINE=InnoDB。

一个数据表只能使用一个存储引擎，一个数据库中不同的表可以使用不同的存储引擎。查看存储引擎的 SQL 命令是 SHOW ENGINES。

知识点3 数据表的查看

数据库创建后，可以查看数据库中包含的数据表，表结构及表定义脚本。

1. 显示当前数据库中表的文件名

SHOW TABLES 命令用于显示已经建立的数据表文件，其语法格式如下：

```
SHOW TABLES ;
```

该语句是查看当前数据库中的表，要先选择当前数据库，然后通过 SHOW TABLES 命令显示已经建立的数据表文件。

2. 显示数据表结构

DESCRIBE 语句用于显示表中各列的信息，其语法格式如下：

```
DESC[RIBE] tbl_name [列名 | 通配符];
```

语法说明如下。

（1）DESCRIBE：DESCRIBE 可缩写为 DESC，[ ] 中的字符可省略。

（2）tbl_name：要查看的数据表的名称。

（3）[列名 | 通配符]：可以是一个列名，或者是一个包含通配符“%”和“-”的字符串，通配符“%”可以代表任意多个字符，通配符“-”可以代表任意单个字符。

3. 查看数据表的定义脚本

SHOW CREATE TABLE 语句，不仅可以查看数据表的存储引擎和字符编码，还可以使用参数 \G 控制显示格式。语法格式如下：

```
SHOW CREATE TABLE tbl_name\G
```

语法说明如下。

（1）SHOW CREATE TABLE：查看指定表的定义语句，包括字符集和字符校对规则。

（2）tbl_name：要查看的数据表的名称。

（3）\G：用于将查询结果按列输出，使得显示结果格式化，否则显示的结果比较混乱。

任务实施

1. 创建数据表

（1）在数据库 StudentDB 中创建数据表 students，其表结构如表 3.6 所示。

表 3.6　数据表 students 的表结构

属性名	数据类型	长度	是否为空	备　注
s_no	char	11	NOT NULL	学号，主键
s_name	char	10	NOT NULL	姓名
sex	char	2	NOT NULL	性别
birthday	date		NULL	出生日期
ctc_info	char	11	NULL	联系方式
nat_place	varchar	6	NULL	籍贯
nation	char	10	NULL	民族
class_no	char	7	NULL	班级编号

指定 StudentDB 为当前数据库，创建数据表 students 的语句如下：

```
CREATE TABLE students (
    s_no char(11) NOT NULL PRIMARY KEY,
    s_name char(10)  NOT NULL,
    sex char(2)  NOT NULL,
    birthday date NULL,
    nat_place varchar(6) NULL,
    nation char (10)  NULL DEFAULT '汉',
    ctc_info char (11)  NULL,
    class_no char(7)  NULL
);
```

PRIMARY KEY 表示设置字段 s_no 为主键，执行结果如图 3.1 所示。结果显示 "Query OK, 0 rows affected (0.06 sec)"，表示创建数据表成功。

```
mysql> use StudentDB;
Database changed
mysql> CREATE TABLE students (
    ->    s_no char(11) NOT NULL PRIMARY KEY ,
    ->    s_name char(10)  NOT NULL,
    ->    sex char(2)  NOT NULL,
    ->    birthday date NULL,
    ->    nat_place varchar(6) NULL ,
    ->    nation char (10)  NULL DEFAULT '汉',
    ->    ctc_info char (11)  NULL,
    ->    class_no char(7)  NULL
    ->    );
Query OK, 0 rows affected (0.06 sec)
```

图 3.1　创建数据表 students

（2）在数据库 StudentDB 中创建数据表 class，其表结构如表 3.7 所示。

表 3.7　数据表 class 的表结构

属性名	数据类型	长度	是否为空	备　注
class_no	char	7	NOT NULL	班级编号，主键
cl_name	varchar	30	NOT NULL	班级名称
department	varchar	30	NOT NULL	院系
specialty	varchar	20	NULL	专业
grade	int		NULL	年级
h_counts	int		NULL	人数

创建数据表 class 的语句如下：

```
CREATE TABLE class (
    class_no char(7) NOT NULL PRIMARY KEY,
    cl_name varchar(30) NOT NULL,
    department varchar(30)  NOT NULL,
    specialty varchar(20)  NULL,
    grade int NULL,
```

```
    h_counts int NULL
);
```

PRIMARY KEY 表示设置字段 s_no 为主键，执行结果如图 3.2 所示。

（3）在数据库 StudentDB 中创建数据表 course，其表结构如表 3.8 所示。

表 3.8 数据表 course 的表结构

属性名	数据类型	长度	是否为空	备 注
c_no	char	5	NOT NULL	课程号，主键
c_name	varchar	20	NOT NULL	课程名称
credit	int		NOT NULL	学分
cr_hours	int		NOT NULL	学时
semester	char	2	NULL	学期
type	char	8	NULL	类型

创建数据表 course 的语句如下：

```
CREATE TABLE course (
    c_no char(5) NOT NULL PRIMARY KEY,
    c_name varchar(20) NOT NULL,
    credit int NOT NULL,
    cr_hours int NOT NULL,
    semester char(2)  NULL,
    type char(8)  NULL
);
```

PRIMARY KEY 表示设置字段 c_no 为主键，执行结果如图 3.3 所示。

```
mysql> CREATE TABLE class (
    ->   class_no char(7) NOT NULL PRIMARY KEY,
    ->   cl_name varchar(30) NOT NULL,
    ->   department varchar(30)  NOT NULL,
    -> specialty varchar(20)  NULL ,
    -> grade int NULL ,
    ->   h_counts int NULL
    -> ) ;
Query OK, 0 rows affected (0.04 sec)
```

图 3.2 创建数据表 class

```
mysql> CREATE TABLE course (
    ->   c_no char(5) NOT NULL PRIMARY KEY,
    ->   c_name varchar(20) NOT NULL,
    ->   credit int NOT NULL,
    ->   cr_hours int NOT NULL,
    ->   semester char(2)  NULL ,
    ->   type char(8)  NULL
    -> );
Query OK, 0 rows affected (0.04 sec)
```

图 3.3 创建数据表 course

2. 查看数据表

（1）查看数据表 students 的表结构，可以使用语句“DESC students;”，执行结果如图 3.4 所示。

数据表的字段信息以表格的形式显示，表格中 Field 列显示的是表的字段名称，Type 列显示的是字段数据类型，Null 列显示的是字段值是否为空，Key 列显示的是字段是否为键（如主键、外键、唯一键），Default 列显示是否有默认值，Extra 列显示的是其他的相关信息（如自增字段标识等）。

（2）查看数据表 course 中名称以 c 开头的列的信息，可以使用通配符，语句为“DESC course 'c%';”，执行结果如图 3.5 所示。

```
mysql> DESC students;
+------------+-------------+------+-----+---------+-------+
| Field      | Type        | Null | Key | Default | Extra |
+------------+-------------+------+-----+---------+-------+
| s_no       | char(11)    | NO   | PRI | NULL    |       |
| s_name     | char(10)    | NO   |     | NULL    |       |
| sex        | char(2)     | NO   |     | NULL    |       |
| birthday   | date        | YES  |     | NULL    |       |
| nat_place  | varchar(6)  | YES  |     | NULL    |       |
| nation     | char(10)    | YES  |     | 汉      |       |
| ctc_info   | char(11)    | YES  |     | NULL    |       |
| class_no   | char(7)     | YES  |     | NULL    |       |
+------------+-------------+------+-----+---------+-------+
8 rows in set (0.00 sec)
```

图 3.4　查看数据表 students 的表结构

```
mysql> DESC course 'c%';
+-----------+-------------+------+-----+---------+-------+
| Field     | Type        | Null | Key | Default | Extra |
+-----------+-------------+------+-----+---------+-------+
| c_no      | char(5)     | NO   | PRI | NULL    |       |
| c_name    | varchar(20) | NO   |     | NULL    |       |
| credit    | int         | NO   |     | NULL    |       |
| cr_hours  | int         | NO   |     | NULL    |       |
+-----------+-------------+------+-----+---------+-------+
4 rows in set (0.00 sec)
```

图 3.5　使用通配符显示部分列的信息

（3）查看数据表 class 的定义脚本，可以使用语句“SHOW CREATE TABLE class;”，执行结果如图 3.6 所示。

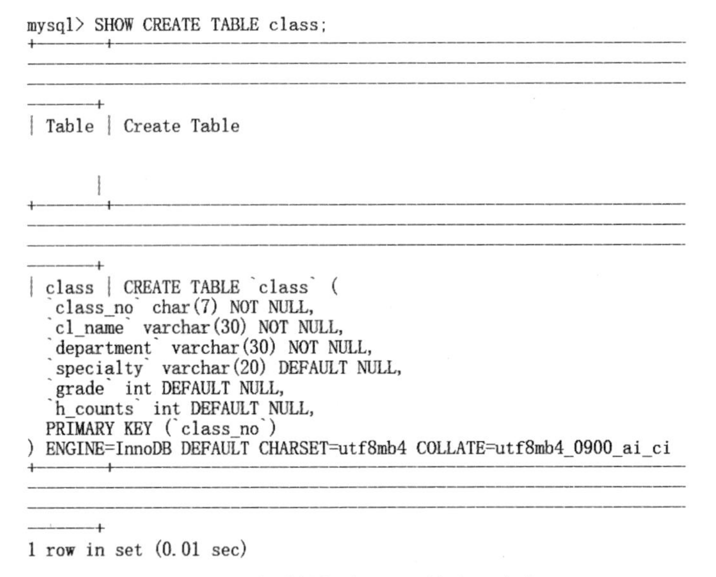

```
mysql> SHOW CREATE TABLE class;
+-------+----------------------------------------------------------
| Table | Create Table
+-------+----------------------------------------------------------
| class | CREATE TABLE `class` (
  `class_no` char(7) NOT NULL,
  `cl_name` varchar(30) NOT NULL,
  `department` varchar(30) NOT NULL,
  `specialty` varchar(20) DEFAULT NULL,
  `grade` int DEFAULT NULL,
  `h_counts` int DEFAULT NULL,
  PRIMARY KEY (`class_no`)
) ENGINE=InnoDB DEFAULT CHARSET=utf8mb4 COLLATE=utf8mb4_0900_ai_ci
+-------+----------------------------------------------------------
1 row in set (0.01 sec)
```

图 3.6　查看数据表 class 的定义脚本

图 3.6 的显示结果较为混乱。要想使得显示结果更加格式化，可以在表名称后面使用 \G 参数，语句为“SHOW CREATE TABLE class\G”，执行结果如图 3.7 所示。

```
mysql> SHOW CREATE TABLE class\G
*************************** 1. row ***************************
       Table: class
Create Table: CREATE TABLE `class` (
  `class_no` char(7) NOT NULL,
  `cl_name` varchar(30) NOT NULL,
  `department` varchar(30) NOT NULL,
  `specialty` varchar(20) DEFAULT NULL,
  `grade` int DEFAULT NULL,
  `h_counts` int DEFAULT NULL,
  PRIMARY KEY (`class_no`)
) ENGINE=InnoDB DEFAULT CHARSET=utf8mb4 COLLATE=utf8mb4_0900_ai_ci
1 row in set (0.00 sec)
```

图 3.7　使用 \G 参数查看数据表 class 的定义脚本

任务3.2 管理数据表

任务描述

（1）复制 StudentDB 数据库中的 students 表到表 studentstest 中。

（2）修改 studentstest 表的名称为 stu_test，并修改 ctc_info 字段及字段类型。

（3）修改 stu_test 表字段顺序、字符集和排序规则。

（4）给 stu_test 表添加、删除字段。

（5）删除 stu_test 表。

微课：管理数据表

任务目标

（1）会复制数据表。

（2）能修改数据表的名称、字段、字段类型。

（3）会修改数据表的字符集和排序规则。

（4）掌握修改字段的顺序。

（5）会添加、删除字段，并能删除数据表。

（6）培养学生树立爱岗敬业、精益求精的职业精神，提高做事的效率和方法。

知识储备

知识点1　数据表的修改

ALTER TABLE 命令用来更改原有表的结构，例如，增加或删减列、更改原有列的类型、重新命名列或表、修改默认字符集。其语法格式如下：

```
ALTER [IGNORE] TABLE tbl_name
alter_specification [,  alter_specification] ...
alter_specification:
ADD [COLUMN] col_name column_definition [FIRST | AFTER col_name ]  --添加字段
| ALTER [COLUMN] col_name {SET DEFAULT literal | DROP DEFAULT} --修改字段默认值
| CHANGE [COLUMN] old_col_name  new_col_name  column_definition    --对列重新命名
     [FIRST|AFTER col_name]
| MODIFY [COLUMN] col_name column_definition
     [FIRST | AFTER col_name]                          --修改字段的数据类型
| DROP [COLUMN] col_name                               --删除列
| RENAME [TO|AS] new_tbl_name                          --重新命名表
```

```
| [DEFAULT] CHARACTER SET charset_name [COLLATE collation_name]
                                              -- 修改表的默认字符集
```

语法说明如下。

（1）ALTER TABLE：更改原有表结构的命令。

（2）IGNORE：如果修改后的新表存在重复的关键字，并且没有指定 IGNORE，那么发生关键字重复的错误时操作就会失败。如果指定了 IGNORE，出现重复关键字时会删除有冲突的行，而且只使用第一行。

（3）tbl_name：指定要修改的数据表的名称。

（4）alter_specification：指对数据表要进行的具体修改。

（5）ADD [COLUMN] col_name column_definition [FIRST | AFTER col_name]：添加字段，其中 col_name 是新添加的字段名，column_definition 定义字段的数据类型和属性，FIRST 是指在表的第一列添加一个新列，AFTER col_name 是指在列 col_name 后面添加一个新列，FIRST | AFTER 都是可选参数，如果不指定此参数，则添加到最后一列。

（6）ALTER [COLUMN] col_name {SET DEFAULT literal | DROP DEFAULT}：修改或删除表中指定列的默认值。

（7）CHANGE [COLUMN] old_col_name new_col_name column_definition [FIRST|AFTER col_name]：修改列的名称并指定修改后的列的数据类型。其中，old_col_name 是旧的列名称，new_col_name 是新的列名称。

（8）MODIFY [COLUMN] col_name column_definition [FIRST | AFTER col_name]：修改列的数据类型及更改列顺序。

如果该表中该列所存储数据的数据类型与将要修改成的数据类型相冲突，则会发生错误。

（9）DROP [COLUMN] col_name：删除表中的列。

（10）RENAME [TO|AS] new_tbl_name：修改表的名称。

（11）[DEFAULT] CHARACTER SET charset_name [COLLATE collation_name]：修改数据表的字符集及排序规则。

知识点2 数据表的复制

CREATE TABLE 命令可以用来复制表的结构和数据。

语法格式如下：

```
CREATE TABLE [IF NOT EXISTS] tbl_name
[ LIKE old_tbl_name ]
| [AS (select_statement)];
```

语法说明如下。

（1）LIKE：使用 LIKE 关键字，表示复制表的结构，但并不会复制表中的数据，因此创建的新表是一个空表。

（2）AS：使用 AS 关键字，表示复制表结构的同时也可以复制表中的数据，但不会复制主键、索引及完整性约束，AS 也可以省略。

知识点3 数据表的删除

DROP TABLE 命令可以用来删除数据表，在删除数据表的同时，也将删除数据表中存储的数据。这个命令将表的描述、表的完整性约束、索引及和表相关的权限等全部删除。

语法格式如下：

```
DROP TABLE [IF EXISTS] tbl_name [, tbl_name] … ;
```

语法说明如下。

（1）IF EXISTS：是可选项，判断表是否存在。如果存在，则删除表；否则不做任何操作，从而避免删除不存在的表时出现错误信息。

（2）tbl_name：是指要删除的数据表名。

任务实施

1. 复制数据表

（1）复制表结构及记录到新的表中。

复制 StudentDB 数据库中的 students 表到新表 studentstest 中，其语句如下：

```
mysql>CREATE TABLE studentstest AS SELECT * FROM students;
```

执行结果如图 3.8 所示。结果显示，已成功复制表及表中的数据。

```
mysql> use studentDB;
Database changed
mysql> CREATE TABLE studentstest AS SELECT * FROM students;
Query OK, 2 rows affected (0.05 sec)
Records: 2  Duplicates: 0  Warnings: 0
```

图 3.8　复制表结构及记录到新的表中

（2）只复制表结构。

复制 StudentDB 数据库中的 students 表到新表 studentstest1 中，其语句如下：

```
mysql>CREATE TABLE IF NOT EXISTS studentstest1 LIKE students;
```

执行结果如图 3.9 所示。与图 3.8 对比，结果显示只复制了表结构。

```
mysql> CREATE TABLE IF NOT EXISTS studentstest1 LIKE students;
Query OK, 0 rows affected (0.06 sec)
```

图 3.9　只复制表结构

2. 修改表名

修改 studentstest 表的名称为 stu_test，其语句如下：

```
mysql>ALTER TABLE studentstest RENAME TO stu_test;
```

执行结果如图 3.10 所示。结果显示“Query OK, 0 rows affected (0.02 sec)”，表示已成功对数据表进行更名。可以用语句“SHOW TABLES;”查看 StudentDB 数据库中的表，执行结果如图 3.11 所示，stu_test 表存在，说明修改表名成功。

```
mysql> ALTER TABLE studentstest RENAME TO stu_test;
Query OK, 0 rows affected (0.02 sec)
```

图 3.10　数据表更名成功

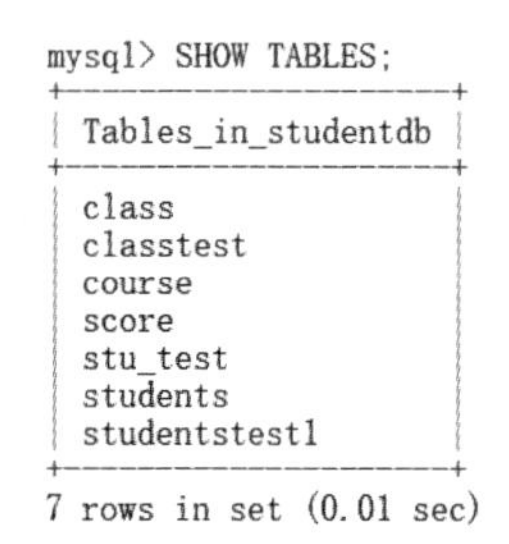

```
mysql> SHOW TABLES;
+--------------------+
| Tables_in_studentdb |
+--------------------+
| class              |
| classtest          |
| course             |
| score              |
| stu_test           |
| students           |
| studentstest1      |
+--------------------+
7 rows in set (0.01 sec)
```

图 3.11　查看数据库中的表

3. 修改列名及其类型

将 stu_test 表中的 ctc_info 列名称改为 contact，数据类型改为 varchar (11)，用语句“DESC stu_test;”查看结果是否修改成功，SQL 语句如下：

```
mysql>ALTER TABLE stu_test CHANGE ctc_info contact varchar (11);
mysql> DESC stu_test;
```

执行结果如图 3.12 所示。结果显示，stu_test 表中原有列名称及数据类型都已成功修改。

```
mysql> DESC stu_test;
+-----------+-------------+------+-----+---------+-------+
| Field     | Type        | Null | Key | Default | Extra |
+-----------+-------------+------+-----+---------+-------+
| s_no      | char(11)    | NO   |     | NULL    |       |
| s_name    | char(10)    | NO   |     | NULL    |       |
| sex       | char(2)     | NO   |     | NULL    |       |
| birthday  | date        | YES  |     | NULL    |       |
| nat_place | varchar(6)  | YES  |     | NULL    |       |
| nation    | char(10)    | YES  |     | 汉      |       |
| contact   | varchar(11) | YES  |     | NULL    |       |
| class_no  | char(7)     | YES  |     | NULL    |       |
+-----------+-------------+------+-----+---------+-------+
8 rows in set (0.00 sec)
```

图 3.12　修改列名及其类型

4. 修改列数据类型

将 stu_test 表中 s_no 列的数据类型由 char 修改为 int，用语句“DESC stu_test;”查看是否修改成功，SQL 语句如下：

```
mysql> ALTER TABLE stu_test MODIFY s_no int;
mysql> DESC stu_test;
```

执行结果如图 3.13 所示。结果显示，stu_test 表中 s_no 列数据类型修改成功。

5. 修改列顺序

将 stu_test 表中的 contact 列修改到 birthday 列之后，并查看修改结果，SQL 语句如下：

```
mysql> ALTER TABLE stu_test MODIFY contact varchar(11) AFTER birthday;
mysql> DESC stu_test;
```

执行结果如图 3.14 所示。结果显示，stu_test 表中 contact 列在 birthday 列之后。

```
mysql> ALTER TABLE stu_test MODIFY s_no int;
Query OK, 0 rows affected (0.02 sec)
Records: 0  Duplicates: 0  Warnings: 0

mysql> DESC stu_test;
+-----------+-------------+------+-----+---------+-------+
| Field     | Type        | Null | Key | Default | Extra |
+-----------+-------------+------+-----+---------+-------+
| s_no      | int         | YES  |     | NULL    |       |
| s_name    | char(10)    | NO   |     | NULL    |       |
| sex       | char(2)     | NO   |     | NULL    |       |
| birthday  | date        | YES  |     | NULL    |       |
| nat_place | varchar(6)  | YES  |     | NULL    |       |
| nation    | char(10)    | YES  |     | 汉      |       |
| contact   | varchar(11) | YES  |     | NULL    |       |
| class_no  | char(7)     | YES  |     | NULL    |       |
+-----------+-------------+------+-----+---------+-------+
8 rows in set (0.00 sec)
```

图 3.13 修改列数据类型

```
mysql> ALTER TABLE stu_test MODIFY contact varchar(11) AFTER birthday;
Query OK, 0 rows affected (0.08 sec)
Records: 0  Duplicates: 0  Warnings: 0

mysql> DESC stu_test;
+-----------+-------------+------+-----+---------+-------+
| Field     | Type        | Null | Key | Default | Extra |
+-----------+-------------+------+-----+---------+-------+
| s_no      | int         | YES  |     | NULL    |       |
| s_name    | char(10)    | NO   |     | NULL    |       |
| sex       | char(2)     | NO   |     | NULL    |       |
| birthday  | date        | YES  |     | NULL    |       |
| contact   | varchar(11) | YES  |     | NULL    |       |
| nat_place | varchar(6)  | YES  |     | NULL    |       |
| nation    | char(10)    | YES  |     | 汉      |       |
| class_no  | char(7)     | YES  |     | NULL    |       |
+-----------+-------------+------+-----+---------+-------+
8 rows in set (0.01 sec)
```

图 3.14 修改列顺序

如果要把某个字段修改为表的第一个字段，可以使用语句“ALTER TABLE table_name MODIFY col_name data_type FIRST;”，如把 stu_test 表中的 s_name 列作为表的第一列，可以执行以下 SQL 语句。

```
mysql> ALTER TABLE stu_test MODIFY s_name char(10) FIRST;
mysql> DESC stu_test;
```

执行结果如图 3.15 所示。结果显示，stu_test 表中 s_name 列是第一列。

```
mysql> DESC stu_test;
+-----------+-------------+------+-----+---------+-------+
| Field     | Type        | Null | Key | Default | Extra |
+-----------+-------------+------+-----+---------+-------+
| s_name    | char(10)    | YES  |     | NULL    |       |
| s_no      | int         | YES  |     | NULL    |       |
| sex       | char(2)     | NO   |     | NULL    |       |
| birthday  | date        | YES  |     | NULL    |       |
| contact   | varchar(11) | YES  |     | NULL    |       |
| nat_place | varchar(6)  | YES  |     | NULL    |       |
| nation    | char(10)    | YES  |     | 汉      |       |
| class_no  | char(7)     | YES  |     | NULL    |       |
+-----------+-------------+------+-----+---------+-------+
8 rows in set (0.01 sec)
```

图 3.15　stu_test 表中 s_name 列是第一列

6. 添加列

为表添加列的操作一般分为三种情况：在表的最后添加列，在表的最前面添加列，或者在指定的列之后添加列。

（1）在 stu_test 表的最后添加名称为 address 的列，数据类型为 varchar(255)，SQL 语句如下：

```
mysql> ALTER TABLE stu_test ADD address varchar(255);
```

（2）在 stu_test 表的最前面添加名称为 serial_no 的列，数据类型为 int(4)，SQL 语句如下：

```
mysql> ALTER TABLE stu_test ADD serial_no int(4) FIRST;
```

（3）在 stu_test 表中的 nation 列后添加名称为 major 的列，数据类型为 text，SQL 语句如下：

```
mysql> ALTER TABLE stu_test ADD major text AFTER nation;
```

使用语句“DESC stu_test;”查看修改后的结果，结果显示已成功添加了以上列。执行结果如图 3.16 所示。

```
mysql> DESC stu_test;
+-----------+--------------+------+-----+---------+-------+
| Field     | Type         | Null | Key | Default | Extra |
+-----------+--------------+------+-----+---------+-------+
| serial_no | int          | YES  |     | NULL    |       |
| s_name    | char(10)     | YES  |     | NULL    |       |
| s_no      | int          | YES  |     | NULL    |       |
| sex       | char(2)      | NO   |     | NULL    |       |
| birthday  | date         | YES  |     | NULL    |       |
| contact   | varchar(11)  | YES  |     | NULL    |       |
| nat_place | varchar(6)   | YES  |     | NULL    |       |
| nation    | char(10)     | YES  |     | 汉      |       |
| major     | text         | YES  |     | NULL    |       |
| class_no  | char(7)      | YES  |     | NULL    |       |
| address   | varchar(255) | YES  |     | NULL    |       |
+-----------+--------------+------+-----+---------+-------+
11 rows in set (0.01 sec)
```

图 3.16　添加列后的表结构

7. 删除列

删除 stu_test 表中名称为 address 的列和名称为 major 的列，并查看删除后的结果，SQL 语句如下：

```
mysql> ALTER TABLE stu_test DROP address;
mysql> ALTER TABLE stu_test DROP major;
mysql> DESC stu_test;
```

执行结果如图 3.17 所示。

8. 删除数据表

删除 stu_test 表，并查看删除后的结果，SQL 语句如下：

```
mysql> DROP TABLE IF EXISTS stu_test;
mysql> SHOW TABLES;
```

执行结果如图 3.18 所示。结果显示，已成功删除 stu_test 表。

```
mysql> DESC stu_test;
+------------+-------------+------+-----+---------+-------+
| Field      | Type        | Null | Key | Default | Extra |
+------------+-------------+------+-----+---------+-------+
| serial_no  | int         | YES  |     | NULL    |       |
| s_name     | char(10)    | YES  |     | NULL    |       |
| s_no       | int         | YES  |     | NULL    |       |
| sex        | char(2)     | NO   |     | NULL    |       |
| birthday   | date        | YES  |     | NULL    |       |
| contact    | varchar(11) | YES  |     | NULL    |       |
| nat_place  | varchar(6)  | YES  |     | NULL    |       |
| nation     | char(10)    | YES  |     | 汉      |       |
| class_no   | char(7)     | YES  |     | NULL    |       |
+------------+-------------+------+-----+---------+-------+
9 rows in set (0.01 sec)
```

图 3.17 删除列后的表结构

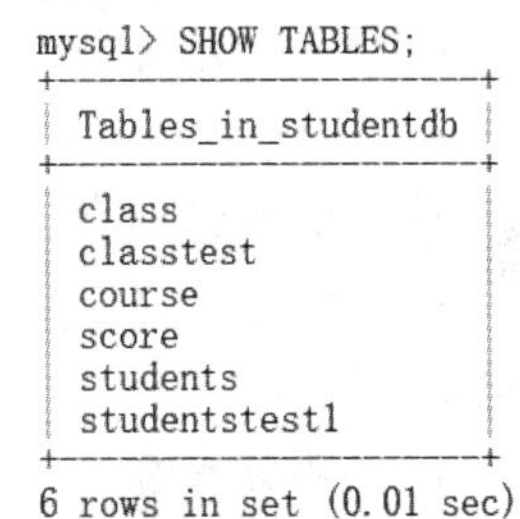

```
mysql> SHOW TABLES;
+---------------------+
| Tables_in_studentdb |
+---------------------+
| class               |
| classtest           |
| course              |
| score               |
| students            |
| studentstest1       |
+---------------------+
6 rows in set (0.01 sec)
```

图 3.18 成功删除 stu_test 表

任务 3.3 数据完整性约束

任务描述

（1）创建表并分别用列完整性约束和表完整性约束设置主键。

（2）创建外键约束，约束两个表中数据的一致性和完整性。

（3）创建表时设置检查约束，检查某个字段的值是否符合约束要求。

（4）为已经存在的表添加约束。

（5）同一个表中同时定义多个约束。

（6）删除表的约束。

微课：数据完整性约束

任务目标

（1）理解数据完整性约束的概念。
（2）理解数据完整性约束的功能和作用。
（3）掌握建立数据完整性约束的方法。
（4）掌握删除约束的方法。
（5）通过对数据完整性约束的学习，让学生树立规范意识。

知识储备

知识点1　数据完整性约束总述

数据的完整性是指数据的精确性和可靠性，避免数据库中存在不符合语义的数据，主要用于保证数据的质量。例如，在 students 表中，每位学生的学号唯一，每位学生的性别只能为“男”或“女”。再如，students 表中的班级编号，只能选择 class 表中的班级编号。

数据完整性分为实体完整性 (entity integrity)、域完整性 (domain integrity)、参照完整性 (referential integrity)、用户定义完整性 (user-defined integrity)。

1. 实体完整性

实体完整性是一个关系表内的约束，用于保证表中的每一行数据在表中是唯一的。

2. 域完整性

域完整性是指数据库表中的列的值必须满足某种特定的数据类型或约束。例如，在 students 表中每位学生的性别只能为“男”或“女”。

3. 参照完整性

参照完整性是两个关系表属性间的引用参照约束，在输入或删除记录时，包含主键的主表和包含外键的从表的数据应该保持一致，以防止数据丢失或产生无意义的数据。

4. 用户定义完整性

用户定义完整性是用户定义的不属于其他任何完整性类别的特定业务规则，是针对某一具体应用而定义的约束条件。

MySQL 完整性约束可确保数据库表中数据的准确性、一致性和完整性，定义约束就是定义可输入表或表中单个列的数据的限制条件。在 DBMS 中，关系数据库的完整性是通过各种约束来实现的。数据约束与完整性之间的关系如表 3.9 所示。

表 3.9　数据约束与完整性之间的关系

完整性类型	约束类型	描　述	约束对象
实体完整性	PRIMARY KEY	可以唯一标识表中的记录，确保不能输入重复的值，并且不允许该列使用空值；MySQL 会自动创建索引，提高性能	行
	UNIQUE	确保列的唯一性，在一个表中可以有多个唯一约束，设置唯一约束的字段允许用空值，并且只能有一个空值	

续表

完整性类型	约束类型	描　述	约束对象
域完整性	DEFAULT	当使用 INSERT 语句插入数据时，如果没有给已定义默认值的列提供指定值，MySQL 自动将该默认值插入记录中	列
	CHECK	确保表中的数据符合特定的规则或条件	
参照完整性	FOREIGN KEY	定义一列或几列，其值与本表或其他表的主键或 UNIQUE 列相匹配	表与表之间

知识点2　主键约束

主键是表中的一列或多个列的组合，一张表只能有一个主键，并且主键值不能为空，表中的两个不同行在主键上不能具有相同的值。主键约束是通过 PRIMARY KEY 来定义的，使用它可以唯一标识表中的每一行。创建 PRIMARY KEY 约束时，MySQL 会自动创建一个名为 PRIMARY 的索引，用户也可以重新命名该索引。

在 MySQL 中，主键约束分为单列主键和多列组合的主键。用户定义主键通常有两种方式：表的完整性约束和列的完整性约束。

1. 单列主键

单列主键指的是由一个字段构成的主键，当作为列的完整性约束时，只需在列定义的时候加上关键字 PRIMARY KEY 即可。其基本的语法格式如下：

```
col_name data_type PRIMARY KEY
```

当作为表的完整性约束时，需要在所有列定义完后最后加上一条 PRIMARY KEY (col_name) 语句。

2. 多列组合主键

多列组合主键指的是多个字段组合而成的主键，其基本的语法格式如下：

```
PRIMARY KEY (col_name1, col_name2,...)
```

单列主键和多列组合主键的基本语法格式中的 col_name 指的是列名，data_type 是数据类型。当表中的主键为复合主键时，只能定义为表的完整性约束。

知识点3　UNIQUE约束

UNIQUE 约束（唯一性约束）又称替代键。替代键像主键一样，是表的一列或一组列，它们都能确保列的唯一性。与主键约束不同的是，唯一约束在一个表中可以有多个，通常在主键以外的其他字段上设置 UNIQUE 约束。创建 UNIQUE 约束时，MySQL 系统自动产生 UNIQUE 索引。

唯一约束可以在创建表时直接设置。字段定义完之后，可以直接使用关键字 UNIQUE 指定唯一约束。其基本语法格式如下：

```
col_name data_type UNIQUE;
```

用户也可以使用 UNIQUE(col_name) 将其定义为表的完整性约束。

对于已经创建好的表，可以使用 ALTER TABLE 语句向表中添加约束。其基本语法格式如下：

```
ALTER TABLE tbl_name
   ADD PRIMARY KEY (col_name,...)                        /* 添加主键 */
     | ADD UNIQUE [index_col_name] (col_name,...)        /* 添加唯一约束 */
     | DROP PRIMARY KEY                                  /* 删除主键 */
     | DROP INDEX con_name                               /* 删除索引 */
```

其中，tbl_name 是表名；col_name 是列名；index_col_name 是索引名。

知识点4　DEFAULT约束

默认约束可以为表中的列指定默认值，当为表添加一行记录时，如果没有为设置了默认约束的列提供值，那么 MySQL 系统会自动给这个列设置为默认值。其基本语法格式如下：

```
col_name data_type DEFAULT 默认值;
```

其中，col_name 是表中列的名称；data_type 是列的数据类型。

知识点5　FOREIGN KEY约束

FOREIGN KEY 参照完整性约束是一种特殊的数据完整性约束，参照完整性是指多表之间的对应关系，在一张表中进行数据的插入、更新、删除等操作时，DBMS 都会跟另一张表进行对照，避免不规范的操作，以确保数据存储的完整性。

相关联的两张表的关联关系通过外键实现，外键是数据表的一个特殊字段，经常与主键约束一起使用，相关联字段中主键所在的数据表就是主表，即被参照表；外键所在的数据表就是从表，即参照表。例如，score 表中 s_no 列存储的是学号，该列的所有值都必须存在于 students 表的 s_no 学号列中，students 表就是主表，score 表就是从表。因此应该将 score 表的 s_no 列定义为外键，参照 students 表的 s_no 学号列。

可以在创建表时设置外键约束，也可以在修改表时添加外键约束。

1. 创建表时设置外键

使用 FOREIGN KEY 设置表外键的基本语法格式如下：

```
FOREIGN KEY (col_name) REFERENCES tbl_name (index_col_name)
```

其中，col_name 是外键字段名；tbl_name 是主表表名；index_col_name 是主键字段名，外键字段名与主键字段名既可以相同也可以不同，但一般情况下它们的类型长度均相同。

主表中被从表引用的字段应该具有 PRIMARY KEY 约束或 UNIQUE 约束。

2. 对已有表添加外键

对已有表添加外键的基本语法格式如下：

```
ALTER TABLE 表名
    ADD [外键定义]
```

[外键定义]的语法格式如下：

```
FOREIGN KEY (col_name,...)
REFERENCES tbl_name (index_col_name,...)
     [ON DELETE  {RESTRICT | CASCADE | SET NULL | NO ACTION | SET DEFAULT}]
     [ON UPDATE  {RESTRICT | CASCADE | SET NULL | NO ACTION | SET DEFAULT}]
```

语法说明如下。

（1）FOREIGN KEY (col_name,...): col_name 是从表列名，即外键。外键中的所有列值，只能存在于主表中被引用的列中。外键只能引用主表中的主键或者替代键。

（2）REFERENCES tbl_name (index_col_name, ...): tbl_name 是主表表名，index_col_name 是主表列名。

（3）ON DELETE | ON UPDATE：可以为每个外键定义参照动作，可能采取的动作有 RESTRICT、CASCADE、SET NULL、NO ACTION、SET DEFAULT，默认的动作为 RESTRICT。

（4）RESTRICT：当要删除或更新主表中被参照列的值时（并且该值在外键中出现），会拒绝对主表的删除或更新进行操作。

（5）CASCADE：从主表删除或更新记录时自动删除或更新从表中匹配的记录。

（6）SET NULL：从主表删除或更新记录时，将从表中与之对应的外键列值设置为 NULL。

（7）NO ACTION：和 RESTRICT 一样，意味着不采取动作，如果从表中有匹配的记录，则不允许删除或更新主表中主键值。

（8）SET DEFAULT：在主表上删除或更新记录时，从表中的外键列为默认值。

知识点6 CHECK约束

检查约束是用来检查表中字段值是否有效的一个手段，检查约束能够实现比主键约束更为复杂的数据关联业务规则，使用 CHECK 设置约束的基本语法格式如下：

```
col_name data_type CHECK(expr);
```

其中，col_name 是列名；data_type 是数据类型；expr 是一个表达式，指定需要检查的条件。

在对表数据进行更新的时候，MySQL 会检查更新后的记录是否满足 CHECK 的约束条件。例如，score 表中的成绩取值范围要在 0~100，students 表中的出生日期要大于 1990 年 1 月 1 日。这样的规则可以使用 CHECK 约束来指定。

在创建表时定义 CHECK 完整性约束，既可以定义为列完整性约束，也可以定义为表完整性约束。如果 CHECK 包含在列自身的定义中，那么就是列完整性约束；如果 CHECK 约束中涉及多个列，那么必须定义为表完整性约束。

知识点7 约束的删除

在 MySQL 中，可以使用 ALTER TABLE 语句来删除表的约束，其语法格式如下：

```
ALTER TABLE tbl_name DROP constraint_type [constraint_name];
```

其中，tbl_name 是要删除约束的表名；constraint_type 是约束类型，可以为 PRIMARY KEY、CHECK、FOREIGN KEY 等；constraint_name 是约束名。

如果使用 DROP TABLE 语句删除一个表，那么将自动删除该表上所有的完整性约束，参照表的所有外键也都被删除。但是使用 ALTER TABLE 语句，完整性可以独立地被删除，并不删除表本身。

任务实施

1. 主键约束

（1）在数据库 StudentDB 中创建 students 表，用列的完整性约束设置主键。在前面的任务中，已经用如下语句创建了 students 表，在列定义时加上关键字 PRIMARY KEY 创建主键，作为列的完整性约束。

```
CREATE TABLE IF NOT EXISTS students (
    s_no char(11) NOT NULL PRIMARY KEY,
    s_name char(10)  NOT NULL,
    sex char(2)  NOT NULL,
    birthday date NULL,
    nat_place varchar(6) NULL,
    nation char (10)  NULL DEFAULT '汉',
    ctc_info char (11)  NULL,
    class_no char(7)  NULL
);
```

（2）在数据库 StudentDB 中创建 score 表，用表的完整性约束设置主键。score 表的结构如表 3.10 所示。

表 3.10 score 表的结构

属性名	数据类型	长度	是否为空	备　注
s_no	char	11	NOT NULL	学号，主键
c_no	char	5	NOT NULL	课程号，主键
usu_score	Float	5，2	NULL	平时成绩
fin_score	Float	5，2	NULL	考试成绩
ttl_score	Float	5，2	NULL	总评成绩

因为每位同学每门课程的成绩只能有一条记录，因此 score 表的 s_no 和 c_no 组合作为该表的复合主键，创建 score 表的语句如下：

```
CREATE TABLE IF NOT EXISTS score(
   s_no char(11)  NOT NULL,
   c_no char(5)  NOT NULL,
   usu_score float(5,2) NULL,
   fin_score float(5,2) NULL,
   ttl_score float(5,2) NULL,
   PRIMARY KEY(s_no,c_no)
);
```

score 表的主键为复合主键，这时只能将其定义为表的完整性约束，执行结果如图 3.19 所示。

```
mysql> CREATE TABLE IF NOT EXISTS score(
    ->    s_no char(11)  NOT NULL,
    ->    c_no char(5)  NOT NULL,
    ->    usu_score float(5,2) NULL,
    ->    fin_score float(5,2) NULL,
    ->    ttl_score float(5,2) NULL,
    ->    PRIMARY KEY(s_no,c_no)
    -> );
Query OK, 0 rows affected, 3 warnings (0.04 sec)
```

图 3.19　创建 score 表

2. UNIQUE 约束

在数据库 StudentDB 中创建 course 表，将 c_no 列定义为主键，c_name 列设置为唯一约束。用列的完整性约束的方式将 c_no 列定义为主键，用表的完整性约束的方式将 c_name 列设置为唯一约束。创建 course 表的语句如下：

```
CREATE TABLE IF NOT EXISTS course (
   c_no char(5) NOT NULL PRIMARY KEY,
   c_name varchar(20) NOT NULL,
   credit int NOT NULL,
   cr_hours int NOT NULL,
   semester char(2)  NULL,
   type char(8)  NULL,
   UNIQUE(c_name)
);
```

执行结果如图 3.20 所示。

```
mysql> CREATE TABLE IF NOT EXISTS course (
    ->    c_no char(5) NOT NULL PRIMARY KEY,
    ->    c_name varchar(20) NOT NULL,
    ->    credit int NOT NULL,
    ->    cr_hours int NOT NULL,
    ->    semester char(2)  NULL ,
    ->    type char(8)  NULL,
    -> UNIQUE(c_name)
    -> );
Query OK, 0 rows affected (0.05 sec)
```

图 3.20　创建 course 表

3. 外键约束

在数据库 StudentDBTest 中创建 students 表，其中 s_no 列作为主键，class_no 列作为外键。从表 students 的 class_no 列的值都必须存在主表 class 的 class_no 列中，class_no 列是 class 表的主键。语句如下：

```
CREATE TABLE students (
    s_no char(11) NOT NULL PRIMARY KEY,
    s_name char(10)  NOT NULL,
    sex char(2)  NOT NULL,
    birthday date NULL,
    nat_place varchar(6) NULL ,
    nation char (10)  NULL DEFAULT '汉',
    ctc_info char (11)  NULL,
    class_no char(7)  NULL,
    photograph  blob,
    FOREIGN KEY(class_no)
        REFERENCES class(class_no)
            ON DELETE RESTRICT
            ON UPDATE RESTRICT
  );
```

这条语句执行后，确保 MySQL 插入外键中的每一个非空值或者更新外键后的值，都已经在被参照表中作为主键出现，也就是说从表外键列的值，是主表被参照列的值的一个子集。这意味着，对于从表 students 中的每一个班级编号都要出现在主表 class 的班级编号列中。否则用户或应用程序会接收到一条出错消息，并且更新会被拒绝。

当指定一个外键时，主表必须是已经存在的或者是正在创建的表。

4. 向已经创建好的表中添加约束

（1）修改数据库 StudentDB 中的 students 表，添加外键约束。在前面的任务中，已经创建了 students 表，其中 s_no 列是主键。修改 students 表将 class_no 列作为外键，其值依赖于主表 class 中 class_no 列的值。语句如下：

```
ALTER TABLE students
    ADD FOREIGN KEY(class_no)
        REFERENCES class(class_no)
            ON DELETE CASCADE
            ON UPDATE CASCADE;
```

当主表 class 的 class_no 列的值发生改变，则从表 students 中 class_no 列的值也将发生改变，这就是 FOREIGN KEY 约束的级联更新和删除。

如果 students 表中 class_no 列的值不在 class 表的 class_no 列的值范围之内，则修改 students 表添加外键约束时会出错。

（2）修改数据库 StudentDB 中的 students 表，添加默认约束。在前面的任务中，已经创建了 students 表，修改 students 表，将表中的性别列 sex 的默认值设置为“男”。语句如下：

```
mysql>ALTER TABLE students MODIFY sex char(2) DEFAULT '男';
```

使用 DESC 语句查看 students 表的结构，结果显示 s_no 列为主键，sex 列的默认值为“男”，如图 3.21 所示。

```
mysql> DESC students;
+-----------+------------+------+-----+---------+-------+
| Field     | Type       | Null | Key | Default | Extra |
+-----------+------------+------+-----+---------+-------+
| s_no      | char(11)   | NO   | PRI | NULL    |       |
| s_name    | char(10)   | NO   |     | NULL    |       |
| sex       | char(2)    | YES  |     | 男      |       |
| birthday  | date       | YES  |     | NULL    |       |
| nat_place | varchar(6) | YES  |     | NULL    |       |
| nation    | char(10)   | YES  |     | 汉      |       |
| ctc_info  | char(11)   | YES  |     | NULL    |       |
| class_no  | char(7)    | YES  | MUL | NULL    |       |
+-----------+------------+------+-----+---------+-------+
8 rows in set (0.01 sec)
```

图 3.21　查看 students 表的结构

5. CHECK 约束

（1）在数据库 StudentDBTest 中创建 student1 表，该表包含四个列：学号 s_no、性别 sex、最低分 minscore、最高分 maxscore，其中性别只能是“男”或“女”。语句如下：

```
CREATE TABLE student1 (
   s_no char(11) NOT NULL,
   sex char(2)  NOT NULL CHECK(sex IN('男','女')),
   minscore int(1)  NOT NULL,
   maxscore int(1)  NOT NULL,
      CHECK(minscore <= maxscore)
);
```

这里性别 sex 列的 CHECK 约束被定义为列完整性约束，因为 CHECK 约束包含在列自身的定义中。如果指定的完整性约束中要相互比较表中两个或者多个列，那么只能定义为表完整性约束。

（2）在数据库 StudentDBTest 中创建 score1 表，该表包含四个列：学号 s_no、平时成绩 usu_score、考试成绩 fin_score、总评成绩 ttl_score，成绩值只能小于 100。语句如下：

```
CREATE TABLE score1 (
   s_no char(11) NOT NULL,
   usu_score float(5,2) NOT NULL,
```

```
    fin_score float(5,2) NOT NULL,
    ttl_score float(5,2) NOT NULL,
        CHECK(usu_score <= 100),
        CHECK(fin_score <= 100),
        CHECK(ttl_score <= 100)
);
```

可以同时定义多个 CHECK 完整性约束，中间用逗号分开。

6. 删除约束

删除数据库 StudentDBTest 中 student1 表的检查约束。首先使用语句“SHOW CREATE TABLE student1\G”查看 student1 表的约束。执行结果如图 3.22 所示，结果显示两个 CHECK 约束：student1_chk_1 和 student1_chk_2。

```
mysql> SHOW CREATE TABLE student1\G
*************************** 1. row ***************************
       Table: student1
Create Table: CREATE TABLE `student1` (
  `s_no` char(11) NOT NULL,
  `sex` char(2) NOT NULL,
  `minscore` int NOT NULL,
  `maxscore` int NOT NULL,
  CONSTRAINT `student1_chk_1` CHECK ((`sex` in (_gbk'??',_gbk'?'))),
  CONSTRAINT `student1_chk_2` CHECK ((`minscore` <= `maxscore`))
) ENGINE=InnoDB DEFAULT CHARSET=gb2312
1 row in set (0.00 sec)
```

图 3.22 查看 student1 表的约束名称

使用 ALTER TABLE 语句删除 student1_chk_2 约束，语句如下：

```
mysql>ALTER TABLE student1 DROP CHECK  student1_chk_2;
```

该语句执行完毕，再次使用语句“SHOW CREATE TABLE student1\G”查看 student1 表的约束。结果如图 3.23 所示，结果显示约束 student1_chk_2 已被删除。

```
mysql> SHOW CREATE TABLE student1\G
*************************** 1. row ***************************
       Table: student1
Create Table: CREATE TABLE `student1` (
  `s_no` char(11) NOT NULL,
  `sex` char(2) NOT NULL,
  `minscore` int NOT NULL,
  `maxscore` int NOT NULL,
  CONSTRAINT `student1_chk_1` CHECK ((`sex` in (_gb2312'??',_gb2312'?')))
) ENGINE=InnoDB DEFAULT CHARSET=gb2312
1 row in set (0.00 sec)
```

图 3.23 查看 student1 表的约束

任务 3.4 使用图形化管理工具管理数据表

任务描述

（1）启动 Navicat for MySQL，连接服务器。

（2）在数据库 gltest 中创建 studenttest 表。

（3）修改 studenttest 表的结构。
（4）设置主键、外键约束等。
（5）删除数据表。

任务目标

（1）会使用图形化管理工具创建数据表。
（2）会使用图形化管理工具修改数据表结构。
（3）掌握图形化管理工具删除数据表、设置主键、外键约束等。
（4）通过对管理工具的学习，培养学生的自我管理能力。

任务实施

1. 创建数据表

图 3.24 所示的窗口右侧窗格为数据表管理窗格，执行菜单栏中的“文件”→“新建”→“表”命令，出现如图 3.25 所示的界面。单击“字段”选项卡，然后依次输入表

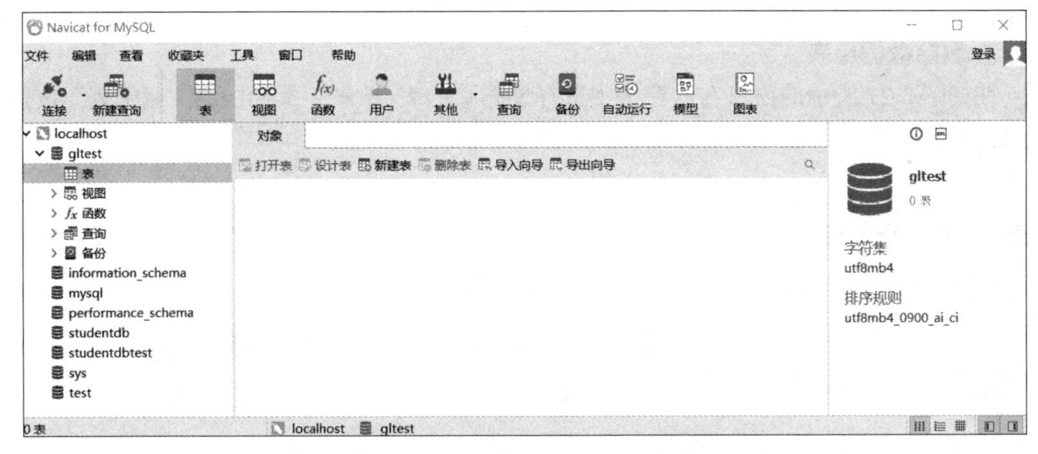

图 3.24　Navicat for MySQL 成功连接到服务器

保存 添加字段 插入字段 删除字段 主键 上移 下移

字段 索引 外键 触发器 选项 注释 SQL 预览

名	类型	长度	小数点	不是 null	虚拟	键	注释
s_no	char	11	0	☑	☐		
s_name	varchar	255	0	☐	☐		
sex	varchar	255	0	☐	☐		

默认:
字符集: utf8mb4
排序规则: utf8mb4_0900_ai_ci
键长度:
☐ 二进制

图 3.25　Navicat for MySQL 创建数据表的窗口

的字段“名”“类型”“长度”“小数点”“不是 null”等。还可在窗口下侧输入对应字段的默认值、字符集等信息。

数据表定义完成后，单击工具栏中的“保存”按钮，打开如图 3.26 所示的对话框，在文本框中输入新建表的名称，然后单击“确定”按钮，即完成了新数据表的创建。

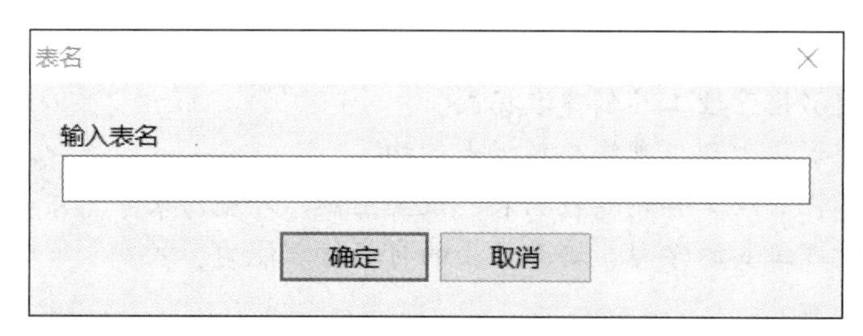

图 3.26 “表名”对话框

2. 修改数据表结构

在如图 3.27 所示的窗口右侧窗格中选择要修改的表,单击工具栏中的“设计表”按钮，打开设计表窗口，如图 3.28 所示，在该窗口中可以对表字段进行添加、插入、删除等操作。

3. 删除数据库表

在如图 3.27 所示的窗口右侧窗格中选择要删除的表,单击工具栏中的“删除表”按钮，该表就被删除了。

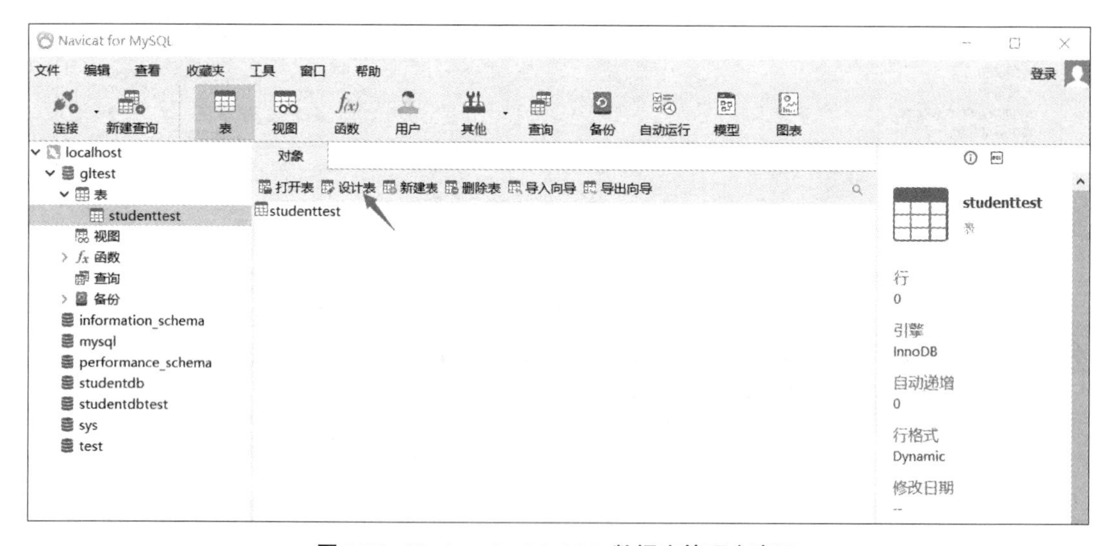

图 3.27 Navicat for MySQL 数据库管理主窗口

4. 设置数据完整性约束

如果要对数据表设置主键，只需在如图 3.28 所示的窗口中选中要设置为主键的行，单击工具栏中的“主键”按钮即可。如果要设置唯一约束或外键约束，只需单击“索引”选项卡或者“外键”选项卡，然后设置相关参数即可。

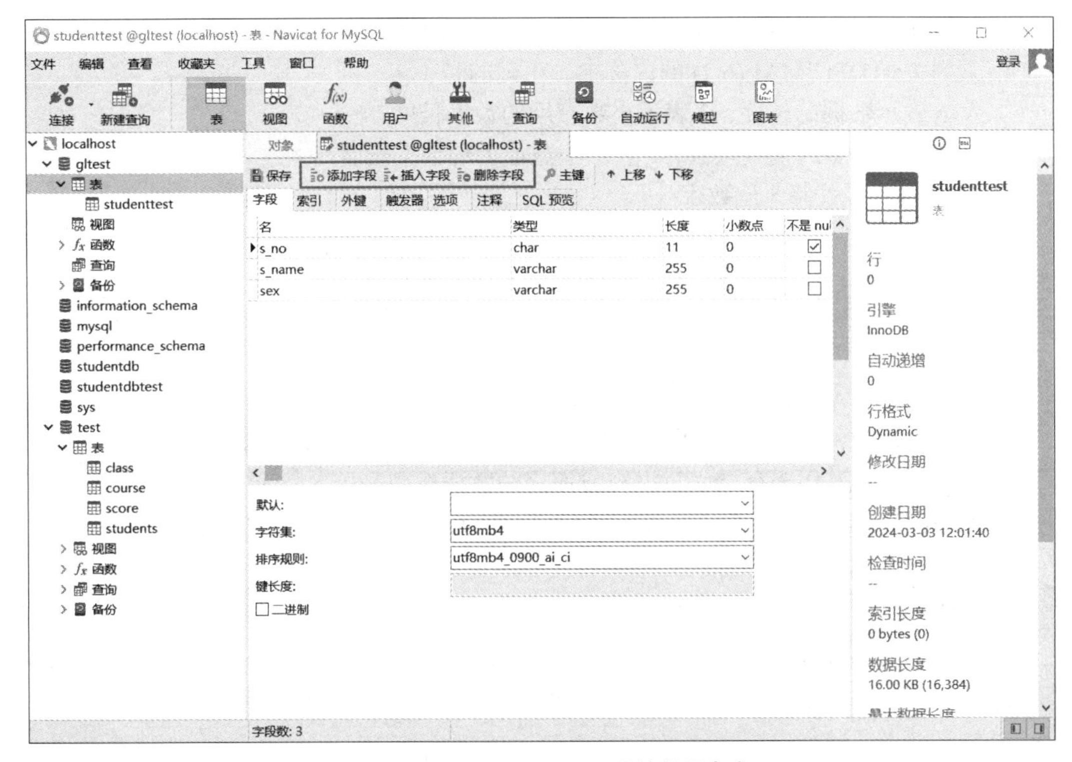

图 3.28　Navicat for MySQL 设计数据表窗口

项目小结

数据表是存储数据的基本单位，所有的数据都保存在数据表中，并通过数据完整性约束来保证数据的完整性。本项目主要介绍了数据表的基本操作、常用的数据类型及数据完整性约束等。通过典型任务，学习并掌握常用的数据类型，学会如何创建数据表、查看数据表、管理数据表及数据完整性的使用、修改和删除等操作。

知识巩固与能力提升

一、选择题

1. 在创建表时，不允许某列为空可以使用（　　）。

   A. NOT NULL　　B. NO BLANK　　C. NOT BLANK　　D. NO NULL

2. “ALTER TABLE t1 MODIFY b int NOT NULL”语句的作用是（　　）。

   A. 在 tl 表中添加一列 b　　B. 修改 tl 表中列 b 的数据类型

   C. 修改数据表名为 b　　D. 修改 tl 表中列 b 的列名

3. 下列语法格式中，可以正确查看数据表结构的是（　　）。

   A. SHOW ALTER TABLE 表名；　　B. CREATE TABLE 表名；

C. SHOW CREATE TABLE 表名；　　D. SHOW TABLE 表名；

4. 下列关于 DECIMAL(6,2) 的说法中，正确的是（　　）。

A. 6 表示数据的长度，2 表示小数点后的数据长度

B. 6 表示最多的整数位数，2 表示小数点后的数据长度

C. 允许最多存储 8 位数字

D. 它不可以存储小数

5. 下列语法格式中，可以用来添加字段的是（　　）。

A. ALTER TABLE 表名 MODIFY 旧字段名 新字段名 新数据类型

B. ALTER TABLE 表名 MODIFY 字段名 数据类型

C. ALTER TABLE 表名 ADD 新字段名 数据类型

D. ALTER TABLE 表名 ADD 旧字段名 TO 新字段名 新数据类型

6. 下列选项中，用于存储文章内容或评论的数据类型是（　　）。

A. char　　B. varchar　　C. text　　D. blob

二、实践训练

1. 在数据库 bookbrdb 中创建图书表 book、读者类型表 readers_type、读者表 readers、借阅表 borrow，并为各表定义主键，各表的结构如表 3.11~ 表 3.14 所示。

表 3.11　book 表的结构

属性名	数据类型	长度	是否为空	备　注
book_id	char	10	NOT NULL	图书号，主键
book_title	varchar	30	NOT NULL	图书名称
category	char	10	NOT NULL	图书类别
author	varchar	20	NOT NULL	作者
press	varchar	20	NOT NULL	出版社
number	int		NOT NULL	库存量
book_price	float	5,2	NOT NULL	图书单价

表 3.12　readers_type 表的结构

属性名	数据类型	长度	是否为空	备　注
classes	char	2	NOT NULL	读者类别，主键
class_name	char	8	NOT NULL	类别名称
borrow_num	int		NULL	可借数量
borrow_day	int		NULL	可借天数

表 3.13 readers 表的结构

属性名	数据类型	长度	是否为空	备 注
readers_id	char	6	NOT NULL	读者 ID，主键
name	varchar	20	NOT NULL	读者姓名
card_id	char	18	NULL	身份证号码
sex	char	2	NULL	性别
phone_number	char	11	NOT NULL	手机号
classes	char	2	NOT NULL	读者类别，外键

表 3.14 borrow 表的结构

属性名	数据类型	长度	是否为空	备 注
borrow_id	int		NOT NULL	借阅号，自增，主键
book_id	char	10	NOT NULL	图书号，外键
readers_id	char	6	NOT NULL	读者 ID，外键
loaned_time	datetime		NOT NULL	借出日期
return_time	datetime		NULL	归还日期
state	enum		NULL	借阅状态

2. 为 readers 表创建外键，该表中 classes 列的值存在于 readers_type 表中的 classes 列，删除或修改 readers_type 表中 classes 值时，readers 表中 classes 列的值也要随之改变。

3. 为 borrow 表创建外键，该表中 book_id 列的值存在于 book 表中的 book_id 列，删除或修改 book 表中 book_id 值时，borrow 表中 book_id 列的值也要随之改变。

4. 为 borrow 表创建外键，该表中 readers_id 列的值存在于 readers 表中的 readers_id 列，如果 borrow 表中某个借阅者还存在，则不允许删除或修改 readers 表中 readers_id 值。

5. 为 readers 表中 sex 列添加 CHECK 约束，保证性别只能是“男”或“女”。

6. 为 readers 表中 card_id 列添加唯一约束，以保证身份证号唯一。

7. 为 book 表中 number 列设置默认值为 0。

数据处理

项目导读

通过对前面项目的学习，读者已经掌握了对数据库和数据表的基本操作，接下来学习如何将数据保存到数据表中，并对数据表中的已有数据进行修改或删除。本项目通过典型任务，学习如何使用 DML 语句对数据执行操作，包括插入数据、修改数据和删除数据。

学习目标

- 掌握 INSERT 语句向表中插入数据的方法。
- 掌握 UPDATE 语句修改表中数据的常用方法。
- 掌握 DELETE 语句删除表中所有数据和指定数据的方法。
- 理解 DELETE 与 TRUNCATE 语句删除表中数据的区别。

任务 4.1 插入数据

任务描述

（1）向数据表中所有字段插入数据。

（2）向数据表中部分字段插入数据。

（3）向数据表中同时添加多条记录。

（4）为数据表中的指定字段赋值。

（5）向数据表中插入其他表中的数据。

微课：插入数据

任务目标

（1）会向数据表中插入数据。

（2）能向数据表中插入多条数据。

（3）会为数据表中的指定字段赋值。

（4）能将其他表中的数据插入数据表。

（5）根据项目需求选择不同语句完成任务，培养读者发现问题并解决问题的逻辑思维和综合分析能力，以及持续学习新知识的能力。

知识储备

数据库与数据表创建完成后，就可以向数据表中插入数据了。在 MySQL 中，使用 INSERT 语句向数据表中插入数据，其方式有三种，分别是 INSERT…VALUES 语句、INSERT…SET 语句和 INSERT... SELECT 语句。

知识点1 INSERT…VALUES语句和INSERT…SET语句

INSERT…VALUES 语句可以向数据表中所有字段、部分字段添加数据，还可以同时添加多条记录。INSERT…SET 语句可以直接为数据表中的某些字段添加数据，而其余的字段值为默认值。基本语法如下：

```
INSERT | REPLACE
INTO tbl_name [(col_name, …)]
VALUES ({expr | DEFAULT}, …), (…), …
| SET col_name = {expr | DEFAULT}, …
```

语法说明如下。

（1）INSERT [INTO]：插入数据的关键字，其中 INTO 可以省略。可以向表中插入一行数据，也可以插入多行数据，如果一次性插入多行数据，每行数据之间要用半角逗号隔开。

（2）REPLACE INTO：用该语句向表中插入数据时，如果表中已经存在该行数据，则删除该行数据后，再插入新的数据。

（3）tbl_name：要插入数据的表名。

（4）col_name：要插入数据的数据表列名，如果是为表中所有的列插入数据，则列名可以省略。如果是为表中部分列插入数据，那么需要给出列的名称。对于没有插入数据的列，其值为列的默认值，或者根据有关属性来确定它们的值。如果没有插入数据的列没有默认值，但如果允许这些列为空值，则这些列的值为空值，否则会出错。对于具有 AUTO_INCREMENT 属性的列，MySQL 会自动生成序号值来唯一标识列。

（5）VALUES ({expr | DEFAULT}, ...)：VALUES 子句包含需要插入的数据清单。expr 可以是一个常量、变量或一个表达式，也可以是空值 NULL，其值的数据类型和顺序要与对应的列相匹配。如果表名后没有给出列名，则要在 VALUES 子句中给出每列的值；如果列的值为空，则必须设置列的值为 NULL，否则会出错。DEFAULT 指定该列的默认值，前提是该列已经指定了默认值。

（6）SET：使用 SET 子句插入数据时，可以不按照列顺序插入数据，可以不为允许空值的列插入数据。

知识点2 INSERT...SELECT语句

可以使用 INSERT...SELECT 语句将从其他表查询到的数据添加到目标表中。其语法格式如下：

```
INSERT [INTO]  tbl_name1 [(col_name [,col_name] ...)]
SELECT (col_name [,col_name] ...) FROM tbl_name2
```

语法说明如下。

（1）INSERT [INTO]：插入数据的关键字，其中 INTO 可以省略。

（2）tbl_name1 [(col_name [,col_name] ...)]：tbl_name1 是要插入数据的表名，col_name 是要插入数据的数据表列名。

（3）SELECT (col_name [,col_name] ...) FROM tbl_name2：SELECT 查询语句，返回一个查询结果集。该语句可以将从 tbl_name2 表中查询到的数据插入到目标表 tbl_name1。

查询结果集中每条数据的字段数及字段的数据类型都必须和被插入数据的 tbl_name1 表完全一致。

任务实施

1. 向数据表中所有字段添加数据

（1）在 INSERT 语句中指出所有字段名。

向 StudentDB 数据库中的 course 表添加数据“11001，'计算机'，3，48，1，'选修'”，插入数据时指定所有字段名。具体语句如下：

```
INSERT INTO course (c_no,c_name,credit,cr_hours,semester,type)
VALUES(11001, '计算机', 3,48,1,'选修');
```

执行结果如图 4.1 所示。

```
mysql> use studentDB;
Database changed
mysql> INSERT INTO course (c_no,c_name,credit,cr_hours,semester,type)
    -> VALUES(11001, '计算机', 3,48,1,'选修');
Query OK, 1 row affected (0.01 sec)
```

图 4.1 指出所有字段名并向 course 表中添加数据

在上面的语句中，表 course 后面的字段名顺序和数据表中列的顺序完全一致，如果顺序不一致，那么 VALUES 后面值的顺序也要做相应的改变。图 4.1 显示已成功执行

INSERT 语句。其中，“Query OK, 1 row affected (0.01 sec)”表示成功插入了一条记录，用时 0.01s。

（2）在 INSERT 语句中不指定字段名。

向 StudentDB 数据库中的 course 表添加数据“11002, 'Office 应用 ', 2, 32, 2, ' 选修 '”，插入数据时不指定任何字段名。

因为表名后面没有指出字段名，所以添加的值的顺序必须与表中字段的顺序相同。

具体语句如下：

```
INSERT INTO course
VALUES(11002, 'Office 应用 ', 2,32,2,' 选修 ');
```

执行结果如图 4. 2 所示。

```
mysql> INSERT INTO course
    -> VALUES(11002, ' Office应用', 2,32,2,'选修');
Query OK, 1 row affected (0.02 sec)
```

图 4.2　不指定任何字段名向 course 表中添加数据

2. 向数据表中部分字段添加数据

向 StudentDB 数据库中的 students 表添加数据“'20221090803', ' 陈海 ', 'JD2301'”，插入数据时只指出其中三个字段名。具体语句如下：

```
INSERT INTO students(s_no,s_name,class_no)
VALUES('20221090803', ' 陈海 ', 'JD2301');
```

执行结果如图 4.3 所示。出现错误提示“Unknown column 'JD2301' in 'field list'”，这是因为 students 表中的 class_no 列是外键，该列的所有值都必须存在于 class 表中的主键 class_no 中。我们不妨向 class 表中添加两行数据（'JSJ2202',' 计算机 22-1 班 ',' 信息学院 ',' 计算机 ',2022, 50）和（'JD2301',' 机电一体化 23-1',' 电气学院 ',' 机电 ',2023,55），使得 class 表中主键 class_no 存在“JD2301”值，然后再执行上述 SQL 语句。

```
mysql> use StudentDB;
Database changed
mysql> INSERT INTO students(s_no,s_name,class_no)
    -> VALUES('20221090803', '陈海', JD2301);
ERROR 1054 (42S22): Unknown column 'JD2301' in 'field list'
```

图 4.3　向 students 表添加数据时出错

为验证是否成功插入数据，可以使用 SELECT 语句查看 students 表中的数据，查询结果如图 4.4 所示。

图 4.4 显示已经成功插入数据，birthday、nat_place、ctc_info 这三个列的值为 NULL，sex、nation 这两个列的值分别为“男”和“汉”。在前面的任务中定义 students 表的时候，

```
mysql> SELECT * FROM students;
+-------------+--------+-----+------------+-----------+--------+-------------+----------+
| s_no        | s_name | sex | birthday   | nat_place | nation | ctc_info    | class_no |
+-------------+--------+-----+------------+-----------+--------+-------------+----------+
| 20221090501 | 李怡然 | 女  | 2006-10-01 | 江苏      | 汉     | 13878606868 | JSJ2201  |
| 20221090502 | 汪燕   | 女  | 2004-12-30 | 江西      | 汉     | 13678608488 | JSJ2201  |
| 20221090602 | 程鸿   | 男  | NULL       | NULL      | 汉     | 12345679000 | NULL     |
| 20221090803 | 陈海   | 男  | NULL       | NULL      | 汉     | NULL        | JD2301   |
+-------------+--------+-----+------------+-----------+--------+-------------+----------+
4 rows in set (0.00 sec)
```

图 4.4 students 表的查询结果

允许 birthday、nat_place、ctc_info 这三个列为空值，并且设置了 sex、nation 这两个列的默认值分别为“男”和“汉”。通过语句“DESC students;”可以查看 students 表的结构，如图 4.5 所示。

```
mysql> DESC students;
+-----------+------------+------+-----+---------+-------+
| Field     | Type       | Null | Key | Default | Extra |
+-----------+------------+------+-----+---------+-------+
| s_no      | char(11)   | NO   | PRI | NULL    |       |
| s_name    | char(10)   | NO   |     | NULL    |       |
| sex       | char(2)    | YES  |     | 男      |       |
| birthday  | date       | YES  |     | NULL    |       |
| nat_place | varchar(6) | YES  |     | NULL    |       |
| nation    | char(10)   | YES  |     | 汉      |       |
| ctc_info  | char(11)   | YES  |     | NULL    |       |
| class_no  | char(7)    | YES  | MUL | NULL    |       |
+-----------+------------+------+-----+---------+-------+
8 rows in set (0.00 sec)
```

图 4.5 students 表的结构

3. 向数据表中同时添加多条数据

向 StudentDB 数据库中的 course 表和 score 表添加多条数据。course 表添加三条数据 (11003, 'Java 语言程序设计', 4, 64, 3, '必修')、(21001, '会计学', 3, 48, 2, '必修') 和 (21002, '就业指导', 2, 32, 2, NULL)。具体语句如下：

```
INSERT INTO course VALUES
(11003, 'Java 语言程序设计', 4, 64, 3,'必修'),
(21001, '会计学', 3, 48, 2,'必修'),
(21002, '就业指导', 2, 32, 2,NULL);
```

执行结果如图 4.6 所示。

```
mysql> INSERT INTO course VALUES
    -> (11003, 'Java语言程序设计', 4, 64, 3,'必修'),
    -> (21001, '会计学', 3, 48, 2,'必修'),
    -> (21002, '就业指导', 2, 32, 2,NULL);
Query OK, 3 rows affected (0.02 sec)
Records: 3  Duplicates: 0  Warnings: 0
```

图 4.6 向 course 表中添加多条数据

可以用下面的语句向 score 表中插入数据。

```
INSERT INTO score VALUES
('20221090501', '11001', 84, 94, 89),
```

```
('20221090502', '11003',90, 96, 93),
('20221090602', '11002',100, 90, 96),
('20221090803', '21002',82, 92, 87);
```

每条数据的数据要用括号括起来，并且数据之间需要用逗号分开。

这里SQL语句中course表名后没有给出列名，所以要在VALUES子句中给出每列的值，即使第三条数据中最后一个列的值为空，也必须在VALUES子句中给出NULL，否则会出错。图4.6显示成功添加三条数据。其中“Records: 3”表示添加了三条数据，“Duplicates: 0”表示添加的三条数据没有重复，“Warnings: 0”表示添加数据时没有警告。

4. 为数据表中指定字段添加数据

在StudentDB数据库中的students表中指定三个字段，并添加数据“20221090602, '程鸿',12345679000”。具体语句如下：

```
INSERT INTO students set s_no=20221090602,s_name='程鸿',ctc_info=
12345679000;
```

执行结果如图4.7所示。

```
mysql> INSERT INTO students set s_no=20221090602,s_name='程鸿',ctc_info=12345679000;
Query OK, 1 row affected (0.01 sec)
```

图4.7 向students表中的指定字段添加数据

如果把上面的SQL语句再执行一遍，系统将提示错误1062，执行结果如图4.8所示。

```
mysql> INSERT INTO students set s_no=20221090602,s_name='程鸿',ctc_info=12345679000;
ERROR 1062 (23000): Duplicate entry '20221090602' for key 'students.PRIMARY'
```

图4.8 向students表中添加相同的数据

这是因为插入的是相同的数据，而s_no是students表的主键，主键要求唯一，所以系统提示20221090602重复。这时候可以使用REPLACE INTO语句，让第二次插入的数据替换已经存在的记录。执行结果如图4.9所示。

```
mysql> REPLACE INTO students set s_no=20221090602,s_name='程鸿',ctc_info=12345679000;
Query OK, 1 row affected (0.01 sec)
```

图4.9 使用REPLACE INTO语句插入相同的数据

5. 将图片数据插入数据表

如果图片很小，可以直接存入数据库中，但如果图片很大且直接存储在数据库中会造成数据库文件很大，不但影响数据的检索速度，还会使读取程序更加烦琐。因此可以以路径的形式来存储图片，插入图片可以采用直接插入图片的存储路径的方法来实现。向studentdbtest数据库中的students表中添加一行数据“'20232090701', '谢婷', '女', '2004-08-13', '河南', '汉', '13899996365', 'JSJ2201', 'D:\ photo.jpg'”。具体语句如下：

```
INSERT INTO students VALUES
('20232090701', '谢婷', '女', '2004-08-13','河南','汉', '13899996365','JSJ2201',
'D:\photo.jpg');
```

执行结果如图 4.10 所示。

```
mysql> use studentdbtest;
Database changed
mysql> INSERT INTO students VALUES
    -> ('20232090701', '谢婷', '女', '2004-08-13','河南','汉', '13899996365','JSJ2201', 'D:\photo.jpg ');
Query OK, 1 row affected (0.01 sec)
```

图 4.10　向 students 表中插入图片数据

6. 将其他数据表中数据添加到目标数据表

在数据库 StudentDB 中，students 表和 studentstest1 表的结构完全相同，可使用 INSERT... SELECT 语句将 students 表中的所有数据添加到 studentstest1 表中。具体语句如下：

```
INSERT INTO studentstest1
SELECT * FROM students;
```

执行结果如图 4.11 所示。

```
mysql> use StudentDB;
Database changed
mysql> INSERT INTO studentstest1
    -> SELECT * FROM students;
Query OK, 4 rows affected (0.01 sec)
Records: 4  Duplicates: 0  Warnings: 0
```

图 4.11　将 students 表中的所有数据添加到 studentstest1 表中

执行完上述 SQL 语句后，为了验证是否成功插入数据，可以使用 SELECT 语句查看 students 表和 studentstest1 表中的数据，查询结果如图 4.12 所示。

```
mysql> select * from students;
+-------------+--------+-----+------------+-----------+--------+-------------+----------+
| s_no        | s_name | sex | birthday   | nat_place | nation | ctc_info    | class_no |
+-------------+--------+-----+------------+-----------+--------+-------------+----------+
| 20221090501 | 李怡然 | 女  | 2006-10-01 | 江苏      | 汉     | 13878606868 | JSJ2201  |
| 20221090502 | 汪燕   | 女  | 2004-12-30 | 江西      | 汉     | 13678608488 | JSJ2201  |
| 20221090602 | 程鸿   | 男  | NULL       | NULL      | 汉     | 12345679000 | NULL     |
| 20221090803 | 陈海   | 男  | NULL       | NULL      | 汉     | NULL        | NULL     |
+-------------+--------+-----+------------+-----------+--------+-------------+----------+
4 rows in set (0.00 sec)

mysql> select * from studentstest1;
+-------------+--------+-----+------------+-----------+--------+-------------+----------+
| s_no        | s_name | sex | birthday   | nat_place | nation | ctc_info    | class_no |
+-------------+--------+-----+------------+-----------+--------+-------------+----------+
| 20221090501 | 李怡然 | 女  | 2006-10-01 | 江苏      | 汉     | 13878606868 | JSJ2201  |
| 20221090502 | 汪燕   | 女  | 2004-12-30 | 江西      | 汉     | 13678608488 | JSJ2201  |
| 20221090602 | 程鸿   | 男  | NULL       | NULL      | 汉     | 12345679000 | NULL     |
| 20221090803 | 陈海   | 男  | NULL       | NULL      | 汉     | NULL        | NULL     |
+-------------+--------+-----+------------+-----------+--------+-------------+----------+
4 rows in set (0.00 sec)
```

图 4.12　students 表和 studentstest1 表中的数据

任务4.2 修改与删除数据

任务描述

（1）更新数据表中的全部或部分数据。
（2）级联更新数据表中的数据。
（3）删除数据表中的部分或全部数据。
（4）删除数据表中按照某个字段排序后的第一条数据。
（5）使用 TRUNCATE 清空数据表中的数据。

微课：修改与删除数据

任务目标

（1）会使用 UPDATE 更新数据表中的数据。
（2）会使用 DELETE 删除数据表中的数据。
（3）掌握使用 TRUNCATE 清空数据表中数据的方法。
（4）培养学生认真细致的做事习惯、适应职业变化的能力，以及持续学习的能力。

知识储备

知识点1　数据的修改

在实际工作中，用户在向数据表中添加数据时，可能会将错误的数据添加到数据表中，或者根据工作的实际需求，需要对原有数据进行修改。MySQL 提供了 UPDATE 语句修改数据表中的数据。使用 UPDATE...SET 命令既可以对一个表的数据进行修改，也可以对多个表的数据进行修改。基本语法格式如下：

```
UPDATE tbl_name
SET col_name1= expr1 [, col_name2=expr2...]
[WHERE 子句]
```

语法说明如下。

（1）UPDATE：修改数据表中数据的关键字。

（2）tbl_name：需要修改数据的数据表的名称。

（3）SET：指定要修改的字段名及其值，可以同时修改所在数据行的多个列值，中间用逗号隔开，根据其后的 WHERE 子句中指定的条件，对符合条件的数据行进行修改。如果不指定 WHERE 子句，则更新数据表中所有行。字段的值可以是表达式，也可以是默认值，如果是默认值，则用关键字 DEFAULT 表示字段的值。

知识点2　数据的删除

随着时间的推移，有些数据已经成为无用的历史数据，将无用的历史数据从数据表中删除的基本语法格式如下：

```
DELETE FROM tbl_name
[WHERE 子句]
[ORDER BY 子句]
[LIMIT row_count]
```

语法说明如下。

（1）DELETE FROM：指定从何处删除数据，是删除数据表中数据的关键字。

（2）tbl_name：被删除数据的数据表名。

（3）WHERE：指定删除的条件。如果省略 WHERE 子句，则删除数据表中所有的行。

（4）ORDER BY：按照子句中指定的顺序进行删除，此子句只在与 LIMIT 联用时才起作用。当删除数据时，数据表中的各行数据先按照 ORDER BY 子句进行排序，再删除指定行数的数据。

（5）LIMIT：指定被删除数据的行数。

知识点3　使用TRUNCATE语句清空数据表

使用 DELETE 语句删除记录，如果删除表中所有记录且记录很多时，命令执行较慢。这时使用 TRUNCATE 语句释放存储表数据所用的数据页来删除数据，会更加快捷，且使用的系统和事务日志资源较少。语法格式如下：

```
TRUNCATE  [TABLE]  tbl_name
```

语法说明如下。

（1）TRUNCATE TABLE：清空数据表中数据的关键字。

（2）tbl_name：被清空数据的数据表名。

TRUNCATE TABLE 在功能上与不带 WHERE 子句的 DELETE 语句相同，二者均删除表中的全部行，但两者也有一定的区别。

① DELETE 语句是 DML 语句，TRUNCATE 语句通常被认为是 DDL 语句。

② DELETE 语句返回的影响行数是记录数，TRUNCATE 语句返回的行数是 0。

③ DELETE 语句每删除一行，都在事务日志中为所删除的行记录一项，因此可以对删除操作进行回滚。而 TRUNCATE 语句是清除数据表中的所有数据，且无法恢复。

④ DELETE 语句删除数据时，如果要删除满足条件的数据，可以通过指定 WHERE 子句中的条件表达式来实现，而 TRUNCATE 语句只能删除表中的所有数据。

⑤ 使用 TRUNCATE 语句后，当再次向数据表中添加数据时，自动增加字段的默认初始值重新从 1 开始；而使用 DELETE 语句删除表中所有数据后，当再次向表中添加数据时，自动增加字段的值为删除时该字段的最大值加 1。

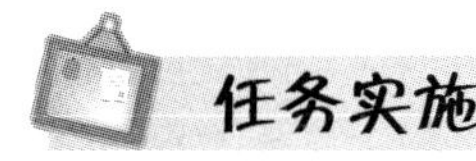

任务实施

1. UPDATE 更新部分数据

将 StudentDB 数据库中 students 表的“程鸿”同学的电话号码改为 18977889998。其语句如下：

```
UPDATE students
SET ctc_info='18977889998' WHERE s_name='程鸿';
```

执行结果如图 4.13 所示。

```
mysql> use StudentDB;
Database changed
mysql> UPDATE students
    -> SET ctc_info='18977889998' WHERE s_name='程鸿';
Query OK, 1 row affected (0.01 sec)
Rows matched: 1  Changed: 1  Warnings: 0
```

图 4.13　更新 students 表中程鸿同学的联系信息

执行结果显示已成功执行。其中，“Rows matched: 1”表示有一行匹配，“Changed: 1”表示修改了一条记录，“Warnings: 0”表示修改数据时没有警告。

2. UPDATE 更新全部数据

将 StudentDB 数据库中 score 表的所有同学的总评成绩改为：总评成绩 = 平时成绩 × 60%+考试成绩×40%。其语句如下：

```
UPDATE score
SET ttl_score=usu_score*0.6+fin_score*0.4;
```

为验证更新数据是否成功，使用 SELECT 语句查看 score 表中的数据，查询结果如图 4.14 所示。

```
mysql> SELECT * FROM score;
+-------------+-------+-----------+-----------+-----------+
| s_no        | c_no  | usu_score | fin_score | ttl_score |
+-------------+-------+-----------+-----------+-----------+
| 20221090501 | 11001 |     84.00 |     94.00 |     88.00 |
| 20221090502 | 11003 |     90.00 |     96.00 |     92.40 |
| 20221090602 | 11002 |    100.00 |     90.00 |     96.00 |
| 20221090803 | 21002 |     82.00 |     92.00 |     86.00 |
+-------------+-------+-----------+-----------+-----------+
4 rows in set (0.00 sec)
```

图 4.14　查看 score 表中的数据

从查询结果可以看出总评成绩计算正确，数据更新成功。

3. 级联更新数据

将 StudentDB 数据库中 students 表的“程鸿”同学的学号改为 20221090608，同时要求级联更新 score 表中的相应学号。用“SHOW CREATE TABLE students \G”语句查看 students 表，其中 s_no 是主键；用“SHOW CREATE TABLE score \G”语句查看 score 表，其中没有外键约束，为级联更新 score 表中的相应学号，为 score 表设置外键约束，并设置级联更新与删除。为 score 表添加名为 score_stu_s_no 的外键约束，语句如下：

```
ALTER TABLE score
   ADD CONSTRAINT score_stu_s_no FOREIGN KEY(s_no)
      REFERENCES students (s_no)
         ON UPDATE CASCADE
         ON DELETE CASCADE;
```

修改 students 表中“程鸿”同学的学号为 20221090608。其语句如下，执行结果如图 4.15 所示。

```
UPDATE students
SET s_no='20221090608'  WHERE s_name='程鸿';
```

```
mysql> UPDATE students
    -> SET s_no='20221090608'  WHERE s_name='程鸿';
Query OK, 1 row affected (0.02 sec)
Rows matched: 1  Changed: 1  Warnings: 0
```

图 4.15　修改 students 表中“程鸿”同学的学号

使用 SELECT 语句分别查看 students 表和 score 表中的数据，查询结果如图 4.16 所示。程鸿同学的学号已改为 20221090608。

mysql> SELECT * FROM students;

s_no	s_name	sex	birthday	nat_place	nation	ctc_info	class_no
20221090501	李怡然	女	2006-10-01	江苏	汉	13878606868	JSJ2201
20221090502	汪燕	女	2004-12-30	江西	汉	13678608488	JSJ2201
20221090608	程鸿	男	NULL	NULL	汉	18977889998	NULL
20221090803	陈海	男	NULL	NULL	汉	NULL	JD2301

4 rows in set (0.00 sec)

mysql> SELECT * FROM score;

s_no	c_no	usu_score	fin_score	ttl_score
20221090501	11001	84.00	94.00	88.00
20221090502	11003	90.00	96.00	92.40
20221090608	11002	100.00	90.00	96.00
20221090803	21002	82.00	92.00	86.00

4 rows in set (0.00 sec)

图 4.16　students 表和 score 表中的数据

4. 删除数据表中部分数据

删除 studentstest 表中所有女生数据，首先复制 StudentDB 数据库中的 students 表到新表 studentstest，并查看新表中的数据。其语句如下：

```
CREATE TABLE IF NOT EXISTS studentstest AS SELECT * FROM students;
SELECT * FROM studentstest;
```

执行结果如图 4.17 所示，结果显示 studentstest 表中有两条女生数据。

```
mysql> SELECT * FROM studentstest;
+-------------+--------+-----+------------+-----------+--------+-------------+----------+
| s_no        | s_name | sex | birthday   | nat_place | nation | ctc_info    | class_no |
+-------------+--------+-----+------------+-----------+--------+-------------+----------+
| 20221090501 | 李怡然 | 女  | 2006-10-01 | 江苏      | 汉     | 13878606868 | JSJ2201  |
| 20221090502 | 汪燕   | 女  | 2004-12-30 | 江西      | 汉     | 13678608488 | JSJ2201  |
| 20221090608 | 程鸿   | 男  | NULL       | NULL      | 汉     | 18977889998 | NULL     |
| 20221090803 | 陈海   | 男  | NULL       | NULL      | 汉     | NULL        | JD2301   |
+-------------+--------+-----+------------+-----------+--------+-------------+----------+
4 rows in set (0.00 sec)
```

图 4.17　查询 studentstest 表中的数据

删除 studentstest 表中的所有女生数据，语句如下：

```
DELETE FROM studentstest WHERE sex='女';
```

执行 SELECT 语句查看 studentstest 表的数据，结果如图 4.18 所示，显示女生数据都被删除。

```
mysql> SELECT * FROM studentstest;
+-------------+--------+-----+----------+-----------+--------+-------------+----------+
| s_no        | s_name | sex | birthday | nat_place | nation | ctc_info    | class_no |
+-------------+--------+-----+----------+-----------+--------+-------------+----------+
| 20221090608 | 程鸿   | 男  | NULL     | NULL      | 汉     | 18977889998 | NULL     |
| 20221090803 | 陈海   | 男  | NULL     | NULL      | 汉     | NULL        | JD2301   |
+-------------+--------+-----+----------+-----------+--------+-------------+----------+
2 rows in set (0.00 sec)
```

图 4.18　studentstest 表中的女生数据都被删除

5. 删除数据表中按照某个字段排序后的第一条数据

删除 studentstest 表中按照 s_name 排序后的第一条数据，语句如下：

```
DELETE FROM studentstest ORDER BY s_name LIMIT 1;
```

执行 SELECT 语句查看 studentstest 表中的数据。结果如图 4.19 所示，与图 4.18 对比，排序后的第一条数据已被删除。

```
mysql> SELECT * FROM studentstest;
+-------------+--------+-----+----------+-----------+--------+----------+----------+
| s_no        | s_name | sex | birthday | nat_place | nation | ctc_info | class_no |
+-------------+--------+-----+----------+-----------+--------+----------+----------+
| 20221090803 | 陈海   | 男  | NULL     | NULL      | 汉     | NULL     | JD2301   |
+-------------+--------+-----+----------+-----------+--------+----------+----------+
1 row in set (0.00 sec)
```

图 4.19　排序后的第一条数据已被删除

6. 删除数据表中全部数据

删除 studentstest 表中的全部数据，语句如下：

```
DELETE FROM studentstest;
```

执行 SELECT 语句查看 studentstest 表中的数据。结果如图 4.20 所示，显示全部数据被删除。

```
mysql> DELETE FROM studentstest;
Query OK, 1 row affected (0.01 sec)

mysql> SELECT * FROM studentstest;
Empty set (0.00 sec)
```

图 4.20　studentstest 表中的全部数据被删除

7. 使用 TRUNCATE 清空表数据

清空 studentstest2 表中的数据，首先复制 StudentDB 数据库中的 students 表到新表 studentstest2，并查看新表中的数据。其语句如下：

```
CREATE TABLE IF NOT EXISTS studentstest2 AS SELECT * FROM students;
SELECT * FROM studentstest2;
```

执行结果如图 4.21 所示，结果显示 studentstest2 表中有四条数据。

```
mysql> CREATE TABLE IF NOT EXISTS studentstest2 AS SELECT * FROM students;
Query OK, 4 rows affected (0.05 sec)
Records: 4  Duplicates: 0  Warnings: 0

mysql> SELECT * FROM studentstest2;
+-------------+--------+-----+------------+-----------+--------+-------------+----------+
| s_no        | s_name | sex | birthday   | nat_place | nation | ctc_info    | class_no |
+-------------+--------+-----+------------+-----------+--------+-------------+----------+
| 20221090501 | 李怡然 | 女  | 2006-10-01 | 江苏      | 汉     | 13878606868 | JSJ2201  |
| 20221090502 | 汪燕   | 女  | 2004-12-30 | 江西      | 汉     | 13678608488 | JSJ2201  |
| 20221090608 | 程鸿   | 男  | NULL       | NULL      | 汉     | 18977889998 | NULL     |
| 20221090803 | 陈海   | 男  | NULL       | NULL      | 汉     | NULL        | JD2301   |
+-------------+--------+-----+------------+-----------+--------+-------------+----------+
4 rows in set (0.00 sec)
```

图 4.21　查询 studentstest2 表中的数据

使用如下语句清空 studentstest2 表中数据，并执行 SELECT 语句查看 studentstest2 表中的数据。结果如图 4.22 所示，studentstest2 表中的数据被清空。

```
TRUNCATE TABLE studentstest2;
SELECT * FROM studentstest2;
```

```
mysql> TRUNCATE TABLE studentstest2;
Query OK, 0 rows affected (0.06 sec)

mysql> SELECT * FROM studentstest2;
Empty set (0.00 sec)
```

图 4.22　使用 TRUNCATE 语句清空 studentstest2 表中的数据

项目小结

本项目介绍了添加、更新和删除表中数据的基本语法。任务实施部分演示了对表的基本操作，如通过 INSERT 语句完成向表中插入数据、UPDATE 语句实现对表中原有数据的修改、DELETE 语句删除表中不必要的数据及 TRUNCATE 语句清空表，并对 DELETE 语句和 TRUNCATE 语句进行了比较。通过本项目的学习，让学生学会向数据表中插入数据，修改和删除数据表中数据。

知识巩固与能力提升

一、选择题

1. 向 MySQL 数据表中添加数据时，使用的关键字是（　　）。

A. INSERT　　B. CREATE　　C. UPDATE　　D. DELETE

2. 快速并完全清空一张数据表中的记录可以使用的语句是（　　）。

A. TRUNCATE TABLE　　B. DELETE TABLE

C. DROP TABLE　　D. CLEAR TABLE

3. 在 MySQL 语法中，用来修改数据的命令是（　　）。

A. INSERT　　B. CREATE　　C. UPDATE　　D. DELETE

4. 以下关于删除 MySQL 数据表中记录的描述中正确的是（　　）。

A. 使用 DELETE 语句可以删除数据表中的全部记录

B. 使用 DELETE 语句只能删除数据表中的多条记录

C. 使用 DELETE 语句一次只能删除一条记录

D. 以上说法都不对

5. 下列用于更新的 SQL 语句中正确的是（　　）。

A. UPDATE user SET id = u001 ;

B. UPDATE user(id,username) VALUES('u001','jack');

C. UPDATE user SET id='u001',username='jack';

D. UPDATE INTO user SET id = 'u001', username='jack';

6.（　　）语句执行的删除操作是逐行删除，并且将删除操作在日志中保存，可以对删除操作进行回滚。

A. TRUNCATE　　B. DROP　　C. DELETE　　D. ALTER

二、实践训练

1. 向数据库 bookbrdb 的各表中添加如下数据：图书表 book、读者类型表 readers_type、读者表 readers、借阅表 borrow 的数据如表 4.1~ 表 4.4 所示。

表 4.1　book 表的数据

book_id	book_title	category	author	press	number	book_price
A1	JAVA 语言	计算机	万五	北京大学出版社	20	48.8
A2	C 语言程序设计	计算机	李四	高等教育出版社	12	29
A3	数据结构	计算机	李亚	高等教育出版社	18	35.8
A4	MySQL 数据库	计算机	王菲菲	人民邮电出版社	19	30
B1	会计	财经管理	陆游	机械工业出版社	16	45.8
B2	工商管理	财经管理	宋武	北京理工大学出版社	5	49.8
B3	经济学	财经管理	谢婷	北京大学出版社	10	40

续表

book_id	book_title	category	author	press	number	book_price
C1	唐诗宋词	文学	张三	电子工业出版社	6	42
C2	安徒生童话	文学	安徒	北京大学出版社	10	40

表 4.2　readers_type 表的数据

classes	class_name	borrow_num	borrow_day
A	教师	20	60
B	学生	10	40
C	其他	5	20

表 4.3　readers 表的数据

readers_id	name	card_id	sex	phone_number	classes
0001	苏有朋	1234561989122456787	男	13877776666	B
0002	邱艳杰	213586199207250539	女	15965748987	B
1001	高山	314896199811293605	男	19278967887	A
1002	柳青	516756199709050398	女	13678976876	A
2001	乔丹	819856199606236729	女	18577888877	C
2002	黄燕	617426199512192625	女	13978912341	C

表 4.4　borrow 表的数据

borrow_id	book_id	readers_id	loaned_time	return_time	state
100001	A1	0001	2023/10/10 0:00	2023/12/25 15:15	已还
100002	A2	0002	2023/8/18 0:00	2023/9/1 0:00	已还
100003	A3	1001	2023/7/21 0:00		过期
100004	A1	1002	2023/10/12 0:00	2023/11/22 0:00	已还
100005	B1	0001	2023/11/16 0:00	2023/12/25 15:16	已还
100006	B2	2001	2023/11/17 0:00		借阅
100007	B3	1001	2023/9/11 0:00	2023/11/18 0:00	已还
100008	C1	2002	2023/9/20 0:00		借阅
100009	B2	1002	2023/11/18 0:00		过期

2. 修改数据表 book 中字段 book_title 的值为“经济学”，将 book_price 字段的值修改为 39.8。

3. 修改数据表 book 中字段 book_title 的值为“C 语言程序设计”，将字段 author 的值修改为“李云清”，将字段 press 的值修改为“清华大学出版社”。

4. 查看数据表 readers 中的数据。

5. 创建数据表 readers 的一个名称为 readers_copy 的副本，并复制其内容。删除数据表 readers_copy 中 sex 为“男”的数据，并查看执行结果。

6. 清空数据表 readers_copy 中的所有数据，并查看执行结果。

数据查询

项目导读

通过对前面项目的学习，读者已经掌握了数据表中基本数据的增、删、改操作，接下来学习数据表中最为重要的操作：数据查询。本项目通过典型任务介绍数据查询语句SELECT的格式、简单查询选择列、条件查询选择行、多表查询、子查询以及一些高级查询等数据查询操作。

学习目标

- 掌握SELECT查询语句的格式。
- 掌握简单查询的方法。
- 掌握条件查询的方法。
- 掌握多表查询和子查询的方法。
- 熟练运用高级查询方式进行查询分析。

任务5.1 简单查询

任务描述

（1）了解SELECT语句的基本格式。
（2）查询数据表中指定的字段。
（3）修改某些字段的标题。
（4）使用CASE表达式替换查询结果中的数据。
（5）通过DISTINCT关键字对查询结果进行去重操作。

（6）使用字符串函数、数值函数和日期时间函数计算字段。

任务目标

（1）会查询数据表中的所有数据或数据表中指定列的数据。
（2）会修改查询结果中的列标题。
（3）会替换查询结果中的数据。
（4）会消除结果集中的重复行。
（5）会使用函数计算字段。
（6）通过对数据简单查询的学习，培养学生的逻辑思维能力。

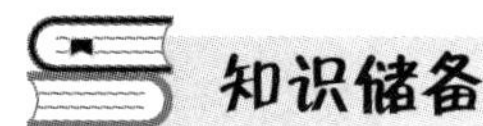

知识储备

知识点1 SELECT语句的基本格式

对于一个正常的业务系统，数据查询使用的频次远高于增、删、改的使用频次。MySQL 数据库使用 SELECT 语句来实现对数据表的选择、投影和连接操作。SELECT 是由很多子句构成的查询语句，每个子句都有独立的功能。其基本语法格式如下：

```
SELECT 字段列表
FROM 表名列表
WHERE 条件列表
GROUP BY 分组字段列表
HAVING 分组后条件列表
ORDER BY 排序字段列表
LIMIT 分页参数
```

微课：SELECT 语句的基本格式

语法说明如下。

（1）FROM：指定要查询的表名或者视图名。
（2）WHERE：指定查询返回行的搜索条件。
（3）GROUP BY：指定查询结果的分组条件。
（4）HAVING：与 GROU BY 子句组合使用，用来对分组的结果进一步限定搜索条件。
（5）ORDER BY：指定结果集的排序方式，对查询结果按指定列值的升序或降序排序。
（6）LIMIT：限定要返回的起始行数和总行数。

注意

所有子句必须按照语法格式的顺序书写。

知识点2 数据表中指定字段的选择

从 SELECT 语句的基本格式可以看出，查询指定字段是基本的查询语句。查询数据表中指定字段的数据，在字段列表处列出想要查询的字段，其语法格式如下：

```
SELECT 字段1[,字段2,…,字段n] FROM 表名
```

SELECT 后面是字段列表，SELECT 和字段列表之间用空格分隔，多个字段之间需要用逗号分隔，最后一个字段后没有逗号，字段列表的作用是从数据表中选出所需要的字段，查询结果按照字段列表的顺序显示。

如果要查询数据表中的所有数据，可以在字段列表处列出数据表中的所有字段。

如果所列的字段顺序和原数据表中字段顺序不一致，查询结果以查询时所列字段顺序显示，这种查询方式比较灵活。

在查询表中的所有字段时，如果所要查询的数据表中的字段比较多，字段名一个个列出会比较烦琐，而且较容易写错，可以用一个简略的写法，即在字段列表处用通配符“*”代替，表示查询返回所有字段，使用这种方法查询，只能按照数据表中字段的顺序进行排列，不能改变字段的排列顺序。其语法格式如下：

```
SELECT * FROM 表名
```

使用通配符“*”这种方式比较简单，尤其是表中的字段很多的时候，这种方式的优势更加明显。

使用通配符可以节省输入查询语句的时间，但实际上只有在需要使用数据表中所有的字段时才使用通配符“*”，因为获取不需要的列数据通常会降低查询和所使用的应用程序的效率。

知识点3 查询结果中列标题的修改

使用 SELECT 语句查询时，MySQL 会将字段名作为列标题输出，当选择的数据表中的字段名称很长或者不够直观时，为增强字段的可读性，可以给字段起别名来替换原字段或原表达式，其语法格式如下：

```
SELECT 字段1 [AS] 别名1,字段2 [AS] 别名2,…  FROM 表名
```

语法说明如下。

（1）别名添加在字段的后面，它们之间必须用空格隔开。

（2）别名不是必需的，可以根据实际情况选择。

（3）设置别名时可以加关键字 AS，也可以省略，在实际应用中一般省略 AS。

知识点4　查询结果中数据的替换

某些时候，在查询数据表时希望查询结果中的某些字段不是具体的数据，而是一种概念，例如在分析 score 表中的学生成绩时，希望得到的是学生成绩的等级而不是具体成绩，可以使用查询语句中的 CASE 表达式来替换查询结果中的数据，其语法格式如下：

```
CASE
        WHEN 条件 1 THEN 表达式 1
        WHEN 条件 2 THEN 表达式 2
        …
        ELSE 表达式 n
END
```

语法说明如下。

（1）CASE 表达式是以 CASE 开始，以 END 结束。

（2）MySQL 从条件 1 开始判断，条件 1 成立，则输出表达式 1，语句结束；若表达式 1 不成立，判断条件 2，若条件 2 成立，则输出表达式 2，语句结束……如果条件都不成立，则输出表达式 n。

使用 CASE 表达式替换数据的查询，查询列标题显示的是整个 CASE 语句，若想更换列标题，可以在 END 后指明新的列标题。

知识点5　结果集中重复行的消除

使用 SELECT 语句执行数据查询，返回所有匹配的记录。如果表中的某些字段没有唯一性约束，那么这些字段就可能存在重复值。为实现查询结果中不出现重复的数据，可以使用 DISTINCT 关键字，其语法格式如下：

```
SELECT [ALL|DISTINCT] 字段 1[, 字段 2,..., 字段 n] FROM 表名
```

语法说明如下。

（1）关键字 ALL 和 DISTINCT 必须在 SELECT 之后、字段列表之前，用来标识在查询结果集中对相同行的处理方式。

（2）关键字 ALL 表示返回查询结果集的所有行，其中包括重复行，默认值为 ALL。

（3）关键字 DISTINCT 表示如果结果集有重复行，那么只显示一行，即在字段列表中的所有字段组合起来完全是一样的情况下才会被去重。

知识点6 字段值的计算

有时存储在表中的数据不是应用程序所需要的数据，可以使用 SELECT 语句中的算术运算符如“+ 、–、*、/”或调用 MySQL 内置的函数对某些字段的值进行计算，并将结果作为新的字段返回。这里的函数是指一段可以直接被另一段程序调用的程序或代码。

计算字段的数据并不实际存在于数据表中，它可以通过使用 SELECT 语句中的表达式来实现。只有数据库知道 SELECT 语句中哪些字段是实际的字段，哪些字段是计算字段。从客户端的角度来看，计算字段的数据是与其他字段的数据以相同的方式返回的。

MySQL 内置的函数有很多，这里仅介绍常用的字符串函数、数值函数和日期时间函数。常用的字符串函数及其对应的功能如表 5.1 所示。

表 5.1 常用的字符串函数及其对应的功能

函 数	功 能
CONCAT(str1,str2,…,strn)	字符串拼接，将 str1，str2，⋯ , strn 拼接成一个字符串
REPLACE(str,old_str,new_str)	搜索并替换字符串中的子字符串
TRIM(str)	从字符串中删除不需要的 str 字符串
LPAD(str,len,pad)	左填充，用字符串 pad 对 str 的左边进行填充，达到 len 个字符串长度
SUBSTRING(str,start,len)	返回字符串 str 中从 start 位置起的 len 个长度的字符串

函数说明如下。

（1）CONCAT 函数的参数是一个或多个字符串，其功能是将参数中的字符串连接成一个字符串，连接之前将所有参数转换为字符串类型。如果参数的值为 NULL，则函数返回 NULL 值。

（2）REPLACE 函数是搜索 str 字段中的字符串，将其中的 old_str 字符串替换为 new_str 字符串，即 old_str 是要被替换的字符串，new_str 是替换后的字符串。当搜索要替换的文本时，MySQL 使用的是区分大小写来匹配要替换的字符串。

（3）TRIM 函数的功能是从字符串中删除不需要的字符，其中 str 是要删除的字符串，默认情况下删除空格，即不指定 str 参数时，函数仅删除空格。

（4）LPAD 函数也称为左填充函数，其中 str 是待填充的字符串；len 指定字符串处理后的总长度；pad 是要填充哪些字符串。当字符串 str 的长度大于 len 时，那么将返回 str 的前 len 个长度的字符串，实际显示的结果是从右侧截断字符串。

（5）SUBSTRING 函数中 str 是要处理的字符串；start 是一个整数，用于指定子串的起始字符，如果 start 是正整数，则从字符串的第 start 个字符处开始提取 len 个字符串：如果 start 为零，则函数返回一个空字符串。

常用的数值函数及其对应的功能如表5.2所示。

表5.2　常用的数值函数及其对应的功能

函　数	功　能
CEIL(*x*)	向上取整
FLOOR(*x*)	向下取整
MOD(*x*,*y*)	返回*x*除以*y*的余数
RAND()	返回0~1内的随机数
ROUND(*x*,*y*)	返回参数*x*四舍五入到*y*位小数的结果

常用的日期时间函数及其对应的功能如表5.3所示。

表5.3　常用的日期时间函数及其对应的功能

函　数	功　能
CURDATE( )	返回当前日期，包含年、月、日
CURTIME( )	返回当前时间，包含时、分、秒
NOW( )	返回当前日期和时间，包含年、月、日、时、分、秒
YEAR(date)	返回指定date的年份
MONTH(date)	返回指定date的月份
DAY(date)	返回指定date的日期
DATE_ADD(date INTERVAL expr type)	返回一个日期/时间值加上一个时间间隔expr后的时间值
DATEDIFF(date1,date2)	返回起始时间date1和结束时间date2之间的天数

函数说明如下。

（1）DATE_ADD函数用于在给定的日期或时间上增加指定的时间间隔，其中date指定开始日期或日期时间值；expr是一个表达式，指定从开始日期加上间隔值，expr被当作一个字符串：它可以以“–”开头表示负间隔，若加一个负间隔实际实现的是减去一个正的时间间隔；type是一个关键字，指明表达式应使用的单位，可以是年、月、星期、日、时、分、秒等。

（2）DATEDIFF函数返回的是“date1−date2”的天数值，date1和date2是日期或日期时间值，计算时使用值的日期部分。

任务实施

1. 查询students表中指定字段的数据

查询students表中的s_name、s_no、sex和nation字段的信息，在字段列表处列出所要查询的字段名即可，查询结果只显示字段列表中所列的字段，查询语句如下：

```
mysql> SELECT s_name,s_no,sex,nation FROM students;
```

执行结果如图5.1所示。

s_name	s_no	sex	nation
汪燕	20221090501	女	汉
李强	20221090502	男	汉
程鸿	20221090602	男	壮
陈海	20221090803	男	汉
王菲	20221090976	女	汉
谢婷	20232090701	女	汉
陆优	20232090807	女	汉
刘涛	20232090817	女	汉
吴谭	20232090819	男	汉

图 5.1 查询 students 表中指定字段的数据

2. 查询 students 表中所有数据

查询 students 表中的所有字段有两种写法。第一种写法是在字段列表处列出表中的所有字段名，采用这种写法的查询结果是按照所列字段列表的顺序显示数据，查询语句如下：

```
mysql> SELECT s_name, s_no, sex, birthday, nat_place, ctc_info, nation,
class_no FROM students;
```

执行结果如图 5.2 所示。

s_name	s_no	sex	birthday	nat_place	ctc_info	nation	class_no
汪燕	20221090501	女	2003-12-09	江西	NULL	汉	JSJ2201
李强	20221090502	男	2004-07-10	江西	NULL	汉	JSJ2201
程鸿	20221090602	男	2003-11-12	广西	NULL	壮	JSJ2202
陈海	20221090803	男	2004-03-27	江西	NULL	汉	JSJ2202
王菲	20221090976	女	2003-12-29	山西	NULL	汉	KJ2201
谢婷	20232090701	女	2004-08-13	河南	NULL	汉	JD2301
陆优	20232090807	女	2004-08-15	安徽	NULL	汉	KJ2302
刘涛	20232090817	女	2004-05-17	江苏	NULL	汉	KJ2302
吴谭	20232090819	男	2004-09-16	浙江	NULL	汉	JD2301

图 5.2 第一种写法查询 students 表中的所有字段

第二种写法是用通配符“*”代替字段列表，查询结果按照数据表原本的字段顺序显示，查询语句如下：

```
mysql> SELECT * FROM students;
```

执行结果如图 5.3 所示。

s_no	s_name	sex	birthday	ctc_info	nat_place	nation	class_no
20221090501	汪燕	女	2003-12-09	NULL	江西	汉	JSJ2201
20221090502	李强	男	2004-07-10	NULL	江西	汉	JSJ2201
20221090602	程鸿	男	2003-11-12	NULL	广西	壮	JSJ2202
20221090803	陈海	男	2004-03-27	NULL	江西	汉	JSJ2202
20221090976	王菲	女	2003-12-29	NULL	山西	汉	KJ2201
20232090701	谢婷	女	2004-08-13	NULL	河南	汉	JD2301
20232090807	陆优	女	2004-08-15	NULL	安徽	汉	KJ2302
20232090817	刘涛	女	2004-05-17	NULL	江苏	汉	KJ2302
20232090819	吴谭	男	2004-09-16	NULL	浙江	汉	JD2301

图 5.3 第二种写法查询 students 表中的所有字段

3. 修改查询结果中的列标题

查询 students 表中的 s_no、s_name、sex 字段的信息，查询结果中各列的标题分别更改为 XH、XM 和 XB，可以使用定义字段别名的方式实现，查询语句如下：

```
mysql> SELECT s_no AS XH, s_name AS XM,sex AS XB FROM students;
```

执行结果如图 5.4 所示。

其中 AS 可以省略，如果查询结果中各列的标题分别更改为 student number、student name 和 XB，因为列标题中包含空格，需要在其两侧加引号，查询语句如下：

```
mysql> SELECT s_no 'student number', s_name 'student name',sex XB FROM students;
```

执行结果如图 5.5 所示。

XH	XM	XB
20221090501	汪燕	女
20221090502	李强	男
20221090602	程鸿	男
20221090803	陈海	男
20221090976	王菲	女
20232090701	谢婷	女
20232090807	陆优	女
20232090817	刘涛	女
20232090819	吴谭	男

图 5.4　修改查询结果中的列标题

student number	student name	XB
20221090501	汪燕	女
20221090502	李强	男
20221090602	程鸿	男
20221090803	陈海	男
20221090976	王菲	女
20232090701	谢婷	女
20232090807	陆优	女
20232090817	刘涛	女
20232090819	吴谭	男

图 5.5　定义字段别名中包含空格

如果在定义包含空格的列标题时没有加引号，系统会提示如图 5.6 所示的错误。

```
ERROR 1064 (42000): You have an error in your SQL syntax; check the manual that corresponds to your
MySQL server version for the right syntax to use near 'number, s_name student name,sex XB FROM stude
nts' at line 1
```

图 5.6　错误提示

4. 替换查询结果中的数据

查询 class 表中的 specialty、cl_name 和 subject 字段，对学生的学院按工科、文科、理科标记，将数据表中的“信息学院”和“电气学院”用“工科”替换，“管理学院”用理科替换，可以通过 CASE 表达式实现，在 END 后指明新的列标题，查询语句如下：

```
mysql>SELECT specialty,cl_name,
CASE
WHEN department='信息学院' THEN '工科'
WHEN department='电气学院' THEN '工科'
WHEN  department='管理学院' THEN '理科'
END  subject
FROM class;
```

执行结果如图 5.7 所示。

5. 消除重复记录

查询 students 表中的 nation 字段和 class_no 字段，执行结果如图 5.8 所示。

经观察，发现在查询的结果集中有重复的记录，要消除重复的记录可以在 SELECT 语句中添加 DISTINCT 关键字，查询语句如下：

```
mysql> SELECT DISTINCT nation, class_no FROM students;
```

执行结果如图 5.9 所示。

specialty	cl_name	subject
机电	机电一体化23-1	工科
计算机	计算机22-1	工科
计算机	计算机22-2	工科
会计	会计22-1	理科
会计	会计23-2	理科

图 5.7　替换查询结果中的数据

nation	class_no
汉	JSJ2201
汉	JSJ2201
壮	JSJ2202
汉	JSJ2202
汉	KJ2201
汉	JD2301
汉	KJ2302
汉	KJ2302
汉	JD2301

图 5.8　有重复记录的查询

nation	class_no
汉	JSJ2201
壮	JSJ2202
汉	JSJ2202
汉	KJ2201
汉	JD2301
汉	KJ2302

图 5.9　消除重复记录的查询

6. 使用算术运算符计算字段值

使用 SELECT 语句可以查询算术运算的结果，查询语句如下：

```
mysql> SELECT 54*2;
```

查询结果如图 5.10 所示。

54*2
108

图 5.10　使用算术运算符计算字段值

查询 score 表的 s_no、c_no、usu_score、fin_score 和 ttl_score 字段，其中 ttl_score 的值是 usu_score 的 30% 和 fin_score 的 70% 的和。现数据表中 usu_score、fin_score 和 ttl_score 的值相同，计算后的值不变，无法显示 ttl_score 的值是计算之后的值。为显示查询结果，可以先将 usu_score 的字段值更改为原数据的 80%，更新语句如下：

```
mysql>UPDATE score SET usu_score=usu_score*0.8;
```

更新后的 score 表的数据如图 5.11 所示。

s_no	c_no	usu_score	fin_score	ttl_score
20221090501	11001	73.60	92.00	92.00
20221090501	11002	68.00	85.00	85.00
20221090501	11003	68.80	86.00	86.00
20221090502	11002	78.40	98.00	98.00
20221090502	11003	63.20	79.00	79.00
20221090502	11006	61.60	77.00	77.00
20221090602	11002	66.40	83.00	83.00
20221090602	11003	71.20	89.00	89.00
20221090602	11005	60.80	76.00	76.00
20221090803	11001	64.00	80.00	80.00
20221090803	11002	54.40	68.00	68.00
20221090803	11003	70.40	88.00	88.00
20221090976	21001	72.80	91.00	91.00
20232090701	21002	78.40	98.00	98.00
20232090807	21001	75.20	94.00	94.00
20232090817	21001	71.20	89.00	89.00
20232090819	21002	77.60	97.00	97.00

图 5.11　usu_score 字段值×0.8 后的 score 数据表信息

此时使用算术运算计算 ttl_score 的值，查询语句如下：

```
mysql>SELECT s_no,c_no,usu_score,fin_score,usu_score*0.3+fin_score*0.7 AS ttl_score FROM score;
```

执行结果如图 5.12 所示。

s_no	c_no	usu_score	fin_score	ttl_score
20221090501	11001	73.60	92.00	86.48
20221090501	11002	68.00	85.00	79.90
20221090501	11003	68.80	86.00	80.84
20221090502	11002	78.40	98.00	92.12
20221090502	11003	63.20	79.00	74.26
20221090502	11006	61.60	77.00	72.38
20221090602	11002	66.40	83.00	78.02
20221090602	11003	71.20	89.00	83.66
20221090602	11005	60.80	76.00	71.44
20221090803	11001	64.00	80.00	75.20
20221090803	11002	54.40	68.00	63.92
20221090803	11003	70.40	88.00	82.72
20221090976	21001	72.80	91.00	85.54
20232090701	21002	78.40	98.00	92.12
20232090807	21001	75.20	94.00	88.36
20232090817	21001	71.20	89.00	83.66
20232090819	21002	77.60	97.00	91.18

图 5.12　使用算术运算符计算 ttl_score 字段的值

7. 使用字符串函数计算字段值

1）使用 CONCAT 函数进行字符串拼接

使用 CONCAT 函数将两个字符串拼接到一起，查询语句如下：

```
mysql> SELECT CONCAT('Welcome ','to MySQL!');
```

查询结果如图 5.13 所示。

CONCAT('Welcome ','to MySQL!')
Welcome to MySQL!

图 5.13　使用 CONCAT 函数拼接字符串

使用 CONCAT 函数将 class 表中 department 字段和班级名称 cl_name 字段拼接到一起，查询语句如下：

```
mysql> SELECT  class_no,CONCAT(department,cl_name) FROM class;
```

查询结果如图 5.14 所示。

class_no	CONCAT(department,cl_name)
JD2301	电气学院机电一体化23-1
JSJ2201	信息学院计算机22-1
JSJ2202	信息学院计算机22-2
KJ2201	管理学院会计22-1
KJ2302	管理学院会计23-2

图 5.14　拼接 class 表中的 department 字段和 cl_name 字段

2）使用 REPLACE 函数替换指定字符串

将 students 表中 class_no 字段中用字符串 JDYTH 替换原字段中的 JD 的字符串，可以使用 REPLACE 函数实现，若不指定新的列标题，REPLACE 函数的所有内容将作为新的列标题，查询语句如下：

```
mysql> SELECT s_no,s_name,REPLACE(class_no,'JD','JDYTH') class_no FROM students;
```

查询结果如图 5.15 所示。

s_no	s_name	class_no
20221090501	汪燕	JSJ2201
20221090502	李强	JSJ2201
20221090602	程鸿	JSJ2202
20221090803	陈海	JSJ2202
20221090976	王菲	KJ2201
20232090701	谢婷	JDYTH2301
20232090807	陆优	KJ2302
20232090817	刘涛	KJ2302
20232090819	吴谭	JDYTH2301

图 5.15　class_no 字段中用字符串 JDYTH 替换字符串 JD

3）使用 RPAD 函数进行字符串右填充

将 students 表中民族字段的值后都加上汉字“族”，需要使用 RPAD 函数进行字符串的右填充，查询语句如下：

```
mysql> SELECT s_name,RPAD(nation,2,'族') FROM students;
```

查询结果如图 5.16 所示。

s_name	RPAD(nation,2,'族')
汪燕	汉族
李强	汉族
程鸿	壮族
陈海	汉族
王菲	汉族
谢婷	汉族
陆优	汉族
刘涛	汉族
吴谭	汉族

图 5.16　将民族字段的值后添加上汉字“族”

本书中的民族都是单字，可以使用 RPAD 函数实现查询任务，若“民族”中的值超出一个汉字，则该任务需要使用 CONCAT 函数来完成。

4）使用 SUBSTRING 函数进行字符串截取

查询 students 表中的班级号和出生日期，出生日期只显示年份并将列标题改为 birthyear。在学生的出生日期中截取出年份，需要使用 SUBSTRING 函数，查询语句如下：

```
mysql> SELECT  class_no,SUBSTRING(birthday,1,4) birthyear FROM students;
```

查询结果如图 5.17 所示。

```
+----------+-----------+
| class_no | birthyear |
+----------+-----------+
| JSJ2201  | 2003      |
| JSJ2201  | 2004      |
| JSJ2202  | 2003      |
| JSJ2202  | 2004      |
| KJ2201   | 2003      |
| JD2301   | 2004      |
| KJ2302   | 2004      |
| KJ2302   | 2004      |
| JD2301   | 2004      |
+----------+-----------+
```

图 5.17　截取学生出生日期中的年份

8. 使用数值函数计算字段值

1）使用数值函数对数向上取整、向下取整和求 x/y 的模

要对数 1.2 向上取整、数 3.9 向下取整、求 27/4 的模，分别使用 CEIL 函数、FLOOR 函数和 MOD 函数，查询语句如下：

```
mysql> SELECT CEIL(1.2),FLOOR(3.9),MOD(27,4);
```

查询结果如图 5.18 所示。

```
+-----------+------------+-----------+
| CEIL(1.2) | FLOOR(3.9) | MOD(27,4) |
+-----------+------------+-----------+
|         2 |          3 |         3 |
+-----------+------------+-----------+
```

图 5.18　分别使用三种函数的查询结果

2）使用随机数函数和四舍五入函数

返回 0~1 内的随机数、返回数 3.14159 并保留 3 位小数后四舍五入的值，可以分别使用 RAND 函数和 ROUND 函数，查询语句如下：

```
mysql> SELECT RAND(),ROUND(3.14159,3);
```

查询结果如图 5.19 所示。

```
+---------------------+------------------+
| RAND()              | ROUND(3.14159,3) |
+---------------------+------------------+
| 0.045597216156867536 |            3.142 |
+---------------------+------------------+
```

图 5.19　返回 0~1 内的随机数、返回数 3.14159 并保留 3 位小数

3）使用字符串函数和数值函数生成一个 8 位的随机数

要生成一个 8 位的随机数，可以使用 RAND 函数生成一个 0~1 的随机数，再让这个随机数乘以 100000000，最后再使用 ROUND 函数指定小数位数为零。RAND 函数生成的随机数的第一位可能是 0，此时该整数可能不满 8 位，可以在数的左侧或右侧补“0”凑

足 8 位，查询语句如下：

```
mysql> SELECT LPAD(round(rand()*100000000,0),8,0);
```

查询结果如图 5.20 所示。

```
+-------------------------------------+
| LPAD(round(rand()*100000000,0),8,0) |
+-------------------------------------+
| 91988459                            |
+-------------------------------------+
```

图 5.20 生成一个 8 位的随机数

9. 使用日期时间函数计算字段值

1）使用 CURDATE 函数、CURTIME 函数和 NOW 函数

使用 CURDATE 函数返回当前日期、CURTIME 函数返回当前时间和 NOW 函数返回当前日期时间，查询语句如下：

```
mysql> SELECT CURDATE(),CURTIME(),NOW();
```

查询结果如图 5.21 所示。

```
+------------+-----------+---------------------+
| CURDATE()  | CURTIME() | NOW()               |
+------------+-----------+---------------------+
| 2024-04-14 | 16:55:18  | 2024-04-14 16:55:18 |
+------------+-----------+---------------------+
```

图 5.21 返回当前日期、当前时间和当前日期时间

2）使用 YEAR 函数、MONTH 函数和 DAY 函数

分别使用 YEAR 函数、MONTH 函数和 DAY 函数查询 students 表中学生出生日期字段的年、月和日，查询语句如下：

```
mysql> SELECT s_name,YEAR(birthday) b_year,MONTH(birthday) b_month,
DAY(birthday) b_day FROM students;
```

查询结果如图 5.22 所示。

s_name	b_year	b_month	b_day
汪燕	2003	12	9
李强	2004	7	10
程鸿	2003	11	12
陈海	2004	3	27
王菲	2003	12	29
谢婷	2004	8	13
陆优	2004	8	15
刘涛	2004	5	17
吴谭	2004	9	16

图 5.22 查询学生出生的年、月和日

3）使用 DATE_ADD 函数和 DATEDIFF 函数

分别使用 DATE_ADD 函数返回当前时间 30 天后的时间、DATEDIFF 函数返回

“2024-04-25”与“2024-04-05”的时间间隔，查询语句如下：

```
mysql> SELECT  DATE_ADD(NOW(),  INTERVAL 30 day), DATEDIFF('2024-04-25',
'2024-04-05');
```

查询结果如图 5.23 所示。

```
+----------------------------------+---------------------------------------+
| DATE_ADD(NOW(), INTERVAL 30 day) | DATEDIFF('2024-04-25', '2024-04-05') |
+----------------------------------+---------------------------------------+
| 2024-05-15 15:59:33              |                                    20 |
+----------------------------------+---------------------------------------+
```

图 5.23　查询当前时间 30 天后的时间和 4 月 5 日至 4 月 25 日的时间间隔

4）日期时间函数应用

查询学生表中学生学号、姓名和年龄。学生表中有学号、姓名和出生日期，要得到年龄数据需要用今年的年份减去学生出生的年份，查询语句如下：

```
mysql> SELECT s_no,s_name,year(curdate())-year(birthday) age FROM
students;
```

查询结果如图 5.24 所示。

```
+-------------+--------+-----+
| s_no        | s_name | age |
+-------------+--------+-----+
| 20221090501 | 汪燕   |  21 |
| 20221090502 | 李强   |  20 |
| 20221090602 | 程鸿   |  21 |
| 20221090803 | 陈海   |  20 |
| 20221090976 | 王菲   |  21 |
| 20232090701 | 谢婷   |  20 |
| 20232090807 | 陆优   |  20 |
| 20232090817 | 刘涛   |  20 |
| 20232090819 | 吴谭   |  20 |
+-------------+--------+-----+
```

图 5.24　查询 students 表中学生学号、姓名和年龄

任务 5.2　条件查询

任务描述

（1）了解条件查询的基本格式。

（2）熟悉基本情况下的数据查询。

（3）熟悉复杂情况下带有逻辑运算的数据查询。

（4）熟悉给定范围的数据查询。

（5）熟悉含有空值信息的数据查询。

（6）熟悉含有某些关键字的查询。

任务目标

（1）会使用比较运算符和逻辑运算符实现数据查询。

（2）会使用 BETWEEN AND 关键字和 IN 关键字实现范围查询。

（3）会使用 IS NULL 关键字实现空查询。

（4）会使用 LIKE 关键字实现模糊查询。

（5）通过条件查询语句的学习，培养读者仔细认真的学习习惯。

知识储备

知识点1　条件查询总述

在 MySQL 中，选择行是通过 SELECT 语句中 WHERE 子句指定选择的条件来实现的。WHERE 子句根据条件对 FROM 子句的中间结果进行逐行判断，条件为 TRUE 时该行记录就会被选中。WHERE 子句必须紧跟 FROM 子句之后，其语法格式如下：

```
SELECT 字段1[,字段2,…,字段n] FROM 表名 WHERE 条件
```

查询条件可以是以下几类。

（1）带比较运算符或逻辑运算符的查询条件。

（2）带 BETWEEN AND 关键字的查询条件。

（3）带 IN 关键字的查询条件。

（4）带 IS NULL 关键字的查询条件。

（5）带 LIKE 关键字的查询条件。

在结构化查询语言中，返回逻辑值（TRUE 或 FALSE）的运算符或关键字都可称为谓词，前面所列的都是条件查询的谓词。

知识点2　比较运算

MySQL 中的比较运算符用于比较两个表达式的值，共有八个，分别是：=（等于）、<（小于）、<=（小于等于）、>（大于）、>=（大于等于）、<>（不等于）、!=（不等于）、<=>（安全等于），其语法格式如下：

```
表达式 { = |< | <= | > | >= | <> | != | <=> }表达式
```

语法说明如下。

（1）表达式是除 text 类型和 blob 类型外的表达式。

（2）当两个表达式值均不为空（NULL）时，运算符除了“<=>”，比较运算将返回逻辑值 TRUE（真）或 FALSE（假）；而当两个表达式值中有一个为空或都为空时，比较运算将返回 UNKNOWN。

（3）安全等于运算符 <=> 的功能是，当两个表达式值均为空或者相等时，将返回逻辑值 TRUE；当其中一个表达式值为空或两个表达式值均不为空但不相等时，将返回逻辑值 FALSE。

知识点3　逻辑运算

在 MySQL 中，逻辑运算符将两个或多个表达式连接起来，组合成复合条件，这样能够使查询结果更加精确。连接时，逻辑运算符和表达式之间必须使用空格隔开。MySQL 支持的逻辑运算符有 AND（&&）、OR（||）、NOT（!）和 XOR，逻辑运算的结果为 TRUE（1）或 FALSE（0）。逻辑运算符及其对应的功能及说明如表 5.4 所示。

表 5.4　逻辑运算符及其对应的功能及说明

运 算 符	含 义	举 例	说 明
AND 或 &&	逻辑与	X AND Y	如果 X 和 Y 都为 TRUE，则结果为 TRUE；否则为 FALSE
OR 或 ||	逻辑或	X OR Y	如果 X 和 Y 都为 FALSE，则结果为 FALSE；否则为 TRUE
NOT 或 !	逻辑非	NOT X	如果 X 为 FALSE，则结果为 TRUE；如果 X 为 TRUE，则结果为 FALSE
XOR	逻辑异或	X XOR Y	如果 X 和 Y 相等，则结果为 FALSE；如果 X 和 Y 不相等，则结果为 TRUE

逻辑运算结果为 TRUE 时用 1 表示，为 FALSE 时用 0 表示。假设有关系表达式 X 和 Y，当它们的值为不同组合时，各种逻辑运算的真值表如表 5.5 所示。

表 5.5　逻辑运算的真值表

X	Y	X AND Y	X OR Y	NOT X	X XOR Y
0	0	0	0	1	0
0	1	0	1	1	1
1	0	0	1	0	1
1	1	1	1	0	0

语法说明如下。

（1）在编写复杂的查询语句时需要用到多个逻辑运算符，表达式中的计算顺序决定于运算符的优先级，其中 () 优先级最高，NOT 次高，AND 再次之，OR 和 XOR 最低。

（2）除了优先级，逻辑运算符还具有结合性，用于确定在具有相同优先级的运算符出现时的计算顺序。逻辑运算符具有从左到右的结合性，即优先级相同时，从左到右依次进行计算。

（3）在编写复杂的查询语句时，请牢记逻辑运算符的优先级和结合性，以避免产生错误的结果。

查询条件越多，查询出来的记录就会越少。因为设置的条件越多，查询语句的限制就更多，能够满足所有条件的记录就更少。为了使查询出来正是自己想要的记录，就要在 WHERE 语句中将查询条件设置的更加具体。

知识点4 范围查询

常用的范围查询关键字是BETWEEN和IN。

BETWEEN运算符用于WHERE表达式中，选取介于两个值之间的数据。ETWEEN同AND一起搭配使用，其语法格式如下：

```
表达式 [NOT] BETWEEN 表达式1 AND 表达式2
```

语法说明如下。

（1）NOT是可选参数，当不使用NOT时，若表达式的值在表达式1与表达式2之间，则返回TRUE，否则返回FALSE；使用NOT时，返回相反的值。

（2）通常表达式1的值一定要小于或等于表达式2的值。

（3）在MySQL中，BETWEEN包含了表达式1和表达式2的边界值。

IN关键字用于判断某个字段或表达式的值是否存在于给定的值列表中，常用于简单的列表匹配。可以使用单个值，也可以使用一个由多个值组成的列表，也可以是一个子查询。使用IN关键字的语法格式如下：

```
表达式 [NOT] IN （表达式1 [,...n]）
```

语法说明如下。

当表达式与IN关键字之后的表达式或子查询返回的结果集中的某个值相等时，返回TRUE；否则返回FALSE；若使用关键字NOT，则返回值正好相反。

知识点5 空值查询

判断表达式的值是否为空（NULL）的关键字是IS NULL，其语法格式如下：

```
表达式 IS [NOT] NULL
```

语法说明如下。

（1）IS NULL是一个整体，不能将IS换成=。

（2）若表达式的值为NULL，返回TRUE（满足查询条件）；否则返回FALSE（不满足查询条件）。NOT是可选参数，当使用NOT时，结果刚好相反。

知识点6 模糊查询

模糊查询是通过匹配字符串中的关键字或一部分来查询数据的方法。由于需查询的字符串可能不是很明确，无法通过精确匹配来查询，而模糊查询能够实现需求，它的关键字是LIKE，其语法格式如下：

```
[NOT] LIKE '字符串'
```

语法说明如下。

（1）NOT是可选参数，当不使用NOT时，字段中的内容与指定的字符串相匹配时满足条件，返回TRUE，否则返回FALSE；当使用NOT时，结果刚好相反。

（2）“字符串”是指定用来匹配的字符串，必须加单引号或双引号。“字符串”可以是一个很完整的字符串，也可以是包含通配符如下画线“_”和百分号“%”的字符串。

①“_”代表 1 个字符，“%”代表 0 个或多个字符，但是不能匹配 NULL。

② 如果查询内容中包含通配符“_”或“%”时，可以使用转义符“\”。

例如，x_y 可以代表 xay、xcy 等字符串。x%y 表示以字母 x 开头、以字母 y 结尾的任意长度的字符串，该字符串可以代表 xy、xay、xcy/xaby、xabcdy 等。

任务实施

1. 使用比较运算符查询数据

1）查询 score 表中学号为 20221090501 的成绩

要查询的表是 score 表，FROM 关键字后跟表名 score，要查询的是学号为 20221090501 的成绩，查询条件可以用“=”连接，查询语句如下：

```
mysql>SELECT * FROM score WHERE s_no=20221090501;
```

执行结果如图 5.25 所示。

s_no	c_no	usu_score	fin_score	ttl_score
20221090501	11001	92.00	92.00	92.00
20221090501	11002	85.00	85.00	85.00
20221090501	11003	86.00	86.00	86.00

图 5.25　查询学号为 20221090501 的成绩

2）查询 score 表中总评成绩大于等于 90 分的记录

要查询的表是 score 表，查询条件可以用“>=”连接，查询语句如下：

```
mysql> SELECT * FROM score WHERE ttl_score>=90;
```

执行结果如图 5.26 所示。

s_no	c_no	usu_score	fin_score	ttl_score
20221090501	11001	92.00	92.00	92.00
20221090502	11002	98.00	98.00	98.00
20221090976	21001	91.00	91.00	91.00
20232090701	21002	98.00	98.00	98.00
20232090807	21001	94.00	94.00	94.00
20232090819	21002	97.00	97.00	97.00

图 5.26　查询总评成绩大于等于 90 分的记录

3）查询 score 表中课程号不是 11001 的学生成绩

要查询的表是 score 表，FROM 后跟表名 score，课程号不是 11001，因此查询条件用比较运算符中的“< >”或“!= ”都可以，它们都表示不等于，使用方法也相同。查询语句可以写出如下两个语句：

```
mysql> SELECT * FROM score WHERE c_no <> 11001;
mysql> SELECT * FROM score WHERE c_no!= 11001;
```

执行结果也相同，如图 5.27 所示。

s_no	c_no	usu_score	fin_score	ttl_score
20221090501	11002	85.00	85.00	85.00
20221090501	11003	86.00	86.00	86.00
20221090502	11002	98.00	98.00	98.00
20221090502	11003	79.00	79.00	79.00
20221090502	11006	77.00	77.00	77.00
20221090602	11002	83.00	83.00	83.00
20221090602	11003	89.00	89.00	89.00
20221090602	11005	76.00	76.00	76.00
20221090803	11002	68.00	68.00	68.00
20221090803	11003	88.00	88.00	88.00
20221090976	21001	91.00	91.00	91.00
20232090701	21002	98.00	98.00	98.00
20232090807	21001	94.00	94.00	94.00
20232090817	21001	89.00	89.00	89.00
20232090819	21002	97.00	97.00	97.00

图 5.27 查询课程号不是 11001 的学生成绩

2. 使用逻辑运算符查询数据

1）查询 score 表中总评成绩低于 70 分或大于等于 90 分的学生成绩

通过分析发现这里有两个条件，一个是总评成绩低于 70 分，可以用“ttl_score < 70”来表示；另一个是总评成绩大于等于 90 分，可以用“ttl_score >=90”来表示，这两个条件的关系是或，因此需要用逻辑运算符“OR”或“||”连接表达式，因为它们功能相同，使用方法相同，查询语句如下：

```
mysql> SELECT * FROM score WHERE ttl_score >=90 OR ttl_score < 70;
mysql> SELECT * FROM score WHERE ttl_score >= 90 || ttl_score < 70;
```

执行结果也相同，如图 5.28 所示。

s_no	c_no	usu_score	fin_score	ttl_score
20221090501	11001	92.00	92.00	92.00
20221090502	11002	98.00	98.00	98.00
20221090803	11002	68.00	68.00	68.00
20221090976	21001	91.00	91.00	91.00
20232090701	21002	98.00	98.00	98.00
20232090807	21001	94.00	94.00	94.00
20232090819	21002	97.00	97.00	97.00

图 5.28 查询总评成绩低于 70 分或大于等于 90 分的学生成绩

2）查询课程号为 11001 或 21001 的总评成绩高于 90 分的学生成绩

这里有三个条件：课程号为 11001；课程号为 21001；总评成绩高于 90 分。要实现目标，前两个条件之间是“或”的关系，在“或”运算之后的结果中再和第三个条件进行“与”运算，如果不考虑运算符的优先级，写出的查询语句如下：

```
mysql> SELECT * FROM score WHERE c_no=11001 OR c_no=21001 && ttl_score>=90;
```

查询结果如图 5.29 所示。

```
+-------------+-------+-----------+-----------+-----------+
| s_no        | c_no  | usu_score | fin_score | ttl_score |
+-------------+-------+-----------+-----------+-----------+
| 20221090501 | 11001 |     92.00 |     92.00 |     92.00 |
| 20221090803 | 11001 |     80.00 |     80.00 |     80.00 |
| 20221090976 | 21001 |     91.00 |     91.00 |     91.00 |
| 20232090807 | 21001 |     94.00 |     94.00 |     94.00 |
+-------------+-------+-----------+-----------+-----------+
```

图 5.29　未考虑运算符优先级的查询

查看结果，发现第二条记录满足课程号是 11001 或 21001 的条件，但是总评成绩却低于 90 分，和预期的结果不同，原因是上面的查询语句未考虑运算符的优先级。由于 OR 的优先级低于 AND，因此上面的表达式实际上是先做的 AND 运算，然后才是 OR 运算，与实际需求不同。要实现需求，可以加括号改变运算顺序，也可以将 AND 运算符分配到 OR 运算中，可以写出以下两种查询语句：

```
mysql> SELECT * FROM score WHERE (c_no=11001 OR c_no=21001) && ttl_score>=90;
mysql> SELECT * FROM score WHERE c_no=11001 && ttl_score>=90 OR c_no=21001 && ttl_score>=90;
```

这两种语句的查询结果一致，如图 5.30 所示。

```
+-------------+-------+-----------+-----------+-----------+
| s_no        | c_no  | usu_score | fin_score | ttl_score |
+-------------+-------+-----------+-----------+-----------+
| 20221090501 | 11001 |     92.00 |     92.00 |     92.00 |
| 20221090976 | 21001 |     91.00 |     91.00 |     91.00 |
| 20232090807 | 21001 |     94.00 |     94.00 |     94.00 |
+-------------+-------+-----------+-----------+-----------+
```

图 5.30　查询课程号为 11001 或 21001 且总评成绩高于 90 分的学生成绩

3. 范围查询的应用

1）查询总评成绩介于 80~89 分的记录

要实现查询任务可以使用 BETWEEN AND 关键字，BETWEEN 后面跟低值，AND 后跟高值，查询语句如下：

```
mysql> SELECT * FROM score WHERE ttl_score BETWEEN 80 AND 89;
```

也可以使用条件查询语句，总评成绩介于 80~89 分，即总评成绩大于等于 80 分并且总评成绩小于等于 89 分，因此条件查询语句如下：

```
mysql> SELECT * FROM score WHERE ttl_score>=80 AND ttl_score<=89;
```

它们的查询结果一致，如图 5.31 所示。

s_no	c_no	usu_score	fin_score	ttl_score
20221090501	11002	85.00	85.00	85.00
20221090501	11003	86.00	86.00	86.00
20221090602	11002	83.00	83.00	83.00
20221090602	11003	89.00	89.00	89.00
20221090803	11001	80.00	80.00	80.00
20221090803	11003	88.00	88.00	88.00
20232090817	21001	89.00	89.00	89.00

图 5.31 查询总评成绩介于 80~89 分的记录

2）查询总评成绩不介于 80~89 分的记录

要实现查询任务可以使用 BETWEEN 关键字，因为是不介于，使用 NOT 对 BETWEEN 否定，因此可以写出的查询语句如下：

```
mysql> SELECT * FROM score WHERE ttl_score NOT BETWEEN 80 AND 89;
```

也可以转化为对应的条件查询，查询语句如下：

```
mysql> SELECT * FROM score WHERE ttl_score<80 OR ttl_score>89;
```

查询结果如图 5.32 所示。

s_no	c_no	usu_score	fin_score	ttl_score
20221090501	11001	90.00	94.00	92.00
20221090502	11002	98.00	98.00	98.00
20221090502	11003	79.00	79.00	79.00
20221090502	11006	77.00	77.00	77.00
20221090602	11005	76.00	76.00	76.00
20221090803	11002	68.00	68.00	68.00
20221090976	21001	91.00	91.00	91.00
20232090701	21002	98.00	98.00	98.00
20232090807	21001	94.00	94.00	94.00
20232090819	21002	97.00	97.00	97.00

图 5.32 总评成绩不介于 80~89 分的记录

3）查询课程号是 11001 或 11003 或 21001 的记录

因为查询的课程号是三个具体的值，可以用比较运算符“=”连接表达式，是三个值可以用逻辑运算符“OR”或者“||”来连接三个表达式，这两个符号可以混合使用，因此可以写出的查询语句如下：

```
mysql> SELECT * FROM score WHERE c_no=11001 OR c_no=11003 || c_no=21001;
```

由于课程号是三个具体的值，也可以使用 IN 关键字，IN 后面括号中列出所有可能的值，查询语句如下：

```
mysql> SELECT * FROM score WHERE c_no IN (11001,11003,21001);
```

这两个语句含义相同，查询结果也相同，如图 5.33 所示。

s_no	c_no	usu_score	fin_score	ttl_score
20221090501	11001	92.00	92.00	92.00
20221090501	11003	86.00	86.00	86.00
20221090502	11003	79.00	79.00	79.00
20221090602	11003	89.00	89.00	89.00
20221090803	11001	80.00	80.00	80.00
20221090803	11003	88.00	88.00	88.00
20221090976	21001	91.00	91.00	91.00
20232090807	21001	94.00	94.00	94.00
20232090817	21001	89.00	89.00	89.00

图 5.33　查询课程号是 11001 或 11003 或 21001 的记录

当要查询的内容是多个具体的值时，可以使用范围查询中的 IN 关键字来查询，也可以用条件查询，只是使用 IN 关键字的查询语句更为简洁，尤其当结果集中的内容较多时结果更为一目了然。

4. 空值查询的应用

查询 class 表中年级为空的记录，空值查询的关键字是 IS NULL，查询语句如下：

```
mysql> SELECT * FROM class WHERE grade IS NULL;
```

查询结果如图 5.34 所示。

class_no	cl_name	Department	Specialty	Grade	h_counts
KJ2302	会计23-2	管理学院	会计	NULL	40

图 5.34　查询 class 表中年级为空的记录

5. 模糊查询的应用

1）查询 students 表中籍贯以“西”结尾的两个汉字信息

这里的查询条件是以“西”结尾的两个汉字，由于不是确定的值，因此只能使用模糊查询来搜索，关键字是 LIKE，另一个汉字不确定，所以使用通配符“_”，写出的查询语句如下：

```
mysql> SELECT * FROM students WHERE nat_place like '_西';
```

查询结果如图 5.35 所示。

s_no	s_name	sex	birthday	ctc_info	nat_place	nation	class_no
20221090501	汪燕	女	2003-12-09	NULL	江西	汉	JSJ2201
20221090502	李强	男	2004-07-10	NULL	江西	汉	JSJ2201
20221090602	程鸿	男	2003-11-12	NULL	广西	壮	JSJ2202
20221090803	陈海	男	2004-03-27	NULL	江西	汉	JSJ2202
20221090976	王菲	女	2003-12-29	NULL	山西	汉	KJ2201

图 5.35　查询 students 表中籍贯以“西”结尾的两个汉字信息

2）查询 students 表中学号以 2022 开头的学生信息

查询条件是学号以 2022 开头，其后可以跟一个数字，也可以跟多个数字。因此采用模糊查询的关键字 LIKE，使用通配符“%”来匹配任意字符，写出的查询语句如下：

```
mysql> SELECT * FROM students WHERE s_no LIKE '2022%';
```

查询结果如图 5.36 所示。

s_no	s_name	sex	birthday	ctc_info	nat_place	nation	class_no
20221090501	汪燕	女	2003-12-09	NULL	江西	汉	JSJ2201
20221090502	李强	男	2004-07-10	NULL	江西	汉	JSJ2201
20221090602	程鸿	男	2003-11-12	NULL	广西	壮	JSJ2202
20221090803	陈海	男	2004-03-27	NULL	江西	汉	JSJ2202
20221090976	王菲	女	2003-12-29	NULL	山西	汉	KJ2201

图 5.36 查询 students 表中学号以 2022 开头的学生信息

任务 5.3 多 表 查 询

任务描述

（1）了解 FROM 子句的功能及基本语法格式。
（2）通过笛卡儿积的概念理解多表之间的交叉连接。
（3）使用内连接和外连接解决基本的多表查询问题。
（4）使用比较子查询和 EXISTS 子查询解决更复杂的多表查询问题。
（5）使用联合查询将多个查询结果拼凑到一起。

任务目标

（1）会使用交叉连接、内连接和外连接查询数据。
（2）会使用比较子查询和 EXISTS 子查询查询数据。
（3）会使用联合查询查询数据。
（4）通过对多表查询的学习，加强读者的分析问题和解决问题的能力。

知识储备

知识点1 FROM子句

前面介绍的查询语句都是针对一个表的，其中 SELECT 子句是用于选择列的，WHERE 子句是用于选择行的。但是在关系型数据库中，表与表之间是有联系的，所以在实际应用中经常使用多表查询。多表查询就是同时查询两个或两个以上的表，这是由 FROM 子句来指定，FROM 子句的语法格式如下：

```
FROM 表或视图名1 [[AS] 别名1][,表或视图名2 [[AS] 别名2]]...
```

语法说明如下。

（1）表或视图名是要查询的表或视图，如果要查询多个表或视图，表与表之间或表与视图之间用逗号分隔。

（2）可以使用 AS 选项为表指定别名，AS 也可以省略，别名主要用在相关子查询及连接查询中。

知识点2 笛卡儿积

笛卡儿积 (Cartesian Product) 来源于数学中的集合论，主要用于描述两个集合中元素之间所有可能的配对情况。例如，集合 $\boldsymbol{A}$ 的元素是 {a,b}，集合 $\boldsymbol{B}$ 的元素是 {1,2,3}，$\boldsymbol{A}$ 和 $\boldsymbol{B}$ 的笛卡儿积就是从 $\boldsymbol{A}$ 中取一个元素，再从 $\boldsymbol{B}$ 中取一个元素，形成一个有序对，这样的所有有序对构成的集合就是笛卡儿积。数学上表示为

$\boldsymbol{A}\times\boldsymbol{B}=\{(a,1), (a,2), (a,3), (b,1), (b,2), (b,3)\}$;

$\boldsymbol{B}\times\boldsymbol{A}=\{(1,a), (1,b), (2,a), (2,b), (3,a), (3,b)\}$;

以上 $\boldsymbol{A}\times\boldsymbol{B}$ 和 $\boldsymbol{B}\times\boldsymbol{A}$ 的结果就叫作两个集合的笛卡儿积。

由以上实例我们可以看出，集合 $\boldsymbol{A}$ 和集合 $\boldsymbol{B}$ 的笛卡儿积的元素个数是集合 $\boldsymbol{A}$ 的元素个数与集合 $\boldsymbol{B}$ 的元素个数的乘积。

知识点3 交叉连接

交叉连接就是在查询连接两个表时不指定连接条件，又称全连接。交叉连接查询返回被连接的两个表所有数据行的笛卡儿积。

例如，将表 5.6 和表 5.7 进行交叉连接查询，将返回这两张表的数据行的笛卡儿积，即将 teacher 表的每一行和 dept 表的任意一行进行匹配，得到的表的行数是 teacher 表和 dept 表行数的乘积，结果如表 5.8 所示。

表 5.6　dept 表

dept_id	dept_name
1001	信息工程学院
1002	机械工程学院

表 5.7　teacher 表

id	name	dept_id1
001	张锋	1001
002	李丽	1002
003	赵磊	1003

表 5.8 dept 表和 teacher 表交叉连接后的结果

dept_id	dept_name	id	name	dept_id1
1001	信息工程学院	001	张锋	1001
1001	信息工程学院	002	李丽	1002
1001	信息工程学院	003	赵磊	1003
1002	机械工程学院	001	张锋	1001
1002	机械工程学院	002	李丽	1002
1002	机械工程学院	003	赵磊	1003

交叉连接查询的语法格式如下：

```
SELECT * FROM 表1, 表2,...
```

语法说明如下。

SELECT 后面可以跟通配符“*”，也可以跟字段列表。字段列表中要指定某个表中的某个字段时，书写格式是“表名.字段名”，即表名和字段名之间用“.”连接。

从表 5.8 中可发现交叉连接得到的表产生了很多冗余的数据，即很多数据是没有实际意义的，如张锋这名教师的部门号是1001，可以确定是属于信息工程学院的，但在表 5.8 中信息工程学院有张锋，机械工程学院也有张锋。很明显，其中一行是多余的，没有实际意义，因此在实际应用中，一般不会使用交叉连接。

知识点4 内连接

内连接是在交叉连接产生冗余的数据之后，加上限制条件以剔除不符合条件的记录的连接。如果限制条件是等值条件，也称等值连接，即如果表 5.6 与表 5.7 连接的限制条件是 dept_id=dept_id1，则得到的查询结果如表 5.9 所示。

微课：内连接

表 5.9 dept 表和 teacher 表内连接（dept_id=dept_id1）后的结果

dept_id	dept_name	id	name	dept_id1
1001	信息工程学院	001	张锋	1001
1002	机械工程学院	002	李丽	1002

内连接的语法分隐式内连接和显示内连接两种，两种写法的功能一致，只是语法略有差别，都可正常使用，显示内连接使用较多。隐式内连接和显示内连接的语法格式如下：

```
隐式内连接：SELECT * FROM A,B WHERE 条件；
显示内连接：SELECT * FROM A [INNER] JOIN B {ON 条件 | USING(列名列表)}
WHERE 条件；
```

语法说明如下。

（1）隐式内连接的 FROM 子句中是用来指定连接的数据表，多表之间用逗号分隔，WHERE 子句用来指定连接条件，查询结果是在 FROM 子句产生的中间结果中应用 WHERE 条件后得到的结果。

（2）隐式内连接的 WHERE 子句不仅可以是连接条件，也可以有查询条件，条件之间用逻辑运算符连接。

（3）显式内连接 FROM 子句中是用来指定连接的数据表，多表之间通过 INNER JOIN 关键字连接，ON 关键字指定连接条件，WHERE 后是指定的查询条件。由于系统默认的连接是内连接，因此 INNER 关键字可以省略。

（4）当要连接的表中有相同的列名，连接条件是列名相等时，可以将连接条件的关键字 ON 换成 USING 子句。USING 子句中的列名必须同时存在于两个表中，并且列名相同。

当需要指定字段时，如果连接的表中的字段没有重名，可以直接使用字段名，否则需要用“表名.字段名”格式书写，否则会报错。如果在查询时指定了表的别名，在 WHERE 条件中必须使用别名，否则会报错。

知识点5　外连接

外连接分为左外连接 (LEFT OUTER JOIN)、右外连接 (RIGHT OUTER JOIN)。

左外连接的结果集包括 LEFT OUTER JOIN 子句中指定的左表的所有行，如果左表的某行在右表中没有匹配行，则在相关联结果集的行中右表选择的列值为 NULL。如果表 5.6 与表 5.7 进行左外连接的限制条件是 dept_id=dept_id1，则得到的查询结果如表 5.10 所示。

表 5.10　teacher 表和 dept 表左外连接（dept_id=dept_id1）后的结果

id	name	dept_id1	dept_id	dept_name
001	张锋	1001	1001	信息工程学院
002	李丽	1002	1002	机械工程学院
003	赵磊	1003	NULL	NULL

从表 5.10 可以看出，返回的是左表即 teacher 表的所有记录，右表字段中有和左表匹配的行会正常显示，没有就显示 NULL。左外连接的语法格式如下：

```
SELECT * FROM A LEFT [OUTER] JOIN B ON 条件;
```

语法说明如下。

LEFT OUTER JOIN 表示左外连接，OUTER 可以省略，A、B 是要连接的数据表。

右外连接是左外连接的反向连接，返回的是右表的所有行，如果右表的某行在左表中没有匹配行，则在相关联结果集的行中左表选择的列值为 NULL。如果表 5.6 与表 5.7 进行右外连接的限制条件是 dept_id=dept_id1，则得到的查询结果如表 5.11 所示。

表 5.11 dept 表和 teacher 表右外连接（dept_id=dept_id1）后的结果

dept_id	dept_name	id	name	dept_id1
1001	信息工程学院	001	张锋	1001
1002	机械工程学院	002	李丽	1002
NULL	NULL	003	赵磊	1003

右外连接的语法格式如下：

```
SELECT * FROM A RIGHT [OUTER] JOIN B ON 条件;
```

微课：比较子查询

知识点6 比较子查询

子查询是指一个查询语句嵌套在另一个查询语句内部的查询。在实际应用中，有时一个查询语句的条件需要从另一个查询语句中获取，或者需要从同一个表中先计算出一个数据结果，然后与这个数据结果进行比较，子查询的使用大大增强了 SELECT 查询的能力。

比较子查询是子查询的一种，可以认为是 IN 子查询的扩展，它能让表达式的值与子查询的结果进行比较运算，比较子查询的语法格式如下：

```
表达式 {<| <= | = | > | >= | != | <> }{ALL | SOME | ANY} (子查询)
```

语法说明如下。

（1）表达式是与后面的子查询进行比较的表达式，表达式与子查询之间的比较可以是比较运算符，也可以是 ALL、SOME 或 ANY 这种谓词。

（2）当子查询的结果集只返回一行数据时，可以使用运算符来比较。

（3）当子查询的结果集返回多行数据时，则使用 ALL、SOME 或 ANY 来限定。

① ALL 指定表达式要与子查询结果集中的每个值都进行比较，当表达式与每个值都满足比较的关系时，才返回 TRUE，否则返回 FALSE。

② SOME 和 ANY 含义相同，使用方法也相同，表示表达式只要与子查询结果集中的某个值满足比较的关系时，就返回 TRUE，否则返回 FALSE。

知识点7 EXISTS子查询

EXISTS 谓词用于检查子查询的结果是否为空，其语法格式如下：

```
SELECT 字段列表 FROM 表1,表2, ... WHERE [NOT] EXISTS (子查询)
```

语法说明如下。

（1）EXISTS 谓词中，若子查询的结果集不为空，则 EXISTS 返回 TRUE，外层查询执行；否则返回 FALSE，外层查询不执行。

（2）当使用 NOT 即 NOT EXISTS，其返回值与 EXIST 刚好相反。

注意

EXISTS 关键字比 IN 关键字的运算效率高，因此在实际开发中，特别是进行大量数据运算时，推荐使用 EXISTS 关键字。EXISTS 子查询一般采用相关子查询，子查询的条件依赖于外层查询中的某些值。

知识点8　联合查询

联合查询也称为多表查询，是一种 SQL 查询技术，它允许用户从多个表中检索和组合数据。联合查询的核心在于通过特定条件将不同表中的数据行合并成一个结果集。联合查询的语法格式如下：

```
SELECT 字段列表 FROM 表A ...
UNION [ ALL ]
SELECT 字段列表 FROM 表B ...
```

语法说明如下。

（1）UNION 或 UNION ALL 关键字用来合并两个或多个 SELECT 语句的结果。默认情况下，UNION 会将全部的数据直接合并之后去重，而 UNION ALL 会将合并数据，不考虑去重。

（2）联合查询是将任意的表查询结果强制合并在一起，因此该查询跟字段的类型无关，只是要求每个查询的字段数必须相同。如果两个查询的字段数不同，则需要通过添加空列来对齐结果集；否则会报错。

任务实施

1. 内连接的应用

1）查询所有学生的学院、班级和姓名

要查询的字段中学院、班级是 class 表中的 department 字段和 cl_name 字段，而姓名是 students 表中的 s_name 字段，需要先将 class 表和 students 表连接起来，连接条件是两个表的 class_no 相等。这个连接是内连接，可以采用隐式内连接的写法，也可以采用显示内连接的写法。这两种写法的查询语句如下：

```
mysql> SELECT cl_name,department, s_name FROM students,class WHERE
students.class_no= class.class_no;
```

```
mysql> SELECT cl_name,department, s_name FROM students INNER JOIN class
ON students.class_no= class.class_no;
```

其中，显示内连接语句中的INNER可以省略，由于连接两表的字段名相同，因此也可以使用关键词USING，查询语句如下：

```
mysql> SELECT cl_name,department, s_name FROM students JOIN class
USING(class_no);
```

以上三个查询语句的查询结果相同，如图5.37所示。

```
+--------------------+--------------+--------+
| cl_name            | department   | s_name |
+--------------------+--------------+--------+
| 计算机22-1         | 信息学院     | 汪燕   |
| 计算机22-1         | 信息学院     | 李强   |
| 计算机22-2         | 信息学院     | 程鸿   |
| 计算机22-2         | 信息学院     | 陈海   |
| 会计22-1           | 管理学院     | 王菲   |
| 机电一体化23-1     | 电气学院     | 谢婷   |
| 会计23-2           | 管理学院     | 陆优   |
| 会计23-2           | 管理学院     | 刘涛   |
| 机电一体化23-1     | 电气学院     | 吴谭   |
+--------------------+--------------+--------+
```

图5.37 查询所有学生的学院、班级和姓名

2）查询籍贯是江西并且班级人数大于或等于50的学生的班级、姓名和籍贯信息

姓名和籍贯出自students表，班级出自class表，通过这两个表的class_no字段连接，连接的条件是字段值相等。使用隐式内连接，连接条件和查询条件都写在WHERE子句中，它们之间的关系是AND的关系。隐式内连接的查询语句如下：

```
mysql> SELECT cl_name,s_name,nat_place FROM class,students WHERE class.
class_no = students.class_no AND h_counts >= 50 AND nat_place = '江西';
```

显示内连接的连接条件写在ON关键字之后，查询条件写在WHERE子句中，查询语句如下：

```
mysql> SELECT cl_name,s_name,nat_place FROM class JOIN students ON class.
class_no=students.class_no WHERE  h_counts>=50 AND nat_place='江西';
```

连接两个表的字段名相同，连接条件是列名相等，因此SQL语句可以用USING子句代替ON关键字，代替后的查询语句如下：

```
mysql> SELECT cl_name,s_name,nat_place FROM class JOIN students  USING(
class_no) WHERE h_counts>=50 AND nat_place='江西';
```

以上三个查询语句实现相同的功能，查询结果如图5.38所示。

```
+-----------------+---------+------------+
| cl_name         | s_name  | nat_place  |
+-----------------+---------+------------+
| 计算机22-1      | 汪燕    | 江西       |
| 计算机22-1      | 李强    | 江西       |
| 计算机22-2      | 陈海    | 江西       |
+-----------------+---------+------------+
```

图 5.38　查询籍贯是江西并且班级人数大于或等于 50 的学生信息

2. 外连接的应用

查询 students 表中所有学生的学号、姓名和对应的班级信息。为说明情况，需要先将 students 表中王菲的班级号置为空后再查询信息。将 students 表中王菲的班级号置为空，可以使用 UPDATE 语句，更新语句如下：

```
mysql> UPDATE students SET class_no='NULL' WHERE s_no=20221090976;
```

执行后，students 表的数据如图 5.39 所示。

s_no	s_name	sex	birthday	ctc_info	nat_place	nation	class_no
20221090501	汪燕	女	2003-12-09	NULL	江西	汉	JSJ2201
20221090502	李强	男	2004-07-10	NULL	江西	汉	JSJ2201
20221090602	程鸿	男	2003-11-12	NULL	广西	壮	JSJ2202
20221090803	陈海	男	2004-03-27	NULL	江西	汉	JSJ2202
20221090976	王菲	女	2003-12-29	NULL	山西	汉	null
20232090701	谢婷	女	2004-08-13	NULL	河南	汉	JD2301
20232090807	陆优	女	2004-08-15	NULL	安徽	汉	KJ2302
20232090817	刘涛	女	2004-05-17	NULL	江苏	汉	KJ2302
20232090819	吴谭	男	2004-09-16	NULL	浙江	汉	JD2301

图 5.39　将 students 表中王菲的班级号置为空值

由于王菲的班级号为空，没有关联的班级号数据，要查询 students 表中所有学生的学号、姓名和对应的班级信息，如果使用内连接查询，王菲的数据无法查出，因此必须使用外连接。根据任务需求，确定关联的数据表是 students 表和 class 表，这两张表关联的条件是“students.class_no= class.class_no”。

如果 FROM 后面是 students 表，因为要查询出 students 表中所有学生的相关信息在关键字 JOIN 的左侧，因此这时使用左外连接，关键字是“LEFT JOIN”，后面跟 class 表；要查询的是学生的学号、姓名和对应的班级信息，因此 SELECT 子句中对应的字段列表是 s_no,s_name,cl_name，由此写出的查询语句如下：

```
mysql> SELECT s_no,s_name,cl_name FROM students LEFT JOIN class ON
students.class_no= class.class_no;
```

如果外连接时 FROM 后面是 class 表，要查询出 students 表中所有学生的相关信息，students 表这时在关键字“JOIN”的右侧，因此使用右外连接，关键字是“RIGHT JOIN”，后面跟 students 表；要查询的是学生的学号、姓名和对应的班级信息，因此在字段列表处需要列出相应的字段名，由此写出的查询语句如下：

```
mysql> SELECT s_no,s_name,cl_name FROM class RIGHT JOIN students ON
students.class_no= class.class_no;
```

虽然上面两个查询语句的写法不同，但是功能相同，查询结果如图 5.40 所示。

s_no	s_name	cl_name
20221090501	汪燕	计算机22-1
20221090502	李强	计算机22-1
20221090602	程鸿	计算机22-2
20221090803	陈海	计算机22-2
20221090976	王菲	NULL
20232090701	谢婷	机电一体化23-1
20232090807	陆优	会计23-2
20232090817	刘涛	会计23-2
20232090819	吴谭	机电一体化23-1

图 5.40　查询 students 表中所有学生的学号、姓名和对应的班级信息

3. 比较子查询的应用

1）查询计算机 22-1 班所有学生信息

students 表中是没有学生的班级信息，只有班级号，要查询计算机 22-1 班所有学生的信息，首先，需要查询计算机 22-1 班的班级号，查询语句如下：

```
mysql> SELECT class_no FROM class WHERE cl_name='计算机22-1';
```

执行结果如图 5.41 所示。

其次，根据上面查出的班级号查询学生信息，查询语句如下：

```
mysql> SELECT  * FROM students WHERE class_no='JSJ2201';
```

返回的查询结果如图 5.42 所示。

class_no
JSJ2201

图 5.41　查询计算机 22-1 班的班级号

s_no	s_name	sex	birthday	ctc_info	nat_place	nation	class_no
20221090501	汪燕	女	2003-12-09	NULL	江西	汉	JSJ2201
20221090502	李强	男	2004-07-10	NULL	江西	汉	JSJ2201

图 5.42　查询计算机 22-1 班所有学生的信息

以上是通过两条查询语句实现的，也可以将两条语句合成一条查询语句实现上面的结果。下面语句中的查询条件 JSJ2201 是通过上面语句实现的，因此可以用上面的查询语句代替下面的查询条件，查询条件是一个语句，外面还有一个语句，因此这个条件需要用“()”括起来，得到的查询语句如下：

```
mysql> SELECT  * FROM students WHERE class_no=( SELECT  class_no FROM 
class WHERE cl_name='计算机22-1');
```

返回的查询结果如图 5.42 所示。

2）查询信息学院所有学生的信息

首先，需要查询信息学院有哪些班级号，查询语句如下：

```
mysql> SELECT  class_no FROM class WHERE department='信息学院';
```

执行结果如图 5.43 所示。

其次，根据上面查询出的班级号查询学生信息，查询语句如下：

```
mysql> SELECT  * FROM students WHERE class_no IN('JSJ2201','JSJ2202');
```

查询结果如图 5.44 所示。

class_no
JSJ2201
JSJ2202

图 5.43　查询信息学院的班级号

s_no	s_name	sex	birthday	ctc_info	nat_place	nation	class_no
20221090501	汪燕	女	2003-12-09	NULL	江西	汉	JSJ2201
20221090502	李强	男	2004-07-10	NULL	江西	汉	JSJ2201
20221090602	程鸿	男	2003-11-12	NULL	广西	壮	JSJ2202
20221090803	陈海	男	2004-03-27	NULL	江西	汉	JSJ2202

图 5.44　查询计算机 22-1 班所有学生的信息

要将上面的两条语句合成一条查询语句，可以直接将查询信息学院班级号的语句放入下面查询语句中 IN 的括号中，查询语句如下：

```
mysql> SELECT  * FROM students WHERE class_no IN(SELECT  class_no FROM
class WHERE department='信息学院');
```

返回的查询结果如图 5.44 所示。

另外一种合成方法是，因为信息学院有两个班级号，因此在查询的比较条件中需要用到 ANY 或 SOME，合成后的查询语句如下：

```
mysql> SELECT  * FROM students WHERE class_no =ANY ( SELECT  class_no
FROM class WHERE department='信息学院');
```

返回的查询结果如图 5.44 所示。

3）查询比课程号为 11003 的所有成绩都高的学生信息

首先，查询 score 表中课程号为 11003 的所有学生的成绩，可以写出的查询语句如下：

```
mysql> SELECT ttl_score FROM score WHERE c_no = 11003;
```

查询结果如图 5.45 所示。

其次，查询成绩比课程号为 11003 的所有学生成绩都高的学生学号，所以比较运算符采用“>”，因为前面返回的成绩最高是 89 分，因此可以写出查询语句如下：

```
mysql> SELECT s_no FROM score WHERE ttl_score>89;
```

查询结果如图 5.46 所示。

ttl_score
86.00
79.00
89.00
88.00

图 5.45　查询课程号为 11003 的所有成绩

s_no
20221090501
20221090502
20221090976
20232090701
20232090807
20232090819

图 5.46　查询成绩比 89 分高的学生的学号

最后，根据返回的这些学号查询学生的信息，查询语句如下：

```
mysql>  SELECT * FROM students WHERE s_no IN (20221090501, 20221090502,
20221090976, 20232090701,20232090807,20232090819);
```

查询结果如图 5.47 所示。

s_no	s_name	sex	birthday	ctc_info	nat_place	nation	class_no
20221090501	汪燕	女	2003-12-09	NULL	江西	汉	JSJ2201
20221090502	李强	男	2004-07-10	NULL	江西	汉	JSJ2201
20221090976	王菲	女	2003-12-29	NULL	山西	汉	KJ2201
20232090701	谢婷	女	2004-08-13	NULL	河南	汉	JD2301
20232090807	陆优	女	2004-08-15	NULL	安徽	汉	KJ2302
20232090819	吴谭	男	2004-09-16	NULL	浙江	汉	JD2301

图 5.47　查询比课程号为 11003 的所有成绩都高的学生的信息

以上我们通过三条查询语句实现，也可以将这些语句合成一条查询语句。第一条查询语句返回的是单列多行的数据，因为需要比所有的值都高，因此比较运算符用“>”，用限定词 ALL 将第一条语句嵌套在第二条语句中。第二条语句返回的也是单列多行的数据，因为需要查询任意一条匹配的数据，因此使用限定词 ANY 或 SOME，将前两个语句整体嵌套在第三条语句中，嵌套后的子查询语句如下：

```
mysql> SELECT * FROM students WHERE s_no = SOME (SELECT s_no FROM score
WHERE ttl_score>ALL (SELECT ttl_score FROM score WHERE c_no = 11003));
```

查询结果如图 5.47 所示。

4. EXISTS 子查询的应用

查询选修课程号为 11003 的学生姓名。可以采用 EXISTS 子查询，子查询采用单表查询，查询条件中使用了限定形式的列名引用“students.s_no”，表示这里的学号出自 students 表。这种查询方式使得内层的查询要处理多次，因为内层查询与 students.s_no 有关，外层查询中 students 表的不同行有不同的 s_no 值。查询过程如下：先查询外层 students 表中的第一条记录，根据这条记录中的 s_no 的值处理子查询，如果结果不为空，则 EXISTS 返回 TRUE，外层执行查询，将学生的姓名作为结果集中的一条记录；然后依次向下执行每一条记录，直到执行完毕。根据语法写出以下查询语句：

```
mysql> SELECT s_name  FROM students  WHERE EXISTS
(SELECT * FROM score WHERE s_no = students.s_no AND c_no = '11003');
```

查询结果如图 5.48 所示。

s_name
汪燕
李强
程鸿
陈海

图 5.48　查询选修课程号为 11003 的学生姓名

5. 联合查询的应用

1）将所有学分大于 2 的课程信息和学期小于 3 的课程信息合并

要将所有学分大于 2 的课程信息和学期小于 3 的课程信息合并，先查询所有学分大于 2 的课程信息，查询语句如下：

```
mysql> SELECT * FROM course WHERE credit>2;
```

查询结果如图 5.49 所示。

c_no	c_name	credit	cr_hours	semester	type
11001	计算机基础	3	48	1	选修
11003	Java语言程序教程设计	4	64	3	选修
11005	数据库	4	64	4	选修
11006	操作系统	4	64	5	选修
21001	会计学	3	48	2	选修

图 5.49　查询所有学分大于 2 的课程信息

再查询学期小于 3 的课程信息，查询语句如下：

```
mysql> SELECT * FROM course WHERE semester<3;
```

查询结果如图 5.50 所示。

c_no	c_name	credit	cr_hours	semester	type
11001	计算机基础	3	48	1	选修
11002	Office应用	2	32	2	选修
21001	会计学	3	48	2	选修
21002	就业指导	2	32	2	选修

图 5.50　查询学期小于 3 的课程信息

使用 UNION ALL 将图 5.49 和图 5.50 的结果合并，合并查询语句如下：

```
mysql> SELECT  * FROM course WHERE credit>2
       UNION ALL
       SELECT * FROM course WHERE semester<3;
```

查询结果如图 5.51 所示。

c_no	c_name	credit	cr_hours	semester	type
11001	计算机基础	3	48	1	选修
11003	Java语言程序教程设计	4	64	3	选修
11005	数据库	4	64	4	选修
11006	操作系统	4	64	5	选修
21001	会计学	3	48	2	选修
11001	计算机基础	3	48	1	选修
11002	Office应用	2	32	2	选修
21001	会计学	3	48	2	选修
21002	就业指导	2	32	2	选修

图 5.51　将所有学分大于 2 的课程信息和学期小于 3 的课程信息合并（不去重）

使用 UNION ALL 的合并结果如图 5.51 所示，只是将图 5.49 和图 5.50 拼合在一起，合并之后保留了所有的记录，包括重复的记录。如果要去掉重复的记录，将 ALL 去掉即可，查询语句如下：

```
mysql> SELECT * FROM course WHERE credit>2
       UNION
       SELECT * FROM course WHERE semester<3;
```

查询结果已经去除了重复的记录，如图 5.52 所示。

c_no	c_name	credit	cr_hours	semester	type
11001	计算机基础	3	48	1	选修
11003	Java语言程序教程设计	4	64	3	选修
11005	数据库	4	64	4	选修
11006	操作系统	4	64	5	选修
21001	会计学	3	48	2	选修
11002	Office应用	2	32	2	选修
21002	就业指导	2	32	2	选修

图 5.52　将所有学分大于 2 的课程信息和学期小于 3 的课程信息合并 (去重)

2）将成绩大于 95 分的学生信息和课时大于 48 的课程信息合并

将成绩大于 95 分的学生学号和成绩信息与课时大于 48 的课程号和课时信息合并，先查询成绩大于 95 分的学生学号和成绩信息，查询语句如下：

```
mysql> SELECT s_no,ttl_score FROM score WHERE ttl_score>95;
```

查询结果如图 5.53 所示。

再查询课时大于 48 的课程号和课时信息，查询语句如下：

```
mysql> SELECT c_no,cr_hours FROM course WHERE cr_hours>48;
```

查询结果如图 5.54 所示。

使用 UNION 将两个查询语句合并，合并后的查询语句如下：

```
mysql> SELECT s_no,ttl_score FROM score WHERE ttl_score>95
       UNION
       SELECT c_no,cr_hours FROM course WHERE cr_hours>48;
```

查询结果如图 5.55 所示。

s_no	ttl_score
20221090502	98.00
20232090701	98.00
20232090819	97.00

图 5.53　查询成绩大于 95 分的学生信息

c_no	cr_hours
11003	64
11005	64
11006	64

图 5.54　查询课时大于 48 的课程信息

s_no	ttl_score
20221090502	98.00
20232090701	98.00
20232090819	97.00
11003	64.00
11005	64.00
11006	64.00

图 5.55　将成绩大于 95 分的学生信息与课时大于 48 的课程信息合并

任务 5.4 数据汇总与排序

任务描述

（1）使用聚合函数对表中的数据进行统计和计算。
（2）使用 GROUP BY 子句对查询的结果进行分组。
（3）使用 HAVING 子句对分组后的结果进行过滤。
（4）使用 ORDER BY 子句对查询后的结果进行排序。
（5）使用 LIMIT 子句限制查询结果返回的条数和从哪条记录开始显示。

任务目标

（1）会对统计结果查询。
（2）会对查询结果分组。
（3）会将分组后的结果进行过滤。
（4）会将查询后的结果进行排序。
（5）会分页显示查询结果，并能指定显示哪一页。
（6）通过对数据汇总与排序的学习，使读者养成认真仔细的工作作风。

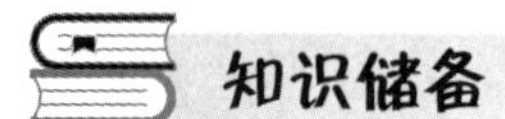

知识储备

知识点1 聚合函数

聚合函数是将一列数据作为一个整体，进行纵向计算并返回单个值的函数。聚合函数都具有确定性，任何时候用一组给定的输入值调用它们时，都返回相同的值，常见聚合函数如表 5.12 所示。

表 5.12 常见聚合函数

函 数	功 能
COUNT	统计数量
MAX	求最大值
MIN	求最小值
SUM	求和
AVG	求平均值

聚合函数可以应用于查询语句的 SELECT 子句中，或者 HAVING 子句中，但不可

用于 WHERE 子句中，因为 WHERE 子句是对逐条记录进行筛选。聚合函数的语法格式如下：

```
聚合函数({[ALL|DISTINCT]}(表达式|字段列表))
```

语法说明如下。

（1）表达式可以是常量、函数或列名，ALL 和 DISTINCT 是可选的，ALL 表示所有值都参与运算，DISTINCT 表示去除重复的值，不指定时默认为 ALL。

（2）COUNT 函数返回指定组中元素的数量，返回值的数据类型可以是除 blob 或 text 之外的任何类型。如果 COUNT 函数的应用对象是一个确定列名，并且该列存在空值，那么 COUNT 仍会忽略空值。如果使用 COUNT(*)，将返回检索记录的总行数，不论其是否包含 NULL。

（3）MAX 函数和 MIN 函数分别返回指定数据的最大值和最小值。如果检索的列中有 NULL 或中间结果为 NULL 时，MAX 函数和 MIN 函数的值也为 NULL。

（4）AVG 函数和 SUM 函数分别返回指定数据的平均值与和，这两个函数只能用于数字列，如果有值为 NULL 时将被忽略。

知识点2　GROUP BY子句

GROUP BY 子句的功能是对取得的数据以给定的字段或表达式进行分组，每组作为一个“整体”成为一行数据。GROUP BY 子句的语法格式如下：

```
GROUP BY {列名|表达式}[ASC |DESC],...[WITH ROLLUP]
```

语法说明如下。

（1）GROUP BY 子句后可以跟一个字段名或表达式，也可以跟多个，列名和表达式之间用逗号分隔，经常和聚合函数一起使用。在分组之后，只有“组信息”，一行就是一组。

（2）ASC|DESC 用于指定查询结果的排序方式，ASC 是升序，DESC 是降序。

（3）WITH ROLLUP 子句用于对统计的数据进行分类小计。

知识点3　HAVING子句

HAVING 子句用于执行聚合操作后对结果集进行过滤，通常与 GROUP BY 一起使用。它可以包含聚合函数作用的字段以及普通的标量字段，HAVING 子句的语法格式如下：

微课：HAVING 子句

```
SELECT 字段列表 FROM 表名 [WHERE 条件] GROUP BY 分组字段 [HAVING 条件]
```

语法说明如下。

（1）HAVING 子句可以指定对聚合结果的过滤条件，其中可以使用比较操作符和逻辑操作符，也可以使用聚合函数。

（2）虽然 WHERE 子句和 HAVING 子句后都是跟指定条件，都是用来筛选出满足条件的行，但它们之间是不同的。

① WHERE 子句出现在 FROM 子句之后、GROUP BY 子句之前，它是在分组之前进行过滤，不满足 WHERE 条件的将不参与分组，而且它不能使用聚合函数，因此不能对聚合函数进行判断。

② HAVING 子句通常出现在 GROUP BY 子句之后，它的功能是分组之后对结果进行过滤；可以指定过滤条件对聚合结果进行过滤，条件可以使用比较操作符和逻辑操作符，也可以使用聚合函数。

知识点4 ORDER BY子句

通过 SELECT 语句查询到的数据一般都是按照数据最初被添加到表中的顺序来显示。ORDER BY 子句用来对查询结果按照一定的顺序进行排序，其语法格式如下：

```
ORDER BY 字段 1 [ASC|DESC], 字段 2 [ASC|DESC]
```

语法说明如下。

（1）ORDER BY 关键词后可以跟字段、表达式或是子查询。

（2）关键字 ASC 和关键字 DESC 用于指定字段的排序方式，ASC 是升序，DESC 是降序，默认是 ASC。

（3）当需要排序的字段中存在 NULL 时，ORDER BY 会将该 NULL 作为最小值来对待。

ORDER BY 可以指定多个字段进行排序，MySQL 会按照字段的顺序从左到右依次进行排序，即当第一个字段值相同时，才会按照第二个字段进行排序。

知识点5 LIMIT子句

当数据表中数据量很大时，一次性查询出全部数据会对数据库服务器造成很大压力的同时还会降低数据返回的速度，这时就可以用分页查询即 LIMIT 子句来限制查询结果返回的条数。不同数据库分页查询的关键字不同，MySQL 采用的关键字是 LIMIT。LIMIT 子句用于指定查询结果从哪条记录开始显示、一共显示多少条记录，其语法格式如下：

```
SELECT 字段列表 FROM 表名 LIMIT 起始索引，查询记录数；
```

语法说明如下。

（1）起始索引表示要显示的数据从哪条记录开始，起始索引号从 0 开始，后面的记录依次加 1。起始索引 =（查询页码 −1）× 每页显示的记录数。

（2）查询记录数表示显示记录的条数，值必须为正整数。

（3）如果查询的是第一页数据，起始索引可以省略，LIMIT 关键字后直接跟查询记录数。

任务实施

1. 聚合函数的应用

1）统计 students 表中的学生数量

要统计 students 表中的学生数量，可以使用 COUNT 函数，这里统计的是整张表中学生的数量，所以括号中可以使用“*”，因此可以写出以下查询语句：

```
mysql>SELECT COUNT(*) FROM students;
```

查询结果如图 5.56 所示。

COUNT 函数的括号中还可以写具体的字段，因为 s_no 是整张表的主键，不可能为空，所以主键的数量也就是学生的数量。通过观察发现，查询返回的字段名是聚合函数，可以给字段起别名为“学生数量”，可以写成以下查询语句：

```
mysql>SELECT COUNT(s_no) AS  '学生数量'  FROM students;
```

查询结果如图 5.57 所示。

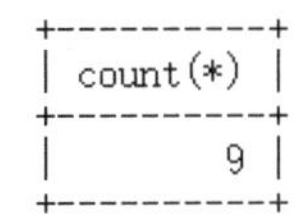

```
+-----------+
| count(*)  |
+-----------+
|         9 |
+-----------+
```

图 5.56 统计 students 表中的学生数量（一）

```
+--------------+
| 学生数量     |
+--------------+
|            9 |
+--------------+
```

图 5.57 统计 students 表中的学生数量（二）

注意

由于 NULL 不参与聚合函数的计算，所以在选字段时需要考虑字段值是否可能为空的情况，如果这里选的不是主键，而是别的字段，返回的查询结果不一定正确。

2）统计课程号是 21001 并且成绩在 90 分以上的人数

要统计满足条件的人数，可以在 SELECT 子句的字段列表处使用 COUNT 函数，别名作为字段标题，条件是课程号是 21001 并且成绩在 90 分以上，因此查询语句如下：

```
mysql>SELECT COUNT(*) AS '21001 课程成绩在 90 分以上的人数' FROM score WHERE
c_no=21001 and ttl_score>90;
```

查询结果如图 5.58 所示。

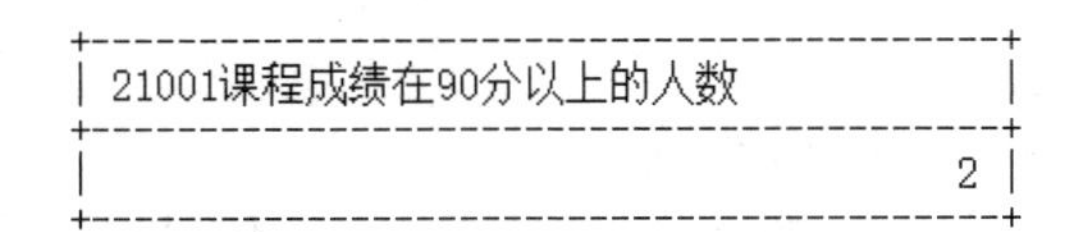

```
+----------------------------------+
| 21001课程成绩在90分以上的人数    |
+----------------------------------+
|                                2 |
+----------------------------------+
```

图 5.58 统计课程号是 21001 并且成绩在 90 分以上的人数

3）统计课程号是 21001 的总评成绩中的最高成绩和最低成绩

要统计最高成绩和最低成绩，字段列表使用 MAX(ttl_score) 和 MIN(ttl_score) 统计满足条件的总评成绩，设置相应的别名作为字段标题，查询条件是课程号是 21001，因此查询语句如下：

```
mysql>SELECT MAX(ttl_score)  '21001课程最高成绩' ,MIN(ttl_score)  '21001课程最低成绩'  FROM score WHERE c_no=21001;
```

查询结果如图 5.59 所示。

```
+------------------------+------------------------+
| 21001课程最高成绩      | 21001课程最高成绩      |
+------------------------+------------------------+
|                  94.00 |                  89.00 |
+------------------------+------------------------+
```

图 5.59　统计课程号是 21001 的总评成绩中的最高成绩和最低成绩

4）统计学号为 20221090501 的总评成绩的总成绩的平均成绩

要统计总评成绩的总成绩的平均成绩，字段列表使用 SUM(ttl_score) 和 AVG(ttl_score) 统计满足条件的总评成绩，设置相应的别名作为字段标题，查询条件是学号为 20221090501，因此查询语句如下：

```
mysql>SELECT SUM(ttl_score)  '总成绩' ,AVG(ttl_score)  '平均成绩'  FROM score WHERE s_no=20221090501;
```

查询结果如图 5.60 所示。

```
+-----------+-------------+
| 总成绩    | 平均成绩    |
+-----------+-------------+
|    263.00 |   87.666667 |
+-----------+-------------+
```

图 5.60　统计学号为 20221090501 的总评成绩的总成绩和平均成绩

2. GROUP BY 子句的应用

1）统计 students 表中男生和女生的数量

首先需要先将学生数据根据性别分组，因此在基础的查询语句中加分组语句 GROUP BY；其次使用 COUNT(*) 来统计数量，如果字段列表中只有 COUNT 函数，那统计出的结果不知道哪个是男生的数据，哪个是女生的数据，因此在字段列表中还需要加上 sex 字段，其语句如下：

```
mysql> SELECT sex,COUNT(*) FROM students GROUP BY sex;
```

查询结果如图 5.61 所示。

2）统计 class 表中各个学院的班级数量

要统计 class 表中各个学院的班级数量，需要先将学院分组，再在字段列表处写出需要显示的字段 department 和用于统计数量的 COUNT 函数，查询语句如下：

```
mysql> SELECT department,COUNT(*) FROM class GROUP BY department;
```

查询结果如图 5.62 所示。

```
+-----+----------+
| sex | COUNT(*) |
+-----+----------+
| 女  |        5 |
| 男  |        4 |
+-----+----------+
```

图 5.61 统计 students 表中男生和女生的数量

```
+--------------+----------+
| department   | count(*) |
+--------------+----------+
| 电气学院     |        1 |
| 信息学院     |        2 |
| 管理学院     |        2 |
+--------------+----------+
```

图 5.62 统计 class 表中各个学院的班级数量

3. HAVING 子句的应用

1）根据籍贯分组，并查询学生数量大于或等于 3 的籍贯。

首先统计各个籍贯的学生数量，字段列表处列出需要显示的字段 nat_place 和用于统计数量的 COUNT 函数，根据学生籍贯分组，因此 GROUP BY 后跟 nat_place，查询语句如下：

```
mysql> SELECT nat_place,COUNT(*) FROM students GROUP BY nat_place;
```

查询结果如图 5.63 所示。

再筛选上面的统计结果，选取大于或等于 3 的籍贯的记录，这个大于或等于 3 的条件是在分组之后进行的判断条件，因此这个条件不能写在 WHERE 语句中，而是要写在 HANVING 子句中，查询语句如下：

```
mysql> SELECT nat_place,COUNT(*) FROM students GROUP BY nat_place HAVING
COUNT(*)>=3;
```

查询结果如图 5.64 所示。

```
+-----------+----------+
| nat_place | COUNT(*) |
+-----------+----------+
| 江西      |        3 |
| 广西      |        1 |
| 山西      |        1 |
| 河南      |        1 |
| 安徽      |        1 |
| 江苏      |        1 |
| 浙江      |        1 |
+-----------+----------+
```

图 5.63 统计学生的籍贯

```
+-----------+----------+
| nat_place | COUNT(*) |
+-----------+----------+
| 江西      |        3 |
+-----------+----------+
```

图 5.64 查询学生数量大于或等于 3 的籍贯

2）成绩表中按课程分类，统计成绩在 85 分以上且人数超过 2 的学生人数

要完成任务，需要先找出成绩在 85 分以上的学生的成绩信息，查询语句如下：

```
mysql> SELECT c_no,s_no,ttl_score FROM score WHERE ttl_score>85;
```

查询结果如图 5.65 所示。

再对上面的查询结果中的课程号进行分类，统计每门课程超过 85 分的人数，查询语句如下：

```
mysql> SELECT c_no,COUNT(*) FROM score WHERE ttl_score>85 GROUP BY  c_no;
```

c_no	s_no	ttl_score
11001	20221090501	92.00
11003	20221090501	86.00
11002	20221090502	98.00
11003	20221090602	89.00
11003	20221090803	88.00
21001	20221090976	91.00
21002	20232090701	98.00
21001	20232090807	94.00
21001	20232090817	89.00
21002	20232090819	97.00

图 5.65　查询成绩在 85 分以上的学生信息

查询结果如图 5.66 所示。

最后筛选统计的结果，此时采用 HANVING 子句，条件是人数大于 2，查询语句如下：

```
mysql> SELECT  c_no,COUNT(*)  FROM score WHERE ttl_score>85 GROUP BY  c_
no HAVING  COUNT(*)>2;
```

查询结果如图 5.67 所示。

c_no	COUNT(*)
11001	1
11003	3
11002	1
21001	3
21002	2

图 5.66　统计每门课程成绩在 85 分以上的学生人数

c_no	COUNT(*)
11003	3
21001	3

图 5.67　统计成绩在 85 分以上且人数超过 2 的学生人数

4. ORDER BY 子句的应用

1）查询 students 表信息并按出生日期排序

要将查询的结果按出生日期排序，需要在 ORDER BY 后的字段列表处加上排序的字段名，升序排序是默认的，可以加 ASC 关键字，也可以不加，写出以下两种功能一致的查询语句：

```
mysql> SELECT * FROM students ORDER BY birthday;
mysql> SELECT * FROM students ORDER BY birthday ASC;
```

查询结果如图 5.68 所示。

2）查询 class 表信息并按班级人数降序排序

要将查询的结果降序排序，需要在 ORDER BY 子句中加入 DESC 关键字，查询语句如下：

```
mysql> SELECT * FROM class ORDER BY h_counts DESC;
```

s_no	s_name	sex	birthday	ctc_info	nat_place	nation	class_no
20221090602	程鸿	男	2003-11-12	NULL	广西	壮	JSJ2202
20221090501	汪燕	女	2003-12-09	NULL	江西	汉	JSJ2201
20221090976	王菲	女	2003-12-29	NULL	山西	汉	KJ2201
20221090803	陈海	男	2004-03-27	NULL	江西	汉	JSJ2202
20232090817	刘涛	女	2004-05-17	NULL	江苏	汉	KJ2302
20221090502	李强	男	2004-07-10	NULL	江西	汉	JSJ2201
20232090701	谢婷	女	2004-08-13	NULL	河南	汉	JD2301
20232090807	陆优	女	2004-08-15	NULL	安徽	汉	KJ2302
20232090819	吴谭	男	2004-09-16	NULL	浙江	汉	JD2301

图 5.68　查询 students 表信息并按出生日期排序

查询结果如图 5.69 所示。

class_no	cl_name	Department	Specialty	Grade	h_counts
JD2301	机电一体化23-1	电气学院	机电	2023	55
JSJ2202	计算机22-2	信息学院	计算机	2022	55
JSJ2201	计算机22-1	信息学院	计算机	2022	50
KJ2201	会计22-1	管理学院	会计	2022	45
KJ2302	会计23-2	管理学院	会计	NULL	40

图 5.69　查询 class 表信息并按班级人数排序

3）查询 class 表信息并按年级升序排序，若年级相同则按班级人数降序排序

要实现多字段排序，需要在 ORDER BY 子句中列出需要排序的字段，字段之间用逗号分隔，每个字段单独定义排序方式，升序使用关键字 ASC，也可以省略，降序使用关键字 DESC，查询语句如下：

```
mysql> SELECT * FROM class ORDER BY grade,h_counts DESC;
```

查询结果如图 5.70 所示。

class_no	cl_name	Department	Specialty	Grade	h_counts
KJ2302	会计23-2	管理学院	会计	NULL	40
JSJ2202	计算机22-2	信息学院	计算机	2022	55
JSJ2201	计算机22-1	信息学院	计算机	2022	50
KJ2201	会计22-1	管理学院	会计	2022	45
JD2301	机电一体化23-1	电气学院	机电	2023	55

图 5.70　查询 class 表信息并按年级升序排序，若年级相同则按班级人数降序排序

5. LIMIT 子句的应用

1）在每页显示 5 条记录时查询第一页的学生数据

要查询第一页的数据，且每页显示 5 条记录，因此 LIMIT 关键字后跟 5 即可，查询语句如下：

```
mysql> SELECT * FROM students LIMIT 5;
```

查询结果如图 5.71 所示。

2）每页显示 5 条记录时查询第三页的学生成绩

要查第三页的学生成绩，且每页显示 5 条记录，LIMIT 关键字后需跟 2 个数值，第一个是起始记录的数值，是 $(3-1)\times5=10$，第二个数值的每页返回的记录值 5，查询语句如下：

s_no	s_name	sex	birthday	ctc_info	nat_place	nation	class_no
20221090501	汪燕	女	2003-12-09	NULL	江西	汉	JSJ2201
20221090502	李强	男	2004-07-10	NULL	江西	汉	JSJ2201
20221090602	程鸿	男	2003-11-12	NULL	广西	壮	JSJ2202
20221090803	陈海	男	2004-03-27	NULL	江西	汉	JSJ2202
20221090976	王菲	女	2003-12-29	NULL	山西	汉	KJ2201

图 5.71　每页显示 5 条记录时查询第一页的学生数据

```
mysql> SELECT * FROM score LIMIT 10,5;
```

查询结果如图 5.72 所示。

s_no	c_no	usu_score	fin_score	ttl_score
20221090803	11002	68.00	68.00	68.00
20221090803	11003	88.00	88.00	88.00
20221090976	21001	91.00	91.00	91.00
20232090701	21002	98.00	98.00	98.00
20232090807	21001	94.00	94.00	94.00

图 5.72　每页显示 5 条记录时查询第三页的学生成绩

项目小结

数据查询是数据库最为重要的操作，本项目详解介绍了 SELECT 语句中各个子句的格式及功能，通过 SELECT 语句实现对表的行、列的选择及连接操作。通过本项目的学习，让读者学会使用单表查询中的简单查询和条件查询；多表查询中的交叉连接、内连接、外连接和子查询；各种连接查询、子查询、联合查询操作聚合函数等。

知识巩固与能力提升

一、选择题

1. 在 SELECT 语句中，使用条件“IN(70,80,90)”表示（　　）。

　A. 成绩在 70~90 分　　B. 成绩在 70~80 分

　C. 成绩是 70 分或 80 分或 90 分　　D. 成绩在 80~90 分

2. 在 SELECT 语句中，与“X BETWEEN 5 AND 55”等价的表达式是（　　）。

　A. X>=5 AND X<55　　B. X>5 AND X<55

　C. X>5 AND X<=55　　D. X>=5 AND X<=55

3. 查找工资在 1500 元以上并且职称为工程师的记录的逻辑表达式是（　　）。

　A. ' 工资 '>1500 OR 职称 =' 工程师 '

　B. 工资 >1500 AND 职称 = 工程师

　C. ' 工资 '>1500 AND ' 职称 '=' 工程师 '

　D. 工资 >1500 AND 职称 =" 工程师 "

4. 查询 book 表 press 字段中含有“工业”二字的图书信息，正确的查询语句是（　　）。

A. SELECT * FROM book FOR press "% 工业 %" ;

B. SELECT * FROM book FOR press LIKE "% 工业 %" ;

C. SELECT * FROM book WHERE press "% 工业 %" ;

D. SELECT * FROM book WHERE press LIKE "% 工业 %" ;

5. 查询语句“SELECT category,AVG(book_price) FROM book GROUPBY category;”查询的是（　　）。

A. 计算每类图书价格的平均值，并显示图书类别和图书价格的平均值

B. 计算每类图书价格的平均值，并显示图书类别和按图书类别区分的图书价格平均值

C. 计算图书价格的平均值，并按图书类别的顺序显示每本图书的价格和价格的平均值

D. 计算图书价格的平均值，并按图书类别的顺序显示每本图书的价格和价格的平均值

二、实践训练

对 bookbrdb 数据库使用命令行方式完成以下查询。

1）简单查询

（1）查询 book 表的中的 book_title、category 和 author 字段，将 category 字段值中的“计算机”改为“电子信息”，字段名分别显示书名、图书类别和作者。

（2）假设现在的时间是“2023-12-26”，查询还未还回的图书的 borrow_id、readers_id 和借阅天数。

2）条件查询

（1）用两种方式查询 book 表中价格在 42 元和 50 元之间的图书信息。

（2）用两种方式查询 book 表中价格是 40 元或 42 元或 30 元的图书信息。

3）多表查询

（1）查询借过图书的读者的借阅情况，返回读者的姓名、所借图书的书名和借阅状态。

（2）查询所有图书的借阅情况，返回图书的书名和借阅状态。

（3）查询财经管理类图书中超期的图书的书名和读者姓名。

（4）将北京大学出版社出版的 book_title、author 和 press 信息和财经管理类图书的 book_title、author 和 category 信息合并。

4）数据汇总与排序

（1）根据图书种类分组，统计图书总数在 30 以上的图书种类。

（2）根据出版社排序，查询第二页的图书信息，每页显示 5 条记录。

索引与视图

项目导读

通过对前面项目的学习，已经掌握了数据的查询，要提高数据查询的效率，可以借助索引、视图来实现。本项目通过典型任务，学习索引、视图的概念及相关操作。

学习目标

- 了解索引的作用、分类、设计原则。
- 掌握索引的创建、查看、删除。
- 了解视图的作用。
- 掌握视图的创建、更新、查看、查询、删除。

任务6.1 索引简介

任务描述

（1）在 class 表的 department 列上创建普通索引。
（2）在 students 表的 nat_place 列上创建前缀索引。
（3）在 course 表的 c_name 列、type 列上创建唯一索引。
（4）查看 class 表、students 表、course 表的索引信息。
（5）删除 class 表的普通索引。

任务目标

（1）会在表的单列或多列上创建普通索引、唯一索引、前缀索引等不同的索引。
（2）会查看索引。

（3）会删除索引。

（4）会使用图形化管理工具Navicat操作索引。

（5）通过合理设计索引，树立“过犹不及”的意识。

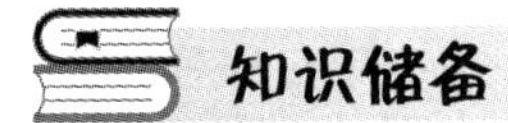

知识储备

知识点1 索引的概述

索引是对数据表中的一列或多列值排序，并生成一个单独的、物理的数据结构，存放在硬盘上。因为索引是排好序的，查询数据时，根据索引可以快速定位目标记录，而不用进行全表扫描去比对所有的记录。索引类似书籍的目录，可以提高数据查询的效率。

每张表的最大索引数和最大索引长度根据存储引擎（如MyISAM、InnoDB等）定义。所有存储引擎支持每张表至少16个索引，总索引长度至少为256字节。按存储类型，索引可分为BTree索引和Hash索引。MyISAM、InnoDB引擎默认创建的索引是BTree索引。

MySQL可以在表的单列或多列上创建索引。单列索引是在表的一个列上创建的索引，多列索引是在表的两个及以上的列上创建的索引。

注意

在多列索引中，只有查询条件中使用多列索引的第一个列时，索引才会被使用。

创建的索引分为以下几种。

（1）唯一索引：索引列的值必须唯一，可以为空。

（2）主键索引：特殊的唯一索引，索引列的值必须唯一，且不能为空。

（3）普通索引：索引列的值可以重复，可以为空。任何列都可以创建普通索引。

（4）全文索引：用于全文搜索，索引列的类型为char、varchar、text。不支持前缀索引，前缀索引只对列值的前LENGTH个字符进行索引。

（5）空间索引：索引列的值必须不为空。索引列的类型为空间类型，包括geometry、point、linestring、polygon。

合理设计索引很重要，虽然索引可以提高数据表的查询效率，但是当数据表进行插入、删除、修改时，索引也需要更新，这样会降低数据表的更新速度，而且索引占用磁盘空间。设计索引时，应遵循以下原则。

（1）数据量小的表最好不创建索引。

（2）不建立过多索引。尤其是需要经常插入、删除、修改数据的表，创建的索引越多，更新数据表的时间越长。

（3）重复值较多的列不创建索引，如性别列。

（4）尽量使用前缀索引。对能使用前缀索引的列，即列的数据类型是字符串型，用列值的前LENGTH个字符创建索引，这样不仅可以使索引文件小得多，还能进一步提高查询速度。

（5）为经常进行查询、排序、分组、集合操作的列创建索引。

微课：索引的创建

知识点2　索引的创建

MySQL 语句创建索引有三种方法，一是利用 CREATE TABLE 语句创建表时创建索引；二是利用 ALTER TABLE 语句修改表结构时添加索引；三是利用 CREATE INDEX 语句在创建表后为表创建索引。

1. 创建表时创建索引

使用 CREATE TABLE 语句创建索引，语法格式如下：

```
CREATE TABLE [IF NOT EXISTS] tbl_name(
    column_definition[,…]
    [UNIQUE | FULLTEXT | SPATIAL] {INDEX|KEY}
    [index_name](col_name[(LENGTH)][ASC | DESC][,…])
);
```

语法说明如下。

（1）CREATE TABLE：创建数据表。

（2）[IF NOT EXISTS]：创建数据表时判断是否存在同名的数据表，防止出现因创建同名的数据表而报错的情况，可缺省。

（3）tbl_name：表名，当前数据库中的数据表名必须是唯一的。

（4）column_definition：列定义。列定义的语法在前面项目中已介绍，不再赘述。当为表定义 PRIMARY KEY 约束时，MySQL 会自动创建主键索引，索引名为 PRIMARY。当为表定义 UNIQUE 约束时，MySQL 会自动创建同名的唯一索引。当为表定义 FOREIGN KEY 约束时，MySQL 会自动创建同名的普通索引，如以下代码：

```
CREATE TABLE IF NOT EXISTS dept(
    deptno char(10) NOT NULL PRIMARY KEY,
    deptname varchar(20) UNIQUE,
    manager varchar(10)
);
```

创建 dept 表时，在表的 deptno 列定义了主键约束 PRIMARY KEY，在 deptname 列定义了唯一约束 UNIQUE。MySQL 会自动创建主键索引 PRIMARY、与列名 deptname 同名的唯一索引 deptname。外键约束也是同样的。

（5）{INDEX|KEY}：同义，索引，二选一。UNIQUE、FULLTEXT、SPATIAL 分别表示唯一索引、全文索引、空间索引，可省略，若省略则创建普通索引。若要创建唯一索引、全文索引、空间索引，INDEX、KEY 可缺省不写。

（6）[index_name]：索引名，数据表中的索引名是唯一的。可省略不设置，若不设置，索引名默认为列名。多列索引的索引名默认是多列索引的第一列列名。

（7）col_name：列名、字段名。

（8）LENGTH：长度，只能对字符串型数据指定长度，指定在列的前 LENGTH 个字符上创建索引。

（9）[ASC | DESC]：升序或降序，指定索引列的排序规则。可省略，若不设置，默认是ASC，即升序，如以下代码：

```
CREATE TABLE IF NOT EXISTS employee(
    eno char(10) NOT NULL,
    ename varchar(20) NOT NULL,
    age int,
    title char(5),
    salary decimal(8,2),
    deptno char(10),
    FOREIGN KEY(deptno) REFERENCES dept(deptno),
    INDEX(age DESC)
);
```

创建employee表时，在表的deptno列定义外键约束FOREIGN KEY，MySQL会自动创建与列名deptno同名的普通索引deptno。在表的age列上创建普通索引，索引名未指定，默认为列名age，同时，指定索引的排序规则为DESC降序。

2. 修改表结构时添加索引

使用ALTER TABLE语句添加索引，语法格式如下：

```
ALTER TABLE tbl_name
    ADD PRIMARY KEY(col_name[(LENGTH)][ASC | DESC][,...])
    | ADD [UNIQUE | FULLTEXT | SPATIAL] INDEX [index_name](col_name
[(LENGTH)][ASC | DESC][,...]);
```

语法说明如下。

（1）ALTER TABLE：修改表结构。

（2）ADD PRIMARY KEY：添加主键，并自动创建主键索引。

（3）ADD INDEX：添加索引。

其他参数说明略，如以下代码：

```
ALTER TABLE employee
    ADD PRIMARY KEY(eno),
    ADD UNIQUE(title,salary);
```

修改employee表结构时，在表的eno列添加主键约束，自动创建主键索引PRIMARY。在表的title列、salary列上添加唯一索引，索引名未指定，默认是第一列的列名title。

3. 创建表后创建索引

使用CREATE INDEX语句创建索引，不能创建主键索引，语法格式如下：

```
CREATE [UNIQUE | FULLTEXT | SPATIAL] INDEX index_name
ON tbl_name(col_name[(LENGTH)][ASC | DESC][,...]);
```

语法说明如下。

CREATE INDEX：创建索引。

其他参数说明略，如以下代码：

```
CREATE INDEX name_index ON employee(ename(1));
```

在 employee 表的 ename 列的前 1 个字符上创建普通索引，指定索引名为 name_index。

4. 使用 Navicat 创建索引

使用 Navicat 创建索引有两种方法，一是新建表时创建索引；二是修改表结构即设计表时添加索引。如 StudentDB 数据库中的 class 表，其索引如图 6.1 所示。

图 6.1 class 表的索引

使用 Navicat 创建索引，需要设置以下选项。

（1）名：为索引命名，若不命名，同 MySQL 语法一样，默认是列名。

（2）字段：包括名和子部分。其中，名为选择当前表的列名，若创建单列索引，选择 1 个列名，若创建多列索引，选择多个列名；关于子部分，若创建的是前缀索引，输入 LENGTH 值，若不是，则不输入。

（3）索引类型：可选择 FULLTEXT、NORMAL、SPATIAL、UNIQUE。若不选择，默认是 NORMAL，即普通索引。

（4）索引方法：可选择 BTREE、HASH。

5. 查看索引的使用

索引创建后，可使用 EXPLAIN 语句，查看数据查询时索引是否被使用。如查询 StudentDB 数据库的 students 表中 s_no 值为 20232090819 的记录，已知 s_no 是 students 表的主键，默认创建了主键索引。查看语句如下：

```
mysql> EXPLAIN SELECT * FROM students WHERE s_no="20232090819";
```

执行结果如图6.2所示。

```
mysql> EXPLAIN SELECT * FROM students WHERE s_no="20232090819";
```

id	select_type	table	partitions	type	possible_keys	key	key_len	ref	rows	filtered	Extra
1	SIMPLE	students	NULL	const	PRIMARY	PRIMARY	44	const	1	100.00	NULL

1 row in set, 1 warning (0.05 sec)

图6.2　WHERE条件查询下查看索引的使用

从执行结果可以看出，possible_keys、key的值都为PRIMARY，说明使用s_no字段作为查询条件时,PRIMARY索引已经存在并已经使用。若查询students表的所有记录，查看索引是否被使用，语句如下：

```
mysql> EXPLAIN SELECT * FROM students;
```

执行结果如图6.3所示。

```
mysql> EXPLAIN SELECT * FROM students;
```

id	select_type	table	partitions	type	possible_keys	key	key_len	ref	rows	filtered	Extra
1	SIMPLE	students	NULL	ALL	NULL	NULL	NULL	NULL	9	100.00	NULL

1 row in set, 1 warning (0.00 sec)

图6.3　无条件查询下查看索引的使用

从执行结果可以看出，possible_keys、key的值都为NULL，说明索引没有被使用。

知识点3　索引的查看

使用SHOW INDEX语句或SHOW KEYS语句查看索引的信息，语法格式如下：

微课：索引的查看

```
SHOW {INDEX | KEYS} {FROM | IN} tbl_name;
```

语句成功执行后，显示结果的部分说明如下。

（1）Non_unique：是否为唯一索引。是，则值为0；不是，则值为1。

（2）Key_name：索引名。MySQL自动为主键创建的索引名为PRIMARY。

（3）Seq_in_index：列在索引中的位置。若为单列索引，则值为1；若为多列索引，则值为该列在索引定义中的顺序。

（4）Collation：索引的排序规则。若为升序，值为A；若为降序，值为D。

（5）Cardinality：索引列中唯一值数目的估计值。

（6）Sub_part：索引列的字符数。若为前缀索引，值为LENGTH字符数；若不是前缀索引，值为NULL。

（7）Index_type：索引的类型、方法。值为BTREE、FULLTEXT、SPATIAL等。

SHOW INDEX的使用如以下代码：

```
mysql> SHOW INDEX IN employee;
```

执行结果如图6.4所示。

mysql> SHOW INDEX IN employee;

Table	Non_unique	Key_name	Seq_in_index	Column_name	Collation	Cardinality	Sub_part	Packed	Null	Index_type	Comment	Index_comment	Visible	Expression
employee	0	PRIMARY	1	eno	A	0	NULL	NULL		BTREE			YES	NULL
employee	0	title	1	title	A	0	NULL	NULL	YES	BTREE			YES	NULL
employee	0	title	2	salary	A	0	NULL	NULL	YES	BTREE			YES	NULL
employee	1	deptno	1	deptno	A	0	NULL	NULL	YES	BTREE			YES	NULL
employee	1	age	1	age	D	0	NULL	NULL	YES	BTREE			YES	NULL
employee	1	name_index	1	ename	A	0	1	NULL		BTREE			YES	NULL

6 rows in set (0.22 sec)

图 6.4　查看 employee 表的索引

从执行结果可以看出，employee 表创建了 5 个索引，分别是 PRIMARY、title、deptno、age、name_index。其中，PRIMARY 索引是主键自动创建的索引，title 索引是多列的唯一索引，deptno 索引是外键自动创建的同名索引，age 索引是降序索引，name_index 索引是前缀索引。

知识点4　索引的删除

对于不合理的索引，应该删除。MySQL 语句删除索引有两种方法，一是利用 ALTER TABLE 语句修改表结构时删除；二是利用 DROP INDEX 语句直接删除。

1. 修改表结构时删除索引

使用 ALTER TABLE 语句删除索引，语法格式如下：

```
ALTER TABLE tbl_name
   DROP PRIMARY KEY
   | DROP FOREIGN KEY fk_symbol
   | DROP INDEX index_name;
```

语法说明如下。

（1）DROP PRIMARY KEY：删除主键约束，自动创建的主键索引也随之被删除。

（2）DROP FOREIGN KEY：删除外键约束。

（3）fk_symbol：外键约束名，若创建外键时未指定，系统会创建默认的外键约束名。

外键被删除，自动创建的与外键同名的索引不会被删除。而且，若要删除表外键自动创建的同名索引，要先删除外键约束，再删除索引，否则会报错。

（4）DROP INDEX：删除索引。

删除唯一索引、全文索引、空间索引的语法和删除普通索引的语法一样，不需要写 UNIQUE、FULLTEXT、SPATIAL。

其他参数说明同上，如以下代码：

```
ALTER TABLE employee
   DROP PRIMARY KEY,
```

```
    DROP FOREIGN KEY employee_ibfk_1,
    DROP INDEX deptno,
    DROP INDEX title;
```

employee 表的主键约束 PRIMARY KEY 被删除，自动创建的主键索引 PRIMARY 也随之被删除。外键约束 FOREIGN KEY 被删除，employee_ibfk_1 是系统创建的默认外键约束名。与外键同名的索引 deptno 被删除，唯一索引 title 被删除。

2. 直接删除索引

使用 DROP INDEX 语句删除索引，不能删除主键索引，语法格式如下：

```
DROP INDEX index_name ON tbl_name;
```

参数说明同上，如以下代码：

```
DROP INDEX age ON employee;
```

employee 表的降序索引 age 被删除。

3. 使用 Navicat 删除索引

使用 Navicat 删除索引，在索引界面选中要删除的索引，单击“删除索引”按钮，或者右击要删除的索引，在弹出的快捷菜单中执行“删除索引”命令。

任务实施

本次任务基于已创建的 class 表、students 表、course 表创建索引，故用 CREATE TABLE 语句创建表时创建索引，不再演示。

1. 创建普通索引

在 class 表的 department 列上创建一个普通索引 depart_index。

（1）使用 ALTER TABLE 语句添加索引，语句如下：

```
mysql> ALTER TABLE class ADD INDEX depart_index(department);
```

执行结果如图 6.5 所示。

```
mysql> ALTER TABLE class ADD INDEX depart_index(department);
Query OK, 0 rows affected (2.18 sec)
Records: 0  Duplicates: 0  Warnings: 0
```

图 6.5 使用 ALTER TABLE 语句添加索引 depart_index

（2）使用 CREATE INDEX 语句创建索引，语句如下：

```
mysql> CREATE INDEX depart_index ON class(department);
```

执行结果如图 6.6 所示。

```
mysql> CREATE INDEX depart_index ON class(department);
Query OK, 0 rows affected (1.50 sec)
Records: 0  Duplicates: 0  Warnings: 0
```

图 6.6 使用 CREATE INDEX 语句创建索引 depart_index

（3）使用 Navicat 创建索引，操作如下：选中 class 表，依次单击“设计表”→“索引”选项卡，进入索引选项卡窗口，在“名”处输入 depart_index ；“字段”的“名”选择 department 后，单击“确定”按钮，其他设置默认，如图 6.7 所示。

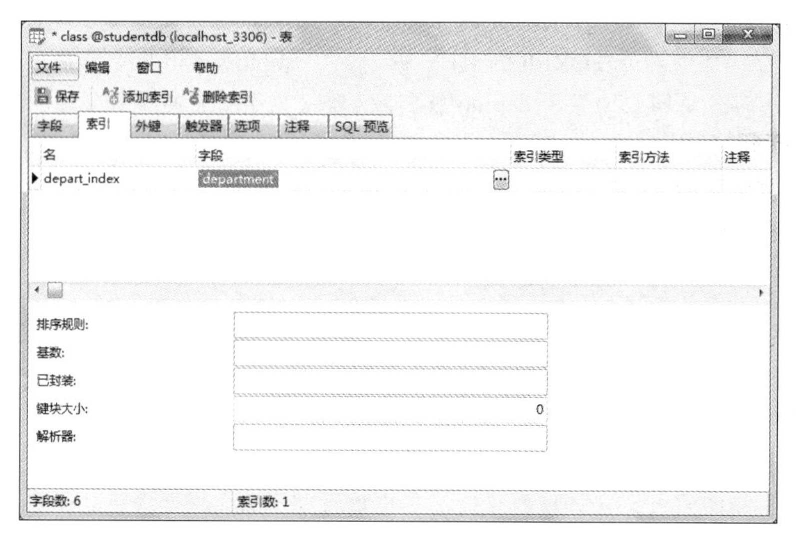

图 6.7　使用 Navicat 创建索引 depart_index

单击“保存”按钮，索引 depart_index 即创建成功。

2. 创建前缀索引

在 students 表的 nat_place 列的前 2 个字符上创建索引 nat_index。

（1）使用 ALTER TABLE 语句添加索引，语句如下：

```
mysql> ALTER TABLE students ADD INDEX nat_index(nat_place(2));
```

执行结果如图 6.8 所示。

```
mysql> ALTER TABLE students ADD INDEX nat_index(nat_place(2));
Query OK, 0 rows affected (5.25 sec)
Records: 0  Duplicates: 0  Warnings: 0
```

图 6.8　使用 ALTER TABLE 语句添加索引 nat_index

（2）使用 CREATE INDEX 语句创建索引，语句如下：

```
mysql> CREATE INDEX nat_index ON students(nat_place(2));
```

执行结果如图 6.9 所示。

```
mysql> CREATE INDEX nat_index ON students(nat_place(2));
Query OK, 0 rows affected (1.18 sec)
Records: 0  Duplicates: 0  Warnings: 0
```

图 6.9　使用 CREATE INDEX 语句创建索引 nat_index

（3）使用 Navicat 创建索引，操作如下：选中 students 表，依次单击“设计表”→“索引”选项卡，进入索引窗口，students 表已存在与外键同名的普通索引 class_no，单击“添加索引”按钮，“名”处输入 nat_index，“字段”的“名”处选择 nat_place，“子部分”处输入 2，如图 6.10 所示。

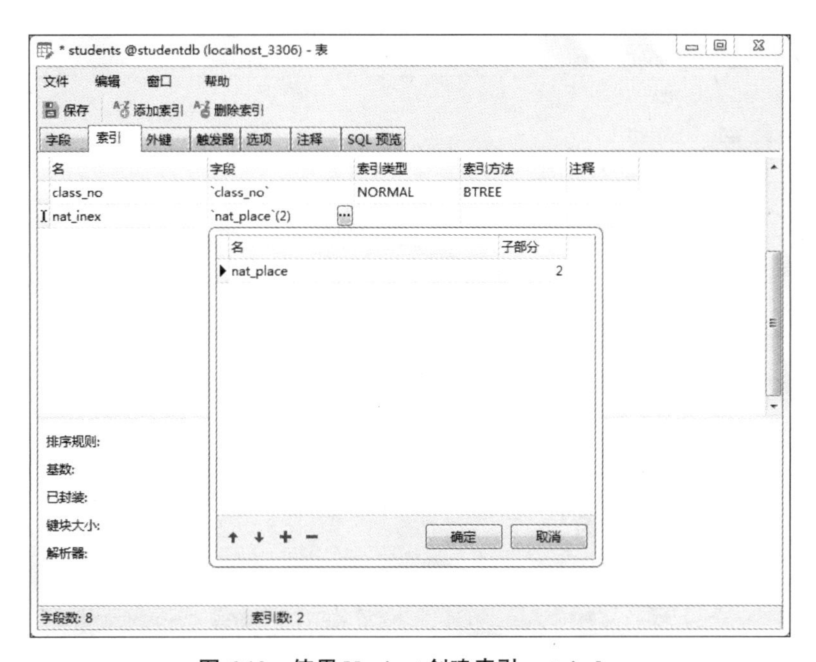

图 6.10　使用 Navicat 创建索引 nat_index

单击“确定”按钮，其他设置默认，单击“保存”按钮，索引 nat_index 即创建成功。

3. 创建多列的唯一索引

在 course 表的 c_name 列、type 列上创建一个唯一索引 nty_index。

（1）使用 ALTER TABLE 语句添加索引，语句如下：

```
mysql> ALTER TABLE course ADD UNIQUE INDEX nty_index(c_name,type);
```

执行结果如图 6.11 所示。

```
mysql> ALTER TABLE course ADD UNIQUE INDEX nty_index(c_name, type);
Query OK, 0 rows affected (0.54 sec)
Records: 0  Duplicates: 0  Warnings: 0
```

图 6.11　使用 ALTER TABLE 语句添加索引 nty_index

（2）使用 CREATE INDEX 语句创建索引，语句如下：

```
mysql> CREATE UNIQUE INDEX nty_index ON course(c_name,type);
```

执行结果如图 6.12 所示。

```
mysql> CREATE UNIQUE INDEX nty_index ON course(c_name, type);
Query OK, 0 rows affected (0.34 sec)
Records: 0  Duplicates: 0  Warnings: 0
```

图 6.12　使用 CREATE INDEX 语句创建索引 nty_index

（3）使用 Navicat 创建索引，操作如下：选中 course 表，依次单击“设计表”→“索引”选项卡，进入索引窗口，“名”处输入 nty_index，“字段”的“名”选择 c_name 和 type 后单击“确定”按钮，索引类型选择 UNIQUE，索引方法默认，如图 6.13 所示。

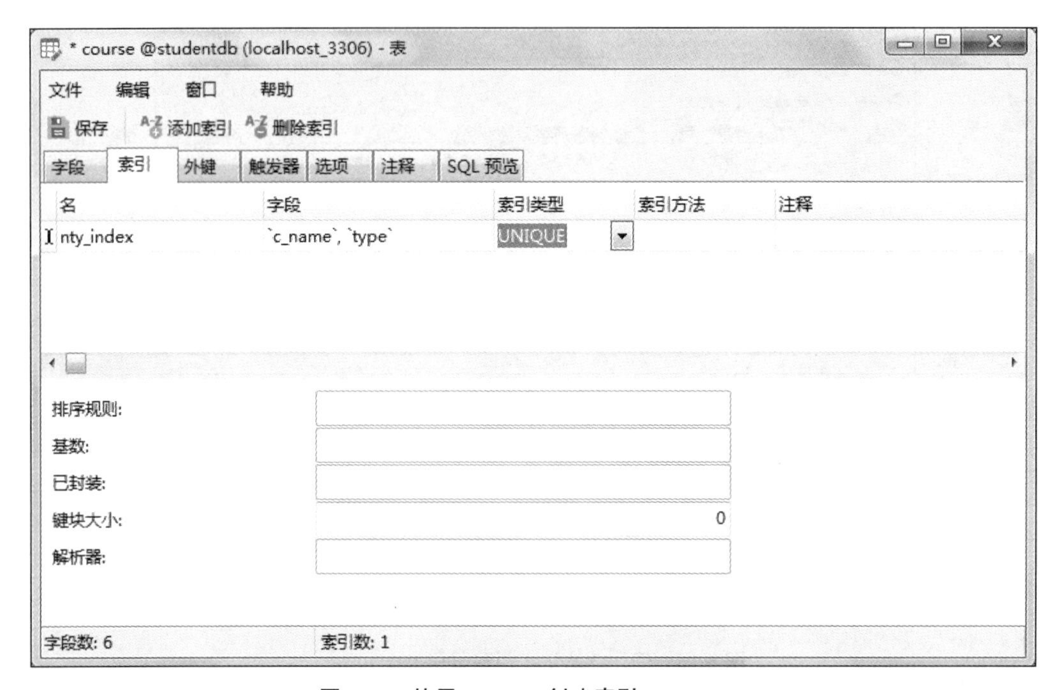

图 6.13 使用 Navicat 创建索引 nty_index

单击“保存”按钮，索引 nty_index 即创建成功。

4. 查看索引

使用 SHOW INDEX 语句、SHOW KEYS 语句都能查看表的索引信息，本任务只演示 SHOW INDEX 语句。

（1）查看 class 表的索引信息，语句如下：

```
mysql> SHOW INDEX FROM class;
```

执行结果如图 6.14 所示。

```
mysql> SHOW INDEX FROM class;
+-------+------------+--------------+--------------+-------------+-----------+-------------+----------+--------+------+------------+---------+---------------+---------+------------+
| Table | Non_unique | Key_name     | Seq_in_index | Column_name | Collation | Cardinality | Sub_part | Packed | Null | Index_type | Comment | Index_comment | Visible | Expression |
+-------+------------+--------------+--------------+-------------+-----------+-------------+----------+--------+------+------------+---------+---------------+---------+------------+
| class |          0 | PRIMARY      |            1 | class_no    | A         |           5 |     NULL |   NULL |      | BTREE      |         |               | YES     | NULL       |
| class |          1 | depart_index |            1 | department  | A         |           3 |     NULL |   NULL |      | BTREE      |         |               | YES     | NULL       |
+-------+------------+--------------+--------------+-------------+-----------+-------------+----------+--------+------+------------+---------+---------------+---------+------------+
2 rows in set (0.24 sec)
```

图 6.14 查看 class 表的索引

从执行结果可以看出，class 表的 class_no 列上默认创建了主键索引，Column_name 的值为 class_no，Key_name 的值为 PRIMARY，Non_unique 的值为 0。另外，department 列上的普通索引 depart_index 已经创建成功，Column_name 的值为 department，Key_name 的值为 depart_index，Non_unique 的值为 1。

（2）查看 students 表的索引信息，语句如下：

```
mysql> SHOW INDEX FROM students;
```

执行结果如图 6.15 所示。

mysql> SHOW INDEX FROM students;

Table	Non_unique	Key_name	Seq_in_index	Column_name	Collation	Cardinality	Sub_part	Packed	Null	Index_type	Comment	Index_comment	Visible	Expression
students	0	PRIMARY	1	s_no	A	9	NULL	NULL		BTREE			YES	NULL
students	1	class_no	1	class_no	A	5	NULL	NULL	YES	BTREE			YES	NULL
students	1	nat_index	1	nat_place	A	7	2	NULL	YES	BTREE			YES	NULL

3 rows in set (0.14 sec)

图 6.15 查看 students 表的索引

从执行结果可以看出，students 表的 s_no 列上默认创建了主键索引 PRIMARY。外键 class_no 列上默认创建了与外键同名的普通索引 class_no，Column_name、Key_name 的值都为 class_no，Non_unique 的值为 1。另外，nat_place 列上的前缀索引 nat_index 已经创建成功，Column_name 的值为 nat_place，Key_name 的值为 nat_index，Sub_part 的值为 2。

（3）查看 course 表的索引信息，语句如下：

```
mysql> SHOW INDEX FROM course;
```

执行结果如图 6.16 所示。

mysql> SHOW INDEX FROM course;

Table	Non_unique	Key_name	Seq_in_index	Column_name	Collation	Cardinality	Sub_part	Packed	Null	Index_type	Comment	Index_comment	Visible	Expression
course	0	PRIMARY	1	c_no	A	7	NULL	NULL		BTREE			YES	NULL
course	0	nty_index	1	c_name	A	7	NULL	NULL		BTREE			YES	NULL
course	0	nty_index	2	type	A	7	NULL	NULL	YES	BTREE			YES	NULL

3 rows in set (0.24 sec)

图 6.16 查看 course 表的索引

从执行结果可以看出，course 表的 c_no 列上默认创建了主键索引 PRIMARY。另外，c_name 列、type 列上的唯一索引 nty_index 已经创建成功，Key_name 的值为 nty_index，Non_unique 的值为 0。Column_name 的值为 c_name，对应的 Seq_in_index 值为 1。Column_name 的值为 type，对应的 Seq_in_index 值为 2。

5. 删除索引

删除 class 表的普通索引 depart_index。

（1）使用 ALTER TABLE 语句删除索引，语句如下：

```
mysql> ALTER TABLE class DROP INDEX depart_index;
```

执行结果如图 6.17 所示。

```
mysql> ALTER TABLE class DROP INDEX depart_index;
Query OK, 0 rows affected (1.13 sec)
Records: 0  Duplicates: 0  Warnings: 0
```

图 6.17 使用 ALTER TABLE 语句删除索引 depart_index

（2）使用 DROP INDEX 语句删除索引，语句如下：

```
mysql> DROP INDEX depart_index ON class;
```

执行结果如图 6.18 所示。

```
mysql> DROP INDEX depart_index ON class;
Query OK, 0 rows affected (0.47 sec)
Records: 0  Duplicates: 0  Warnings: 0
```

图 6.18　使用 DROP INDEX 语句删除索引 depart_index

（3）使用 Navicat 删除索引，操作如下：选中 class 表，依次单击“设计表”→“索引”选项卡，进入索引界面，选中要删除的索引，如图 6.19 所示。

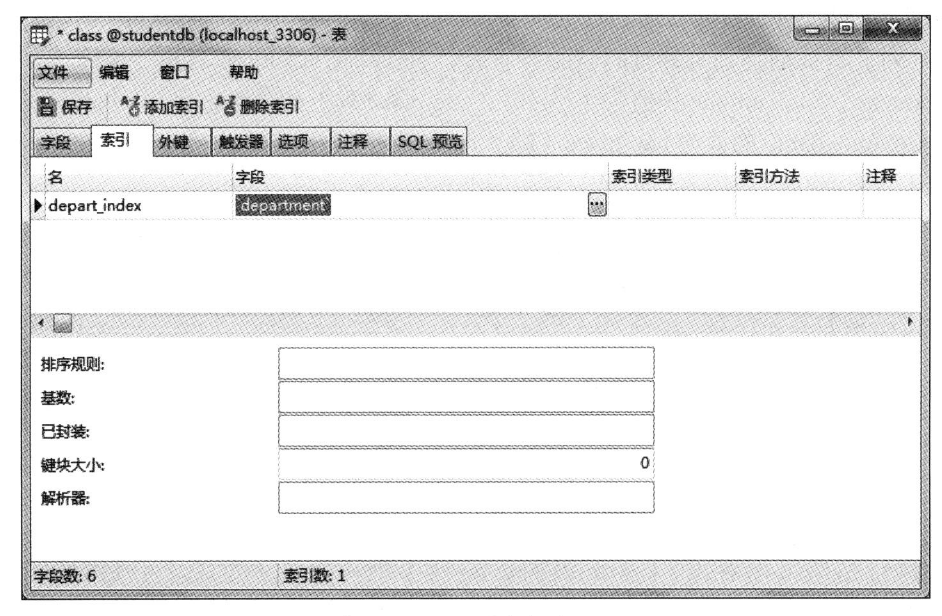

图 6.19　使用 Navicat 删除索引 depart_index

单击“删除索引”按钮，在弹出的对话框中单击“删除”按钮，索引 depart_index 即删除成功。

任务 6.2　视　图

任务描述

（1）根据表 course 创建视图 course_view。

（2）根据表 students、表 class 创建视图 xinxi_view。

（3）根据视图 xinxi_view 创建视图 banji_view。

（4）查看视图 course_view，并插入一条记录。

（5）更新视图 xinxi_view。

微课：使用图形化工具管理视图

（6）查询视图与基表，观察视图、基表数据是否同步更新。
（7）删除视图 banji_view。
（8）使用 Navicat 新建、更新、查询视图 scc_view。

任务目标

（1）会基于单表、多表、视图创建视图。
（2）会查看视图。
（3）会更新视图的数据。
（4）会查询视图。
（5）会删除视图。
（6）会使用图形化管理工具 Navicat 操作视图。
（7）通过创建视图来简化查询语句，强化读者“工欲善其事，必先利其器”的意识。

知识储备

知识点1 视图的概述

视图是基于一张或多张数据表创建的虚拟表。也可以基于视图创建视图。视图是数据库的对象，使用“SHOW TABLES;”语句查看数据表时，可以看到已创建的视图。创建视图所依赖的表称为基表。视图只存储视图的定义，不存储数据，数据存储在基表中。当基表的数据改变，视图的数据也随之改变。系统数据库 information_schema 中的表 views 中保存了所有视图的定义。

为复杂的查询建立视图，可以简化查询。为不同权限的用户定义不同的视图，可以保障数据的安全性。

知识点2 视图的创建

使用 CREATE VIEW 语句创建视图，语法格式如下：

```
CREATE [OR REPLACE] VIEW view_name[col_name[,...]]
   AS select_statement
   [WITH [CASCADED | LOCAL] CHECK OPTION];
```

语法说明如下。

（1）CREATE VIEW：创建视图。

（2）[OR REPLACE]：替换已创建的同名视图，防止出现因创建同名的视图而报错的情况，可缺省。

（3）view_name：视图名，不能和数据库中的数据表重名，视图名是唯一的。默认在当前数据库创建视图，若要在其他数据库中创建视图，需指定数据库名，格式为 db_name.view_name，db_name 表示数据库名。

（4）col_name：视图的列名。如果不指定列名，默认是 select_statement 语句中的列名。如果指定列名，列名的数量要与 select_statement 语句中的列名数量相同。

（5）select_statement：查询语句。查询语句的语法在前面项目中已介绍，不再赘述。

（6）[WITH CHECK OPTION]：限制更新视图必须满足 select_statement 语句中的条件，可缺省。[CASCADED | LOCAL] 限制基于视图创建视图时检查的范围，可缺省，默认值是 CASCADED，表示对所有视图进行检查；LOCAL 表示仅对当前视图检查。

知识点3 视图的修改

若创建视图后基表增加了字段，该视图不会包含新字段。若要视图包含新字段，则需要修改视图。修改视图有两种方法，一是使用 CREATE OR REPLACE VIEW 语句重新定义已创建的视图，语法同上；二是使用 ALTER VIEW 语句，语法格式如下：

```
ALTER VIEW view_name
   AS select_statement
   [WITH [CASCADED | LOCAL] CHECK OPTION];
```

语法说明如下。

ALTER VIEW：修改视图。

其他参数说明略。

若创建视图时使用了 WITH [CASCADED | LOCAL] CHECK OPTION 子句，则修改视图时也需要使用。

知识点4 视图的查看

MySQL 语句提供了三种查看视图的方式。

（1）DESCRIBE、DESC 语句：查看视图的结构。语法格式如下：

```
DESCRIBE | DESC view_name[; | \G]
```

视图的结构与表的结构相同，语句成功执行后，查看到的视图信息包括 Field（字段名）、Type（字段的数据类型）、Null（字段的值是否可以为空）、Key（约束、索引）、Default（默认值）、Extra（附加信息）。

（2）SHOW CREATE VIEW 语句：查看视图的定义。语法格式如下：

```
SHOW CREATE VIEW view_name[; | \G]
```

语句成功执行后，查看到的视图信息包括 View（视图名）、Create View（创建视图的详细语句）、character_set_client（字符集）、collation_connection（校对规则）。

（3）SHOW TABLE STATUS 语句：查看视图的基本信息。语法格式如下：

```
SHOW TABLE STATUS LIKE 'view_name'[; | \G]
```

语句成功执行后，除 Name（索引名）、Create_time（索引创建时间）、Comment 有值外，其他信息的值都为 NULL，得到的信息较少。其中 Comment 的值为 View，表示视图。“\G”参数以横向形式显示结果。

“\G”参数是大写的 G，而且末尾没有分号，否则会报错“ERROR:No query specified”。“\g”的效果等同“；”，以纵向形式显示结果。

知识点5　视图的更新

对视图的更新，即是对基表数据的更新，包括插入、修改、删除数据。不是所有的视图都可更新，可更新视图的行和基表的行必须是一对一的关系。若视图包含以下任意一种，则该视图是不可更新的。

（1）DISTINCT 关键字。

（2）聚合函数。

（3）通过表达式计算得到的列。

（4）FROM 子句中包含多张表。

（5）WHERE 子句中的子查询引用了 FROM 子句中的表。

（6）GROUP BY 子句。

（7）HAVING 子句。

（8）ORDER BY 子句。

（9）SELECT 子句中引用了不可更新的视图。

（10）UNION 查询。

此外，使用 INSERT 语句插入数据，必须包含 FROM 子句中所有 NOT NULL 的列。若创建的视图基于多张表，使用 UPDATE 语句修改数据时，每次只能修改一张基表的数据。

知识点6　视图的查询

查询视图的语法与查询表的语法基本一致，也是使用 SELECT 语句，此处不再赘述。

知识点7　视图的删除

当视图创建基于的表或视图不存在时，该视图不可再使用，但仍然存在于数据库中。删除无用的视图，语法格式如下：

```
DROP VIEW [IF EXISTS] view_name;
```

语法说明如下。

（1）DROP VIEW：删除视图。

（2）[IF EXISTS]：删除视图时判断视图是否存在，防止出现因删除不存在的视图而报错的情况，可缺省。

知识点8 使用图形化管理工具管理视图

1. 新建视图

（1）单击“视图”按钮后单击“新建视图”按钮，或右击侧边栏的“视图”，在弹出的快捷菜单中选择“新建视图”命令。

（2）单击“视图创建工具”按钮。

（3）选择基表或视图。在左侧边栏中，双击创建视图需要的基表或视图，或将创建视图需要的基表或视图拖入中上侧的窗格中。多表会自动连接，默认是INNER JOIN。此外，还可以在中下侧窗格的FROM选项卡中选择创建视图需要的基表或视图，并指定多表连接的方式，包括INNER JOIN、LEFT JOIN、RIGHT JOIN、CROSS JOIN、FULL OUTER JOIN等。同时，右侧的窗格会显示对应的SELECT语句，默认*，即选择所有的字段。

（4）选择字段。在中上侧窗格中的基表或视图中勾选字段前的复选框，选择创建视图需要的字段。同时，中下侧的SELECT选项卡会显示相应的字段名。或者直接在中下侧的SELECT选项卡中添加字段，选择创建视图需要的字段。

（5）设置条件。在中下侧窗格的WHERE、GROUP BY、HAVING、ORDER BY、LIMIT选项卡中添加条件、字段等。

（6）单击右下角的“构建”或“构建并运行”按钮，后者会显示视图的查询结果。

（7）单击“保存”按钮，在弹出的对话框中输入视图名后单击“确定”按钮，即完成视图的创建。

2. 修改视图

选中需要修改的视图后单击“设计视图”按钮，或右击需要修改的视图后，在弹出的快捷菜单中选择“设计视图”命令。接下来的操作同新建视图的（2）~（6）步。修改完毕后，单击“保存”按钮。

3. 删除视图

选中需要删除的视图后单击“删除视图”按钮，或右击需要删除的视图，在弹出的快捷菜单中选择“删除视图”命令。

4. 更新视图

单击“查询”按钮，执行“新建查询”命令，输入相关的SQL语句，单击“运行”按钮。

任务实施

1. 创建视图

（1）基于单表创建视图。

根据表course创建视图course_view，要求包括学分credit大于3的所有记录，更新视图要满足限制条件。语句如下：

```
CREATE VIEW course_view
  AS SELECT * FROM course WHERE credit>3
  WITH CHECK OPTION;
```

执行结果如图 6.20 所示。

```
mysql> CREATE VIEW course_view
    -> AS SELECT * FROM course WHERE credit>3
    -> WITH CHECK OPTION;
Query OK, 0 rows affected (0.62 sec)
```

图 6.20　创建视图 course_view

（2）基于多表创建视图。

根据表 students、表 class 创建视图 xinxi_view，要求包括信息学院学生的学号 s_no、姓名 s_name、班级 class_no、专业 specialty。语句如下：

```
CREATE VIEW xinxi_view
  AS SELECT s_no,s_name,students.class_no,specialty FROM students,class
  WHERE students.class_no=class.class_no AND department=" 信息学院 ";
```

执行结果如图 6.21 所示。

```
mysql> CREATE VIEW xinxi_view
    -> AS SELECT s_no, s_name, students.class_no, specialty FROM students, class
    -> WHERE students.class_no=class.class_no AND department="信息学院";
Query OK, 0 rows affected (0.29 sec)
```

图 6.21　创建视图 xinxi_view

（3）基于视图创建视图。

根据视图 xinxi_view 创建视图 banji_view，要求包括 JSJ2201 班学生的学号 s_no、姓名 s_name、专业 specialty，字段名用中文表示，语句如下：

```
CREATE VIEW banji_view( 学号 , 姓名 , 专业 )
  AS SELECT s_no,s_name,specialty FROM xinxi_view
  WHERE class_no="JSJ2201";
```

执行结果如图 6.22 所示。

```
mysql> CREATE VIEW banji_view(学号,姓名,专业)
    -> AS SELECT s_no, s_name, specialty FROM xinxi_view
    -> WHERE class_no="JSJ2201";
Query OK, 0 rows affected (0.16 sec)
```

图 6.22　创建视图 banji_view

2. 查看视图

为方便后续更新视图的操作，使用 DESC 语句查看视图的结构。查看视图 course_view 的语句如下：

```
DESC course_view;
```

执行结果如图 6.23 所示。

```
mysql> DESC course_view;
+-----------+-------------+------+-----+---------+-------+
| Field     | Type        | Null | Key | Default | Extra |
+-----------+-------------+------+-----+---------+-------+
| c_no      | char(5)     | NO   |     | NULL    |       |
| c_name    | varchar(20) | NO   |     | NULL    |       |
| credit    | int         | NO   |     | NULL    |       |
| cr_hours  | int         | NO   |     | NULL    |       |
| semester  | char(2)     | YES  |     | NULL    |       |
| type      | char(8)     | YES  |     | NULL    |       |
+-----------+-------------+------+-----+---------+-------+
6 rows in set (1.06 sec)
```

图 6.23　查看视图 course_view

3. 更新视图

（1）插入数据。

向视图 course_view 中插入一条记录“11007、Python 程序设计、4、64、4、必修”。语句如下：

```
INSERT INTO course_view VALUES("11007","Python 程序设计 ",4,64,"4"," 必修 ");
```

执行结果如图 6.24 所示。

```
mysql> INSERT INTO course_view VALUES("11007","Python程序设计",4,64,"4","必修");
Query OK, 1 row affected (0.29 sec)
```

图 6.24　向视图 course_view 中插入一条记录

从执行结果可以看出，视图中成功插入了一条记录。定义视图 course_view 时，使用了 WITH CHECK OPTION 子句，限制了更新视图必须满足 WHERE 子句的条件“credit>3”。

若执行语句“INSERT INTO course_view VALUES("00001"," 红色教育 ",1,16,"1", " 必修 ");"，会报错“ERROR 1369 (HY000): CHECK OPTION failed 'StudentDB.course_view'”，因 credit 的值为 1，不满足条件“credit>3”。若执行语句“INSERT INTO course_view(c_no,c_name,credit,semester) VALUES("11008"," 网页设计与制作 ",4,"5");”，会报错“ERROR 1423 (HY000): Field of view 'StudentDB.course_view' underlying table doesn't have a default value”，因没有包括 SELECT 语句中所有 NOT NULL 的字段。

若要删除该新增记录，执行语句“DELETE FROM course_view WHERE c_no='11007';”即可。

（2）修改数据。

更新视图 xinxi_view，将学号为 20221090502 的学生姓名改为“李自强”，班级改为“JD2301”。语句如下：

```
UPDATE xinxi_view SET s_name=" 李自强 ",class_no="JD2301"
   WHERE s_no="20221090502";
```

执行结果如图 6.25 所示。

```
mysql> UPDATE xinxi_view SET s_name="李自强",class_no="JD2301"
    -> WHERE s_no="20221090502";
Query OK, 1 row affected (1.40 sec)
Rows matched: 1  Changed: 1  Warnings: 0
```

图 6.25 修改视图 xinxi_view 中的数据

从执行结果可以看出，视图成功更新了一条记录。视图 xinxi_view 的基表有 2 张，分别是表 students、表 class，本次只更新了一张基表 students，更新成功。

4. 查询视图与基表

（1）查询视图 course_view 与基表 course，语句如下：

```
SELECT * FROM course_view;
```

执行结果如图 6.26 所示。

```
mysql> SELECT * FROM course_view;
+-------+------------------+--------+----------+----------+------+
| c_no  | c_name           | credit | cr_hours | semester | type |
+-------+------------------+--------+----------+----------+------+
| 11003 | Java语言程序设计 |      4 |       64 | 3        |      |
| 11005 | 数据库           |      4 |       64 | 4        |      |
| 11006 | 操作系统         |      4 |       64 | 5        |      |
| 11007 | Python程序设计   |      4 |       64 | 4        | 必修 |
+-------+------------------+--------+----------+----------+------+
4 rows in set (0.01 sec)
```

图 6.26 查询视图 course_view

```
SELECT * FROM course;
```

执行结果如图 6.27 所示。

```
mysql> SELECT * FROM course;
+-------+------------------+--------+----------+----------+------+
| c_no  | c_name           | credit | cr_hours | semester | type |
+-------+------------------+--------+----------+----------+------+
| 11001 | 计算机基础       |      3 |       48 | 1        | 选修 |
| 11002 | Office应用       |      2 |       32 | 2        |      |
| 11003 | Java语言程序设计 |      4 |       64 | 3        |      |
| 11005 | 数据库           |      4 |       64 | 4        |      |
| 11006 | 操作系统         |      4 |       64 | 5        |      |
| 11007 | Python程序设计   |      4 |       64 | 4        | 必修 |
| 21001 | 会计学           |      3 |       48 | 2        |      |
| 21002 | 就业指导         |      2 |       32 | 2        |      |
+-------+------------------+--------+----------+----------+------+
8 rows in set (0.00 sec)
```

图 6.27 查询基表 course

从执行结果可以看出，记录“11007、Python 程序设计、4、64、4、必修”成功插入视图 course_view 中，基表 course 中的数据也同步更新了。

（2）查询视图 xinxi_view 与基表 students，语句如下：

```
SELECT * FROM xinxi_view;
```

执行结果如图 6.28 所示。

```
mysql> SELECT * FROM xinxi_view;
+-------------+--------+----------+-----------+
| s_no        | s_name | class_no | specialty |
+-------------+--------+----------+-----------+
| 20221090501 | 汪燕   | JSJ2201  | 计算机    |
| 20221090803 | 陈海   | JSJ2201  | 计算机    |
| 20221090602 | 程鸿   | JSJ2202  | 计算机    |
+-------------+--------+----------+-----------+
3 rows in set (0.00 sec)
```

图 6.28　查询视图 xinxi_view

```
SELECT * FROM students;
```

执行结果如图 6.29 所示。

```
mysql> SELECT * FROM students;
+-------------+--------+-----+------------+-----------+--------+----------+----------+
| s_no        | s_name | sex | birthday   | nat_place | nation | ctc_info | class_no |
+-------------+--------+-----+------------+-----------+--------+----------+----------+
| 20221090501 | 汪燕   | 女  | 2003-12-09 | 江西      | 汉     |          | JSJ2201  |
| 20221090502 | 李自强 | 男  | 2004-07-10 | 江西      | 汉     |          | JD2301   |
| 20221090602 | 程鸿   | 男  | 2003-11-12 | 广西      | 壮     |          | JSJ2202  |
| 20221090803 | 陈海   | 男  | 2004-03-27 | 江西      | 汉     |          | JSJ2201  |
| 20221090976 | 王菲   | 女  | 2003-12-29 | 山西      | 汉     |          | KJ2201   |
| 20232090701 | 谢婷   | 女  | 2004-08-13 | 河南      | 汉     |          | JD2301   |
| 20232090807 | 陆优   | 女  | 2004-08-15 | 安徽      | 汉     |          | KJ2302   |
| 20232090817 | 刘涛   | 女  | 2004-05-17 | 江苏      | 汉     |          | KJ2302   |
| 20232090819 | 吴谭   | 男  | 2004-09-16 | 浙江      | 汉     |          | JD2301   |
+-------------+--------+-----+------------+-----------+--------+----------+----------+
9 rows in set (0.00 sec)
```

图 6.29　查询基表 students

从执行结果可以看出，将学号为 20221090502 的学生姓名改为“李自强”、班级改为 JD2301 后，department 的值变为“电气学院”，不再满足条件“department='信息学院'”，视图 xinxi_view 中不再含有该条记录。基表 students 中的数据同步修改成功。

5. 删除视图

删除视图 banji_view，语句如下：

```
DROP VIEW banji_view;
```

执行结果如图 6.30 所示。

```
mysql> DROP VIEW banji_view;
Query OK, 0 rows affected (0.91 sec)
```

图 6.30　删除视图 banji_view

6. 使用 Navicat 操作视图

（1）创建视图。

新建视图 ssc_view，要求包括学号 s_no、姓名 s_name、班级 class_no、课程名称 c_name、考试成绩 fin_score。

根据知识点 8 中的新建视图步骤，执行完步骤（1）、（2）后，界面如图 6.31 所示。

执行完步骤（3）、（4）后，界面如图 6.32 所示。

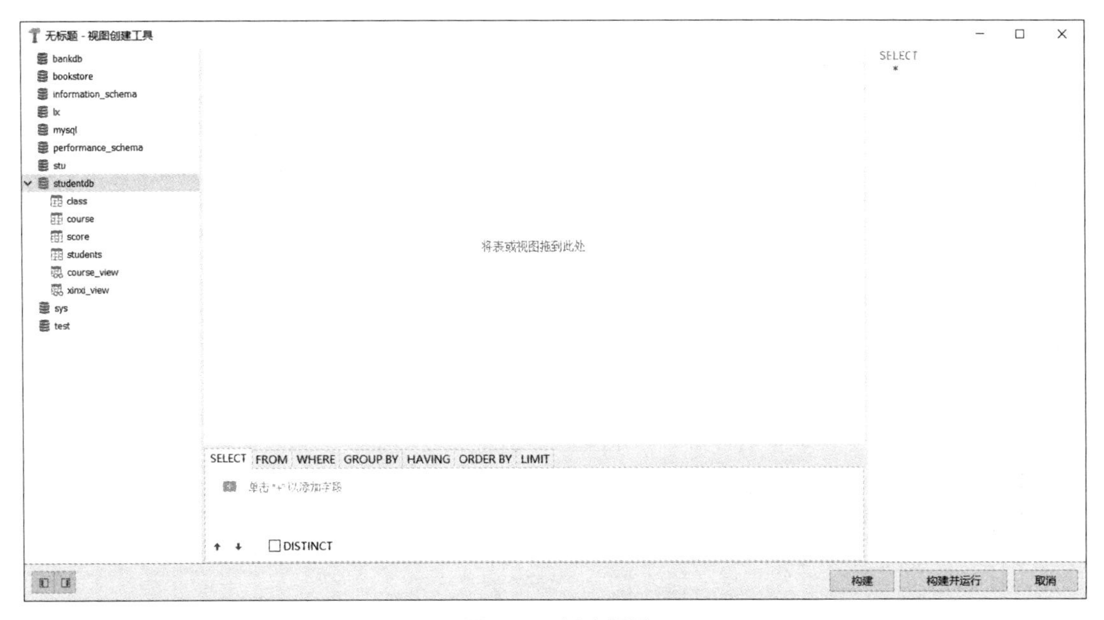

图 6.31　新建视图

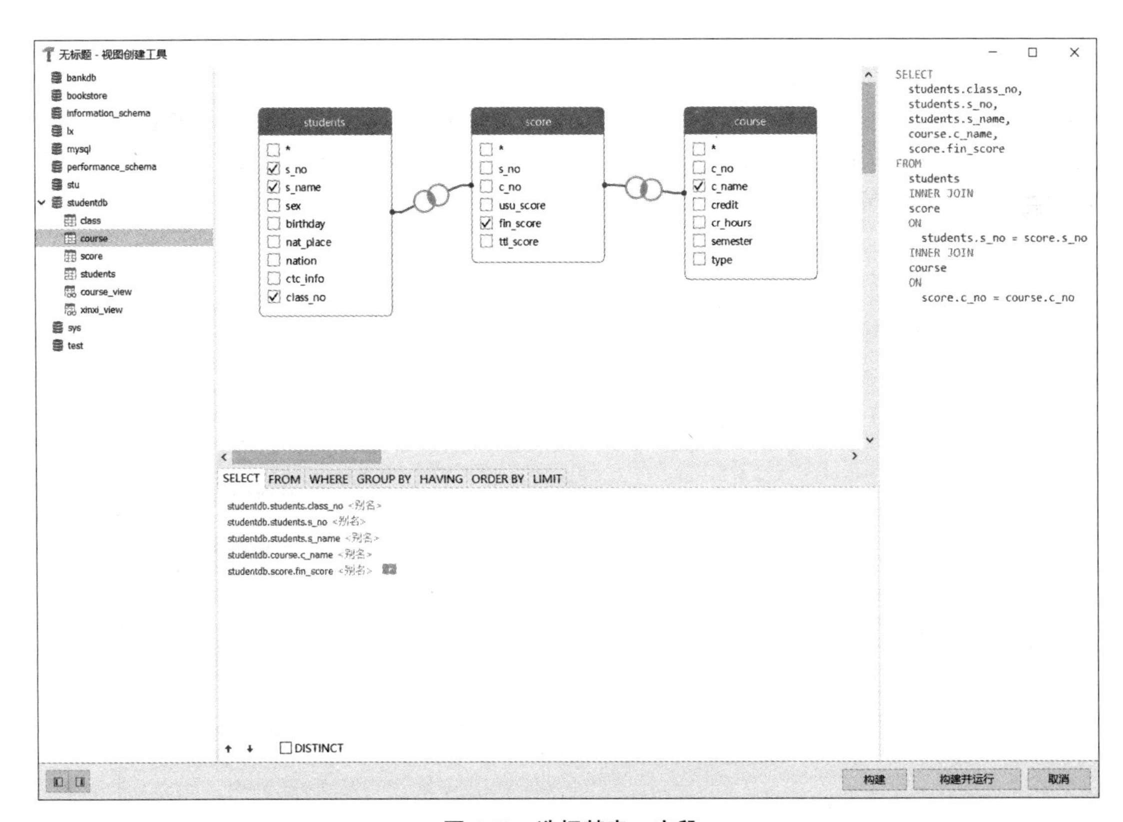

图 6.32　选择基表、字段

ssc_view 视图无条件要求，跳过步骤（5），执行完步骤（6）、（7），界面如图 6.33 所示。

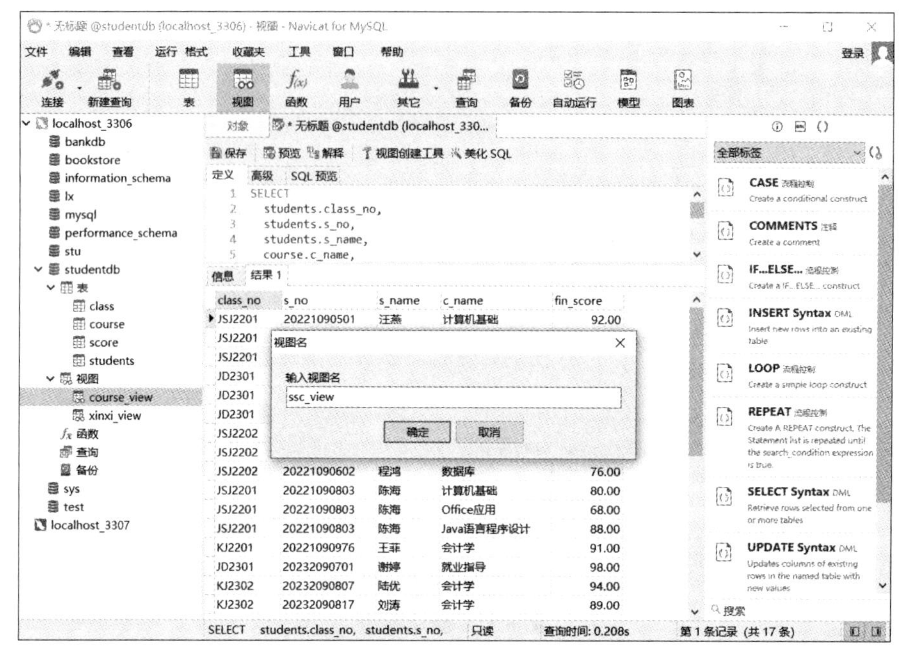

图 6.33 创建、保存视图

（2）更新视图。

单击“查询”按钮，单击“新建查询”按钮，输入 MySQL 语句“UPDATE ssc_view SET fin_score=100 WHERE s_no='20221090501' AND c_name=' 计算机基础 ';”后单击“运行”按钮，如图 6.34 所示。

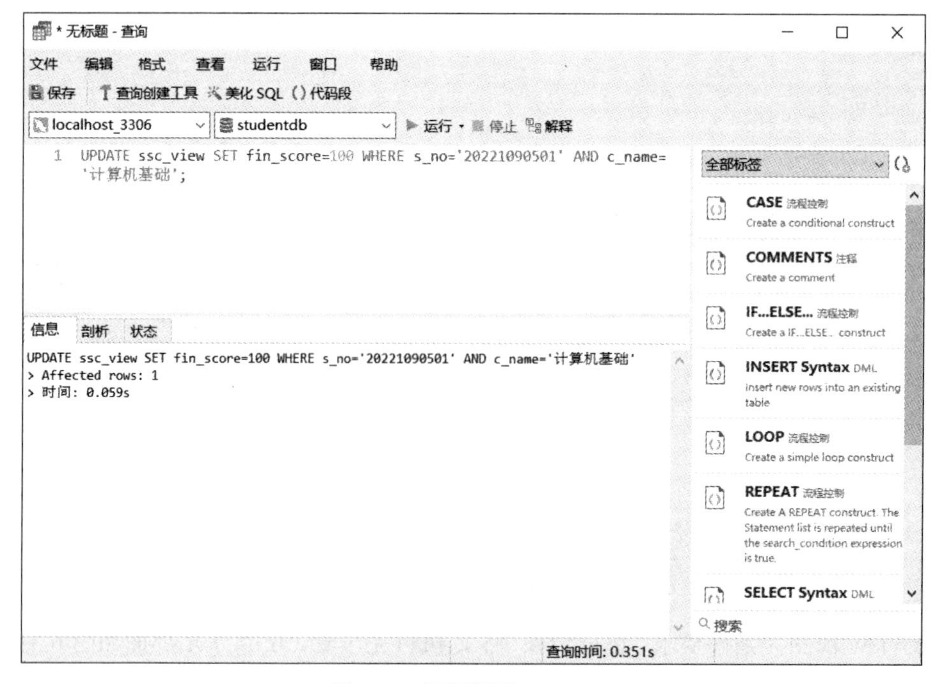

图 6.34 更新视图 ssc_view

信息栏中显示“Affected row:1”，表示成功更新一条记录。

（3）查询视图。

双击左侧边栏的视图 ssc_view，即可查询视图的全部记录，如图 6.35 所示。

class_no	s_no	s_name	c_name	fin_score
JSJ2201	20221090501	汪燕	Java语言程序设计	86.00
JD2301	20221090502	李自强	Java语言程序设计	79.00
JSJ2202	20221090602	程鸿	Java语言程序设计	89.00
JSJ2201	20221090803	陈海	Java语言程序设计	88.00
JSJ2201	20221090501	汪燕	Office应用	85.00
JD2301	20221090502	李自强	Office应用	98.00
JSJ2202	20221090602	程鸿	Office应用	83.00
JSJ2201	20221090803	陈海	Office应用	68.00
KJ2201	20221090976	王菲	会计学	91.00
KJ2302	20232090807	陆优	会计学	94.00
KJ2302	20232090817	刘涛	会计学	89.00
JD2301	20232090701	谢婷	就业指导	98.00
JD2301	20232090819	吴谭	就业指导	97.00
JD2301	20221090502	李自强	操作系统	77.00
JSJ2202	20221090602	程鸿	数据库	76.00
JSJ2201	20221090501	汪燕	计算机基础	100.00
JSJ2201	20221090803	陈海	计算机基础	80.00

SELECT * FROM `studentdb`.`ssc_view` LIMIT 0,1000　第 1 条记录（共 17 条）于第 1 页

图 6.35　查询视图 ssc_view

项目小结

在本项目中学习了提高数据查询效率的两种方法，即索引和视图。学习了索引的设计原则，学习了利用 CREATE TABLE、ALTER TABLE、CREATE INDEX、SHOW INDEX、DROP INDEX 等 MySQL 语句和图形化工具 Navicat 完成唯一索引、普通索引等不同索引的创建、查看、删除。从执行结果看，ALTER TABLE 语句的效率要低于 CREATE INDEX 语句。学习了利用 EXPLAIN 语句结合 SELECT 语句查看索引的使用。学习了视图的作用，学习了利用 CREATE OR REPLACE VIEW、ALTER VIEW、DROP VIEW 等 MySQL 语句和图形化工具 Navicat 完成视图的创建、修改、删除，学习了视图的更新规则，通过视图完成了对基表数据的更新，包括数据的插入、修改、删除。

知识巩固与能力提升

一、选择题

1. 下列关于索引的叙述错误的是（　　）。

   A. UNIQUE 索引是唯一性索引

B. 索引能够提高查询效率

C. 索引能够提高数据表的读写速度

D. 索引可以建立在单列上，也可以建立多列上

2. 下列关于视图的叙述正确的是（　　）。

A. 使用视图能够屏蔽数据库的复杂性

B. 更新视图数据的方式与更新表中数据的方式相同

C. 视图上可以建立索引

D. 使用视图能够提高数据的更新速度

3. 下列关于 MySQL 基本表和视图的描述正确的是（　　）。

A. 对基本表和视图的操作完全相同

B. 只能对基本表进行查询操作，不能对视图进行查询操作

C. 只能对基本表进行更新操作，不能对视图进行更新操作

D. 能对基本表和视图进行更新操作，但对视图的更新操作是受限制的

4. 给定如下 SQL 语句：

```
CREATE VIEW test.V_test
AS SELECT * FROM test.students WHERE age<19;
```

该语句的功能是（　　）。

A. 在 test 表上建立一个名为 V_test 的视图

B. 在 students 表上建立一个查询，存储在名为 test 的表中

C. 在 test 数据库的 students 表上建立一个名为 V_test 的视图

D. 在 test 表上建立一个名为 students 的视图

5. 假设有学生表 student，包含的属性有学号 sno、学生姓名 sname、性别 sex、年龄 age、所在专业 smajor。基于 student 表建立视图，其中可更新的视图是（　　）。

A. CREATE VIEW v1
　　AS SELECT sno,sname FROM student;

B. CREATE VIEW V2(major)
　　AS SELECT DISTINCT(smajor) FROM student;

C. CREATE VIEW v3(major,scount)
　　AS SELECT smajor,COUNT(*)FROM student GROUP BY smajor;

D. CREATE VIEW V4(sname,sage)
　　AS SELECT sname,age+5 FROM student WHERE sno='101';

二、实践训练

根据 bookbrdb 数据库，完成以下对索引、视图的操作。

（1）在 readers_type 表的 class_name、borrow_num、borrow_days 列上创建唯一索引 nnd_index。

（2）在 readers 表的 name 列的前 1 个字符上创建索引 rname_index。

（3）在 book 表的 number 列上创建降序索引 num_index。

（4）查看 borrow 表的索引信息。

（5）根据 book 表创建视图 computer_view，要求包括计算机类别的图书号 book_id、图书名称 book_title、作者 author、出版社 press、库存量 number、图书单价 book_price，字段名用中文表示。

（6）删除视图 computer_view 中图书号为 A2 的记录。

（7）根据 readers 表、book 表、borrow 表创建视图 rbb_view，要求包括读者 ID readers_id、读者姓名 name、图书号 book_id、图书名称 book_title、图书类别 category、借阅号 borrow_id、借阅状态 state。

（8）查询视图 rbb_view 中借阅状态 state 为“借阅”的记录。

（9）修改视图 rbb_view 中借阅号 borrow_id 为 100008、借阅状态 state 为“过期”。

数据库编程

项目导读

通过对前面各项目的学习，我们对数据库、表的管理有了比较全面的了解，如果希望实现数据库的高级操作和管理，必须通过MySQL支持的存储过程、存储函数、触发器来实现。本项目通过典型任务学习MySQL编程基础知识，使用存储过程、存储函数、触发器完成较为复杂的任务，以达到降低代码冗余、简化业务逻辑、提高系统性能、任务自动化管理等目标。本项目的重点是存储过程的参数传递和处理、存储过程的错误处理、存储函数的定义和使用、触发器的执行时机和触发条件。难点是存储过程中的游标使用和性能优化、错误处理等。

学习目标

- 理解MySQL数据库编程所需的基础知识，掌握数据库编程的基本语法结构。
- 理解存储过程的基本概念，掌握存储过程的定义和使用。
- 理解存储函数的基本概念，掌握存储函数的定义和使用。
- 理解触发器的事件和触发时机，掌握触发器的定义。

任务7.1 编程基础知识

任务描述

（1）在编程中使用单行注释“#”和“--”、多行注释“/* */”，定义语句结束符命令DELIMITER。

微课：流程控制结构

（2）学习数值、字符串及其扩展类型等数据类型。

（3）会定义并使用系统变量GLOBAL、SESSION，使用自定义的用户变量和局部变量。

（4）在表达式中使用算术运算符、比较运算符、逻辑运算符、位运算符、赋值运算符。

（5）用 IF、CASE、WHILE、REPEAT、LOOP 结构实现流程控制。

（6）对服务器、数据库、数据表等信息进行查询。

（7）运用 DDL、DQL、DML、DCL 基本操作命令操作数据库表。

（8）在编程中使用字符串、数学、日期和时间、条件等系统内置函数。

任务目标

（1）会使用注释符进行注释说明，会重新定义语句结束符。

（2）了解 SQL 的数据类型。

（3）会在 MySQL 编程中定义和使用各种变量。

（4）会在 MySQL 编程中使用运算符，会写表达式。

（5）能在 MySQL 编程中灵活使用分支和循环控制结构。

（6）会使用命令查询数据库系统的相关信息。

（7）能灵活编写 SQL 基础命令。

（8）会使用各类常用的内置函数。

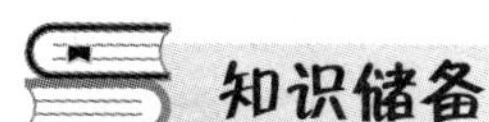

知识储备

知识点1　注释和语句结束符

MySQL 编程的注释包括单行注释和多行注释。使用符号“#”或“--”进行单行注释，其中“--”后面至少需要一个空格，使用“/*...*/”进行多行注释。

下面是简单示例：

```
/*
WHILE 循环结构
*/
DDECLARE cnt int DEFAULT 0;   #声明局部变量，默认值 0
WHILE cnt <= 10 DO
-- 循环体
   SET cnt = cnt + 1;
   INSERT INTO user(name, pwd) VALUES(CONCAT('admin', cnt), '1234');
END WHILE;
```

MySQL 的每一条命令必须使用语句结束符，默认语句结束符是英文分号。在定义存储过程、函数、触发器时，它们内部都有一条或多条语句，每条语句末尾必须使用英文分号，而定义存储过程、函数、触发器本身就是一条命令，也需要有结束符。为避免冲突，在定义存储过程、函数、触发器前会临时修改语句结束符。定义完后，最好把语句结束符改回默认的英文分号。重新定义结束符的命令语法如下：

```
DELIMITER 新结束符
```

下面代码演示了语句结束符的使用。

```
DELIMITER &&
SELECT * FROM studentdb.students&&
DELIMITER;
SELECT * FROM studentdb.students;
```

知识点2 数据类型

MySQL 支持标准 SQL 的数据类型，包括数值类型（int、decimal、numeric、float、real、double）、扩展数值类型（smallint、mediumint、bigint）、日期时间类型（date、datetime、timestamp、time、year）、字符串类型（char、varchar、text、binary、blob）、扩展字符串类型（tinyblob、mediumblob、tinytext、mediumtext、longtext）等。相关知识在项目 3 已有介绍，这里不再赘述。

知识点3 变量

MySQL 的变量分为系统变量和自定义变量。系统变量属于 MySQL 服务器层面，包括全局变量（GLOBAL）和会话变量（SESSION），可直接使用，无需定义。SESSION 可以用 LOCAL 替换。自定义变量属于用户程序定义的，包括用户变量和局部变量。特别说明：MySQL 默认不区分大小写，包括关键字、变量名等。为便于理解，本项目中的关键字统一使用大写字母。

1. 系统变量

全局变量是MySQL启动时创建的变量，初始化为默认值，可以在mysql.ini文件中设置。每次建立一个新的连接，MySQL 会将当前所有全局变量复制一份，得到会话变量。两种变量的区别是，对会话变量的修改只会影响到当前连接的数据库。查看系统变量的语法：

```
SHOW [SESSION | GLOBAL] VARIABLES [LIKE 'pattern' | WHERE 表达式];
```

其中，SESSION 是当前会话变量；GLOBAL 是数据库全局变量，缺省是 SESSION。表达式的语法格式为“Variable_name {LIKE | =} pattern”，Variable_name 是变量名称，LIKE 子句或表达式中的 pattern 表示模糊查询或模式匹配，它支持表示任意字符的通配符“%”。本书语法中，[] 部分表示可选，{} 部分表示必选，| 部分表示二选一或多选一。也可以使用 SELECT 语句查询会话变量或全局变量，此时系统变量名前须加“@@[LOCAL. | SESSION. | GLOBAL.]”，缺省时为会话级别的系统变量。示例如下：

```
-- 查询会话级别的自动提交状态
SHOW SESSION VARIABLES LIKE 'autocommit';
-- 查询会话级别的排序操作缓冲区大小
SELECT @@sort_buffer_size;
SELECT @@LOCAL.sort_buffer_size;
SELECT @@SESSION.sort_buffer_size;
-- 查询全局级别的排序操作缓冲区大小
```

```
SELECT @@GLOBAL.sort_buffer_size;
```

部分会话或全局系统变量可以通过 SET 命令修改，下面是修改示例。其中，将关键字 SESSION 改为 GLOBAL 时，便是修改全局变量。

```
-- 关闭当前会话的自动提交功能，下面三条命令的功能完全相同
SET SESSION autocommit = 'OFF';
SET @@SESSION.autocommit = 'OFF';
SET autocommit = 'OFF';
-- 关闭全局级别的自动提交功能，下面两条命令的功能完全相同
SET GLOBAL autocommit = 'OFF';
SET @@GLOBAL.autocommit = 'OFF';
```

2. 自定义变量

用户自定义的变量包括局部变量和用户变量两种。

1）局部变量

局部变量用在 BEGIN/END 限定的语句块中，执行完语句块，局部变量失效。局部变量必须在语句块的开始位置进行声明，声明时需指定数据类型，声明语法如下：

```
DECLARE var_name [, var_name, ...] DATA_TYPE [DEFAULT value];
```

其中，变量名前无须加@符号；DATA_TYPE 指定变量的数据类型；DEFAULT 赋初始值。声明局部变量后，就可以用 SET 或 SELECT ... INTO 语句为变量赋值。其语法如下：

```
SET var_name = 表达式;
SELECT col_name[, ...] INTO var_name[, ...] [table_exp]
```

以下是局部变量的定义和赋值示例。

此处的示例代码不能直接运行，需要在存储过程、存储函数等结构中使用。

```
BEGIN
   DECLARE x1 int DEFAULT 0;
   DECLARE x2 varchar(10);
   DECLARE x3 varchar(10);
   SET x1 = 10;
   SELECT @@GLOBAL.version INTO x2;
   SELECT s_name INTO x3 FROM studentdb.'students' WHERE sex='男' LIMIT 1;
END
```

2）用户变量

用户变量是在当前会话的任何地方定义和使用，变量名前必须加一个@符号，其定义及初始化使用 SET 或 SELECT 命令，且无需指定数据类型。定义方式有多种，以下是几种典型用户变量的定义方法：

```
SET @var_name = 表达式;
SET @var_name := 表达式;
SELECT @var_name := 表达式;
SELECT @var_name := col_exp FROM table_name [WHERE 子句];
SELECT col_exp INTO @var_name FROM table_name [WHERE 子句];
```

其中，@var_name 是用户变量名；col_exp 是列表达式；table_name 是表名。定义用户变量后便可直接使用，比如查看用户变量使用 SELECT @var_name。

知识点4　运算符和表达式

MySQL 支持各类运算符，以及由这些运算符和变量等组成的表达式。常用的运算符有如下几类。

（1）算术运算符：用于执行基本的数学运算，如加法（+）、减法（−）、乘法（*）、除法（/）和取模（%）。

（2）比较运算符：用于比较两个值之间的关系，如等于（=）、不等于（<>或!=）、大于（>）、小于（<）、大于或等于（>=）和小于或等于（<=）。

（3）逻辑运算符：用于表示逻辑关系，如与（AND）、或（OR）和非（NOT）。

（4）字符串连接运算符：用于连接字符串，如使用“||”。

（5）赋值运算符：用于将值赋给变量或列，如“=”和“:=”。

（6）位运算符：用于处理数值的二进制位，如按位与（&）、按位或（|）和按位异或（^）。

（7）NULL 安全比较运算符：用于处理 NULL 值的比较，如“<=>”运算符。

知识点5　流程控制结构

类似其他程序设计语言，MySQL 编程也支持 IF、CASE 分支结构，分支结构通常用在 BEGIN/END 语句块中，有些分支结构（如 IF 函数）可用在 BEGIN/END 语句块外面。MySQL 编程也支持 WHILE、REPEAT、LOOP 循环结构，循环结构只能用在 BEGIN/END 语句块中。

1. IF 分支结构

IF 分支结构有两种用法，一是作为函数使用；二是作为独立语句，后者需要以 END IF 结束。

1）IF 函数

可实现双分支功能，可应用在 BEGIN/END 语句块中或外面，语法如下：

```
IF(condition, value1, value2)
```

condition 条件成立时返回 value1，否则返回 value2，以下是示例：

```
SELECT @x := IF(TRUE, 1, 0);
SELECT @x;  -- 结果返回 1
```

2）IF 语句

IF 结构类似 Java 语言的 if 语句，只能应用在 BEGIN/END 语句块中。其语法如下：

```
IF condition1 THEN 语句1;
ELSEIF condition2 THEN 语句2;
…
ELSE 语句n;
END IF;
```

下面示例代码需放在 BEGIN/END 语句块中。

此处的示例代码不能直接运行，需要在存储过程、存储函数等结构中使用。

```
DECLARE res char DEFAULT 'A';
SET @score = 92;
IF @score > 90 THEN SET res = 'A';
ELSEIF @score > 80 THEN SET res = 'B'';
ELSEIF @score > 60 THEN SET res = 'C';
ELSE SET res = 'D';
END IF;
```

2. CASE 分支结构

CASE 多分支结构也有两种使用方法。

1）整体作为表达式，以 END 结束

有两种结构，可以用在 BEGIN/END 语句块中或外面，其结果可赋值给变量，两种结构的语法如下：

```
-- 结构1
CASE 表达式
   WHEN 值1 THEN value-1
   WHEN 值2 THEN value-2
   …
   ELSE value-n
END;
-- 结构2
CASE
   WHEN 条件表达式1 THEN value-1
   WHEN 条件表达式2 THEN value-2
   …
   ELSE value-n
END;
```

此结构中，当表达式的值等于“值1”或条件表达式1成立时，返回“value-1”……当所有条件不成立时，有 ELSE 子句则返回“value-n”；否则返回 NULL。

2）作为一条独立语句，以 END CASE 结束

也有两种结构，只能用于 BEGIN/END 语句块中，语法如下：

```
-- 结构 1
CASE 表达式
   WHEN 值 1 THEN 语句 1
   WHEN 值 2 THEN 语句 2
   …
   ELSE 语句 n
END CASE;
-- 结构 2
CASE
   WHEN 条件表达式 1 THEN 语句 1
   WHEN 条件表达式 2 THEN 语句 2
   …
   ELSE 语句 n
END CASE;
```

下面是 CASE 作为独立语句的示例代码。

以下代码不能直接运行，需要在存储过程、存储函数等结构中使用。

```
DECLARE ch char DEFAULT 'A';
SET @score = 95;
CASE
   WHEN @score > 90 THEN SET ch='A';
   WHEN @score > 80 THEN SET ch='B';
   WHEN @score > 60 THEN SET ch='C';
   ELSE SET ch='D';
END CASE;
```

3. WHILE 循环结构

WHILE 循环是先判断条件后执行，必须放在 BEGIN/END 语句块中。语法如下：

```
[Label:]WHILE 循环条件 DO
   语句；
   [IF 条件表达式 1 THEN ITERATE Label;
   END IF;]
   [IF 条件表达式 2 THEN LEAVE Label;
   END IF;]
   语句；
END WHILE [Label];
```

其中，循环体中有 ITERATE 或 LEAVE 结构时必须定义标签 Label，标签的命名规则和变量相同。ITERATE 子句相当于 Java 循环结构中的 continue，表示跳过本次循环的后续

语句，进入下一次循环；LEAVE 子句相当于 Java 循环结构中的 break 语句，表示结束循环。

下面的示例代码不能直接运行，需要在存储过程、存储函数等结构中使用。

```
-- 不带标签
DECLARE cnt int DEFAULT 0;
WHILE cnt <= 10 DO
   SET cnt = cnt + 1;
   INSERT INTO score(s_no, c_no) VALUES('20221090803', CONCAT('2024', cnt));
END WHILE;
-- 带标签
DECLARE cnt int DEFAULT 0;
test:WHILE cnt <= 10 DO
   SET cnt = cnt + 1;
   IF MOD(cnt, 2) != 0 THEN ITERATE test;    # 如果 cnt 是奇数进入下一次循环
   END IF;
   INSERT INTO score(s_no, c_no) VALUES('20221090803', CONCAT('2024', cnt));
END WHILE test;
```

4. REPEAT 循环结构

REPEAT 循环是先执行后判断条件，必须放在 BEGIN/END 语句块中。语法如下：

```
[Label:]REPEAT
   语句;
   [IF 条件表达式 1 THEN ITERATE Label;
   END IF;]
   [IF 条件表达式 2 THEN LEAVE Label;
   END IF;]
   语句;
   UNTIL 循环条件;
END REPEAT [Label];
```

循环结构体的语句与 WHILE 循环结构类似，这里不再叙述。

5. LOOP 循环结构

LOOP 循环是没有循环条件的死循环，因此必须包含 LEAVE 子句和 Label 标签。其语法如下：

```
[Label:]LOOP
   语句;
   [IF 条件表达式 1 THEN ITERATE Label;
   END IF;]
   [IF 条件表达式 2 THEN LEAVE Label;
   END IF;]
   语句;
END LOOP [Label];
```

下面是示例代码。

以下示例代码不能直接运行,需要在存储过程、存储函数等结构中使用。

```
-- 向 score 表添加 5 条记录，思考一下，为什么是 5 条记录?
DECLARE cnt int DEFAULT 0;
test:LOOP
   SET cnt = cnt + 1;
   IF MOD(cnt, 2) != 0 THEN ITERATE test;
   END IF;
   IF cnt >10 THEN LEAVE test;
   END IF;
   INSERT INTO score(s_no, c_no) VALUES('20221090803', CONCAT('2024', cnt));
END LOOP test;
```

知识点6　数据库信息查询命令

这些命令主要是查看服务器、数据库、数据表的相关信息，如服务器状态、数据库和表定义语句、数据表结构、权限等。

1. STATUS

查看 MySQL 服务信息，结果包括 MySQL 版本、字符集、服务的 TCP 端口号等。运行结果如图 7.1 所示。

```
mysql> status;
--------------
mysql  Ver 8.0.19 for Win64 on x86_64 (MySQL Community Server - GPL)

Connection id:          8
Current database:       studentdb
Current user:           root@localhost
SSL:                    Cipher in use is TLS_AES_256_GCM_SHA384
Using delimiter:        ;
Server version:         8.0.19 MySQL Community Server - GPL
Protocol version:       10
Connection:             localhost via TCP/IP
Server characterset:    utf8mb4
Db     characterset:    utf8mb4
Client characterset:    gbk
Conn.  characterset:    gbk
TCP port:               3306
Binary data as:         Hexadecimal
Uptime:                 2 days 1 hour 43 min 19 sec
```

图 7.1　查看 MySQL 服务器信息

2. SHOW STATUS

该命令是查看数据库服务器状态的统计信息，比如执行 SELECT 操作的次数、执行 DELETE 操作的次数。结果以状态变量名、状态变量值两列显示。这些变量众多，可以使用 LIKE 或 WHERE 来限定。语法格式如下：

```
SHOW [SESSION | GLOBAL] STATUS [LIKE 'pattern' | WHERE 表达式 ];
```

其中，SESSION 是当前会话的统计结果；GLOBAL 是数据库服务启动至今的统计结果，默认是 SESSION；pattern 是支持表示任意字符的通配符“%_”的变量名，表达式结构为“Variable_name {LIKE | =} pattern”；LIKE 子句支持表示任意字符的通配符“%_”。以下是一些示例：

```
-- 查看当前会话的 SELECT 执行次数
SHOW STATUS LIKE 'com_select';
-- 查看全局的 SELECT 执行次数
SHOW GLOBAL STATUS WHERE Variable_name = 'Com_select';
-- 查看以 "select_" 开头的全局变量
SHOW GLOBAL STATUS LIKE 'select_%';
-- 查看以 "select_" 开头的全局变量
SHOW GLOBAL STATUS WHERE Variable_name LIKE 'select_%';
```

也可以使用操作系统级别命令 mysqladmin 获取上述信息，该命令的语法格式是“mysqladmin -u 用户名 -p 密码 extended-status”。

3. 其他操作命令

其他操作命令包括查看数据库、表、权限等信息，如表 7.1 所示。

表 7.1 常用数据库表查询命令

命 令	说 明	示 例
SHOW DATABASES	列出所有数据库	SHOW DATABASES;
USE database_name	选择数据库	USE studentdb;
SHOW TABLES	查看当前数据库的所有表，必须先选择数据库	USE students; SHOW TABLES;
SHOW COLUMNS FROM [database_name.]table_name	查看某个表的所有字段信息，查询其他数据库的表需加“database_name.”	SHOW COLUMNS FROM students; SHOW COLUMNS FROM studentdb.students;
DESCRIBE [database_name.]table_name	同上	DESCRIBE students;
SHOW CREATE DATABASE database_name	查看创建数据库的语句	SHOW CREATE DATABASE studentdb;
SHOW CREATE TABLE [database_name.]table_name	查看创建数据表的语句	SHOW CREATE TABLE studentdb.students;
SHOW GRANTS	查看当前用户权限	SHOW GRANTS;
SHOW ERRORS|WARNINGS	查看错误或警告	SHOW ERRORS|WARNINGS;

知识点7 SQL基础命令

SQL 基础命令包括如下四类。

（1）数据定义语言 DDL（data definition language），主要命令包括创建（CREATE）、修改（ALTER）、删除（DROP）。

（2）数据查询语言 DQL（data query language），主要命令包括 SELECT。

（3）数据操纵语言 DML（data manipulation language），主要命令包括插入（INSERT）、修改（UPDATE）、删除（DELETE）。

（4）数据控制语言 DCL（data control language），主要命令包括授权（GRANT）、回收（REVOKE）、提交（COMMIT）、回滚（ROLLBACK）等。

相关命令的详细介绍请参考项目 2~ 项目 5 部分。

知识点8 系统内置函数

MySQL 提供了众多内置函数，涵盖了字符串、数学、日期时间、条件、加密、压缩、聚合、系统信息等方面，为我们使用 MySQL 数据库编程提供了便利，下面逐一进行介绍。

1. 字符串函数

字符串函数通常用于字符串的拼接、字符串的截取、大小写转换等操作，详细说明和使用示例如表 7.2 所示。

表 7.2 字符串函数

函数	说明	示例
CONCAT(s1,s2[,...])	连接多个字符串，返回新字符串	CONCAT('hello', 'world') #helloworld
CONCAT_WS(s1,s2,s3[,...])	返回使用 s1 连接其余字符串形成的新字符串	CONCAT_WS('-','hello', 'world') #hello-world
LEFT(s1, i1)	返回 s1 左侧 i1 个字符的子串	LEFT('hello', 2) #he
RIGHT(s1, i1)	返回 s1 右侧 i1 个字符的子串	RIGHT('hello', 2) #lo
SUBSTR(s1,i1[, i2]) 或 MID(s1, i1[, i2])	将字符串 s1 从 i1 位置开始取 i2 个字符，返回新字符串。第一个位置从 1 开始，缺参数 i2 时取剩余的	SUBSTR('hello', 2, 3) #ell SUBSTR('hello', 2) #ello MID('hello', 2, 3) #ell
LOWER/UPPER(s1)	将字符串 s1 全部转换为小写 / 大写	LOWER('Hello') #hello
REPLACE(s1,s2,s3)	将 s1 中的所有 s2 替换为 s3	REPLACE('Hello', 'e', 'a') #Hallo
INSERT(s1,i1,i2,s2)	将 s1 中，从 i1 开始、长度 i2 的子串替换为 s2，并返回新字符串	INSERT('hello', 2, 2, 'a') #halo
LENGTH(s1)	返回 s1 的长度，对于一个汉字，如果是 GBK 编码，长度是 2；如果是 UTF-8 编码，长度是 3	LENGTH('Hello') #5
CHAR_LENGTH(s1)	同上，但一个汉字长度为 1	CHAR_LENGTH(' 中国 ') #2
TRIM/LTRIM/RTRIM(s1)	返回去除 s1 前后 / 左侧 / 右侧空格的新字符串	TRIM(' he llo ') #he llo RTRIM(' he llo ') # he llo
LPAD/RPAD(s1,i1,s2)	当 s1 长度小于 i1 时，用 s2 填充。LPAD 是左填充，RPAD 是右填充	LPAD('abc',8, '-') #-----abc RPAD('abc',8, 'df ')#abcdfdfd
INSTR(s1,s2)	子串 s2 出现在 s1 中的索引，当 s1 中不存在 s2 子串，返回 0	INSTR('hello', 'e') #2 INSTR('hello', 'ef ') #0
SPACE(i1)	返回长度为 i1 的空白字符串	SPACE(5)
REPEAT(s1, i1)	返回 s1 重复 i1 次的新字符串	REPEAT('hello', 2) #hellohello
STRCMP(s1,s2)	比较两个字符串，若 s1 和 s2 相同，返回 0；若 s1 小于 s2，返回 -1；若 s1 大于 s2，返回 1	STRCMP('hello','Hello') #0 STRCMP('hello','Hell') #1

说明：字符串函数都会返回新的值，且原字符串不受影响；使用命令“SHOW VARIABLES LIKE 'character%';”可以获取当前环境的字符集。

2. 数学函数

数学函数通常用于数值数据的取整、四舍五入、截断等操作，详细说明和使用示例如表 7.3 所示。

表 7.3 数学函数

函 数	说 明	示 例
CEIL/FLOOR(n1)	向上 / 下取整	CEIL(1.1)/FLOOR(1.9) #2/1
ROUND(n1，n2)	将 n1 四舍五入，保留 n2 小数位	ROUND(1.525, 2) #1.53
MOD(n1, n2)	返回 n1 除以 n2 的余数	MOD(5, 2) #1
TRUNCATE(n1, n2)	返回 n1 并截断保留 n2 个小数位，n2 可以是负数	TRUNCATE(3.1415,3) #3.141 TRUNCATE(25, −1) #20
RAND([n1])	返回 [0,1) 随机数；含 n1 时，同一个 n1 可以得到相同的随机数	RAND() # 每次产生不同的随机数 RAND(2)# 每次产生相同的随机数
FORMAT(n1,n2)	与 TRUNCATE 不同的是，FORMAT 会四舍五入，且不支持负数	FORMAT(1.256,2) #1.26 FORMAT(25, −1) #25
PI()/SQRT(n1)/ABS(n1)	返回 π 的值 /n1 的平方根 /n1 的绝对值	PI() #3.141593 SQRT(2) #1.41421356237309
SIGN(n1)	返回 n1 的符号：1、−1、0	SIGN(3.14) #1
POW/POWER(n1, n2)	返回 n1 的 n2 次方	POW(2,3)/POWER(2,3) #8/8
EXP(n1)	返回 e^{n1}	EXP(2) #7.38905609893065
LOG/LOG10(n1)	返回自然对数 / 以 10 为底的对数	LOG(2) #0.6931471805599453 LOG10(2) #0.30102999566398
SIN/ASIN(n1)	返回以弧度为单位的 n1 的正弦 / 反正弦	SIN(1.57) #0.9999996829318 ASIN(0.99) #1.429256853470
COS/ACOS(n1)	返回以弧度为单位的 n1 的余弦 / 反余弦	ACOS(0.99) #0.1415394733244
TAN/ATAN(n1)	返回以弧度为单位的 n1 的正切 / 反正弦	ATAN(0.99) #0.7803730800666
RADIANS(n1)	将角度 n1 转换为弧度	RADIANS(90) #1.570796326794
DEGREES(n1)	将弧度 n1 转换为角度	DEGREES(1.57) #89.954373835

3. 日期时间函数

日期时间函数通常用于日期格式化、返回当前时间、返回当前时间的时间戳等操作，详细说明和使用示例如表 7.4 所示。

表 7.4 日期时间函数

函 数	说 明	示 例
CURDATE( )[+0] CURRENT_DATE[( )][+0]	返回“YYYY-MM-DD”格式的当前日期，如果包含“+0”，则返回 YYYYMMDD 格式的日期	CURDATE() #2024-03-07 CURRENT_DATE # 可不带括号 CURDATE()+0 #20240307
UTC_DATE[( )][+0]	返回当前世界标准日期，可省略括号，“+0”的含义同上	UTC_DATE #2024-03-06 UTC_DATE()+0 #20240306

续表

函　数	说　明	示　例
CURTIME([n1])[+0] CURRENT_TIME[([n1])][+0]	返回“HH:MM:SS”格式的当前时间，有“+0”时返回 HMMSS 格式的时间，n1 表示保留毫秒的位数	CURTIME()+0 #72601 CURRENT_TIME(2) #07:27:40.11
UTC_TIME[([n1])][+0]	返回当前世界标准日期，可省略括号，“+0”和 n1 的含义同上	UTC_TIME #23:29:32 UTC_TIME(2)+0 #233211.63
CURRENT_TIMESTAMP[([n1])][+0] LOCALTIME[([n1])][+0] SYSDATE([n1])[+0] NOW([n1])[+0]	返回“YYYY-MM-DD HH:MM:SS”格式的当前日期时间，有“+0”时格式为 YYYYMMDDHHMMSS，n1 的含义同上	CURRENT_TIMESTAMP #2024-03-07 07:30:17 LOCALTIME(1) #2024-03-07 07:37:00.2 SYSDATE()#2024-03-07 07:37:41 NOW(1)+0 #20240307073817.8
UTC_TIMESTAMP[([n1])][+0]	返回当前世界标准日期时间，n1 和“+0”的含义同上	UTC_TIMESTAMP+0 #20240306233940
UNIX_TIMESTAMP([d1])	返回自“1970-01-01 00:00:00”或字符串 d1 指定的日期时间以来的秒数（时间戳）	UNIX_TIMESTAMP() #1709768526 UNIX_TIMESTAMP('2000-01-01') #946656000
FROM_UNIXTIME(t1[,s1])	将时间戳转换为 s1 指定格式或默认格式表示的日期时间	FROM_UNIXTIME(946659,'%Y-%m-%d %H:%m') #1970-01-12 06:01
MONTH/MONTHNAME(d1)	返回字符串 d1 的月份或名称	MONTHNAME('2022-04-03') #April
DAY/DAYNAME(d1)	返回字符串 d1 的日或星期名称	DAY('2022-04-03') #3 DAYNAME('2022-4-3') #Sunday
DAYOFWEEK(d1)	返回日期 d1 用数字代表的星期，1~7 表示星期天 ~ 星期六	DAYOFWEEK('2022-4-3') #1
DAYOFYEAR(d1)	返回日期 d1 在所在年份的天	DAYOFYEAR('2022-4-3') #93
WEEK(d1)	返回日期d1 是该年第几周。若 1 月 1 日所在周在该年 ≥4，则定义第一周；否则属于上一年最后一周	WEEK('2022-4-3') #14
QUARTER(d1)	返回日期 d1 所属的季度	QUARTER('2022-4-3') #2
HOUR/MINUTE/SECOND(t1)	返回时间 t1 的小时 / 分钟 / 秒，t1 可以带日期，以下同	HOUR('2022-4-3 15:23:1') #15 HOUR('15:23:1') #15
TIME_TO_SEC(t1)	返回 t1 从 0 时以来的秒数	TIME_TO_SEC('1:0:1') #3601
SEC_TO_TIME(n1)	返回秒数 n1 的时间	SEC_TO_TIME(3601) #01:00:01
TO_DAYS(d1)	返回日期 d1 自第 0 年以来的天数，第 0 年第一天是“0-1-1”	TO_DAYS('1-1-3') #368 TO_DAYS('2022-4-3') #738613
TO_SECNDS(d1)	返回日期时间 d1 自第 0 年以来秒数，非“1970-1-1 0:0:0”	TO_SECONDS('2022-4-3') #63816163200
ADDDATE(d1,[INTERVAL] n1 [DAY | YEAR| MONTH| HOUR| SECOND]	返回日期时间 d1 增加指定类型的值 n1，默认是 DAY	ADDDATE('2022-4-3', INTERVAL 1 HOUR) #2022-04-03 01:00:00 ADDDATE('2022-4-3',1) #2022-04-04

续表

函　数	说　明	示　例
ADDTIME(t1, n1)	返回时间 t1 加 n1 秒的新时间	ADDTIME('1:5:23',10) #01:05:33
SUBTIME(t1, n1)	返回时间 t1 减 n1 秒的新时间	SUBTIME('1:5:23',10) #01:05:13
DATE_FORMAT(d1,s1)	返回以 s1 指定的格式输出日期 d1	DATE_FORMAT('2022-4-3 1:6:6', '%Y/%m/%d')　#2022/04/03
DATEDIFF(d1,d2)	返回相差的天数，如果 d1 在 d2 之前，返回负数	DATEDIFF('2022-4-3','2024-3-7') #-704
TIMEDIFF(t1, t2)	返回相差的时间，如果 t1 在 t2 之前，返回负数	TIMEDIFF('8:15:21','10:19:54') #-02:04:33

FROM_UNIXTIME、DATE_FORMAT 中的格式字符串 s1 的格式说明如下：

%M：月份名 (January~December)；

%W：星期名字 (Sunday~Saturday)；

%D：有英语前缀的月份的日期 (1st、2nd、3rd 等)；

%Y：年 , 数字 , 4 位；

%y：年 , 数字 , 2 位；

%a：缩写的星期名字 (Sun~Sat)；

%d：月份中的天数 , 数字 (00~31)；

%e：月份中的天数 , 数字 (0~31)；

%m：月 , 数字 (01~12)；

%c：月 , 数字 (1~12)；

%b：缩写的月份名 (Jan~Dec)；

%j：一年中的天数 (001~366)；

%H：小时 (00~23)；

%k：小时 (0~23)；

%h：小时 (01~12)；

%I：小时 (01~12)；

%l：小时 (1~12)；

%i：分钟 , 数字 (00~59)；

%r：时间，12 小时 (hh:mm:ss [AP]M)；

%T：时间，24 小时 (hh:mm:ss)；

%S：秒 (00~59)；

%s：秒 (00~59)；

%p：AM 或 PM；

%w：一个星期中的天数 (0=Sunday，…，6=Saturday)；

%U：星期 (0~52), 这里星期天是每星期的第一天；

%u：星期 (0~52), 这里星期一是每星期的第一天；

%%：一个文字 %。

4. 条件函数

条件函数通常用于根据条件返回指定结果、实现分支结构等，详细说明和使用示例如表 7.5 所示。

表 7.5　条件函数

函　数	说　明	示　例
IF(exp1,v1,v2)	exp1 不为 0 或 NULL，返回 v1；否则返回 v2。v1 和 v2 可为表达式	IF(1>2, 'zs', 'ls')　#ls
IFNULL(exp1,exp2)	exp1 不为 NULL，返回 exp1；否则返回 exp2	IFNULL(null, 'zs')　#zs
NULLIF(exp1,exp2)	exp1=exp2 返回 NULL；否则 exp2	NULLIF('ZS','zs')　#NULL
CASE...WHEN...END	该结构在"知识点 5 流程控制结构的 CASE 分支结构"中有详细介绍	

5. 系统信息函数

获取系统信息的内置函数主要有以下六个。

（1）VERSION( )：MySQL 服务器的版本。

（2）CONNECTION_ID( )：显示连接号。

（3）DATABASE()、SCHEMA( )：显示当前使用的数据库。

（4）SESSION_USER( )、SYSTEM_USER( )、USER( )、CURRENT_USER、CURRENT_USER( )："当前的用户名 @ 主机"。

（5）LAST_INSERT_ID( )：最近 INSERT 操作的 auto_increment 类型列的值。

（6）CHARSET(s1)、COLLATION(s1)：字符串 s1 的字符集名称。

6. 加密函数

加密函数包括常用的 MD5、SHA 加密，详细说明和使用示例如表 7.6 所示。

表 7.6　加密函数

函　数	说　明	示　例
MD5(s1)	返回 32 位十六进制字符串哈希密码，是 128 位校验和	MD5('123')#202cb962ac59075b964b07152d234b70
SHA/SHA1(s1)	返回 40 位十六进制字符串，是 160 位校验和	SHA1('123')#40bd001563085fc35165329ea1ff5c5ecbdbbeef
SHA2(s1,n1)	n1 取 224、256、384、512，返回 SHA-2 系列的哈希计算（SHA-224、SHA-256、SHA-384、SHA-512）结果	SHA2('123',224)#78d8045d684abd2eece923758f3cd781489df3a48e1278982466017f

7. 聚合函数

SQL 中聚合函数主要有 MAX 最大值、MIN 最小值、AVG 平均值、COUNT 计数、STD 和 STDDEV 标准差、STDDEV_SAMP 样本标准差等，通常用于 SQL 查询统计，已在项目 5 中有详细介绍，这里不再赘述。需补充的是，除非特殊说明，一般聚合函数会忽略掉 NULL 值；如果没有 GROUP BY 子句，会统计所有行。

任务实施

1. 编写一段代码，将 2024 级网络工程专业 1~8 班的信息添加到 class 表

班级编码规则：年份 + 一位专业号 + 两位班级号，如 2024 级网络工程专业 1 班的班级编码为 2024201，班级名称：24 网络 + 两位班级号，学院：信息工程学院，专业简称：网工。程序主要涉及的知识点：注释、语句结束符、变量、数据类型、循环结构、内置函数。代码如下：

```
/*
创建存储过程 proc_insert_class，参数 n：班级数量
*/
DELIMITER $$  # 修改语句结束符
CREATE PROCEDURE studentdb.proc_insert_class(IN n int)
BEGIN
DECLARE classID char(7);        # 声明变量
DECLARE className char(6);      # 声明变量
DECLARE i int DEFAULT 1;        # 声明变量
-- LOOP 循环
MyLabel:LOOP
   IF i > n THEN LEAVE MyLabel; -- 如果 n 超过 8
   END IF;
   SET classID = CONCAT('20242', '0', i);
   SET className =CONCAT('24 网络', '0', i);
   INSERT INTO
studentdb.'class'(class_no,cl_name,department,specialty,grade)
VALUES(classID,className,'信息工程学院','网工',2024);
   SET i = i + 1;
END LOOP MyLabel;
END$$
-- 修改语句结束符为 ;
DELIMITER;
```

图 7.2 所示为执行过程，用到了存储过程，存储过程的相关知识无须了解，在“任务 7.2”中有详细介绍。

2. 查询和设置系统变量

分别完成以下任务：①输出以 connect 开头的会话变量；②输出名称为 version 的全局变量；③输出值为 100000 的全局变量；④设置会话级别的自增主键的初始值为 1、步长为 10。

通过 SHOW VARIABLES 命令可获取系统变量，SET 命令可修改系统变量值。代码如下：

```
SHOW VARIABLES LIKE 'connect%';
SHOW GLOBAL VARIABLES WHERE Variable_name = 'version';
SHOW GLOBAL VARIABLES WHERE Value = 100000;
SET SESSION auto_increment_offset = 1;
SET SESSION auto_increment_increment = 10;
```

图 7.3 所示为上述命令执行的结果。

```
mysql> /*
   /*> 创建存储过程proc_insert_class, 参数n: 班级数量
   /*> */
mysql> DELIMITER $$  #修改语句结束符
mysql> CREATE PROCEDURE studentdb.proc_insert_class(IN n INTEGER)
    -> BEGIN
    -> DECLARE classID CHAR(7); #声明变量
    -> DECLARE className CHAR(6);  #声明变量
    -> DECLARE i INTEGER DEFAULT 1;
    -> -- LOOP循环
    -> MyLabel:LOOP
    ->  IF i > n THEN LEAVE MyLabel; -- 如果n超过8
    ->  END IF;
    ->  SET classID = CONCAT('20242', '0', i);
    ->  SET className =CONCAT('24网络', '0', i);
    ->  INSERT INTO studentdb.`class`(class_no,cl_name,department,specialty,gr
ade) VALUES(classID,className,'信息工程学院','网工',2024);
    ->  SET i = i + 1;
    -> END LOOP MyLabel;
    -> END$$
Query OK, 0 rows affected (0.01 sec)

mysql> -- 修改语句结束符为;
mysql> DELIMITER ;
```

图 7.2 批量添加班级信息

```
mysql> SHOW VARIABLES LIKE 'connect%';
+-----------------+-------+
| Variable_name   | Value |
+-----------------+-------+
| connect_timeout | 10    |
+-----------------+-------+
1 row in set, 1 warning (0.00 sec)

mysql> SHOW GLOBAL VARIABLES WHERE Variable_name = 'version';
+---------------+--------+
| Variable_name | Value  |
+---------------+--------+
| version       | 8.0.19 |
+---------------+--------+
1 row in set, 1 warning (0.00 sec)

mysql> SHOW GLOBAL VARIABLES WHERE Value = 100000;
+---------------------------------+---------------+
| Variable_name                   | Value         |
+---------------------------------+---------------+
| secondary_engine_cost_threshold | 100000.000000 |
+---------------------------------+---------------+
1 row in set, 250 warnings (0.00 sec)

mysql> SET SESSION auto_increment_offset = 1;
Query OK, 0 rows affected (0.00 sec)

mysql> SET SESSION auto_increment_increment = 10;
Query OK, 0 rows affected (0.00 sec)
```

图 7.3 查询和修改系统变量

任务 7.2 存储过程

任务描述

（1）使用 CREATE PROCEDURE 命令创建存储过程，使用 CALL 命令调用存储过程。

（2）使用 SHOW PROCEDURE STATUS 命令列出数据库的存储过程，使用 SHOW CREATE PROCEDURE 命令查看存储过程的定义。

（3）使用 ALTER PROCEDURE 命令修改存储过程，使用 DROP PROCEDURE 命令删除存储过程。

（4）在存储过程中使用 DECLARE HANDLER 等命令进行错误处理，在存储过程中使用 DECLARE CURSOR 等命令实现游标功能。

微课：存储过程的定义和调用

微课：错误处理和游标

任务目标

（1）会创建存储过程。
（2）会调用存储过程。
（3）能列出某数据库的存储过程。
（4）会查看存储过程的定义。
（5）会修改存储过程。
（6）会删除存储过程 。
（7）能定义错误条件和进行错误处理。
（8）会在存储过程中使用游标。

知识储备

知识点1　存储过程的创建和运行

1. 存储过程的创建

MySQL 5.0 开始支持存储过程。存储过程简单来说，就是为以后的使用而保存的一条或多条 MySQL 语句的集合，可将其视为批处理文件。存储过程是在数据库底层实现代码封装与重用，隐藏了业务的细节。

由于存储过程的定义相当于一条语句，其内部又包含多条语句，因而在定义存储过程之前要将系统默认的语句结束符（英文分号）进行更换，存储过程定义完成后再恢复回默认的语句结束符。存储过程的主体结构是：CREATE PROCEDURE…BEGIN…END，存储过程定义的语法如下：

```
DELIMITER $$   # 将语句结束符分号 ";" 声明为 "$$"，也可以声明为其他字符（串）
CREATE PROCEDURE [IF NOT EXISTS] [database_name.]procedure_name([IN 参数 1 类型, ..., OUT 参数 2, ..., INOUT 参数 3, ...])
# 特性
[LANGUAGE SQL
  | [NOT] DETERMINISTIC
  | {CONTAINS SQL | NO SQL | READS SQL DATA | MODIFIES SQL DATA}
  | SQL SECURITY {DEFINER | INVOKER}
  | COMMENT s1]
BEGIN
```

```
    存储过程体;
END$$
DELIMITER;    # 再将语句结束符分号";"声明回来
```

存储过程的参数中，IN 修饰的参数是输入参数，OUT 修饰的参数是输出参数，既是输入参数又是输出参数用 INOUT 修饰。这些参数的数量和顺序没有严格要求，通常按 IN、OUT、INOUT 的顺序定义。MySQL 不区分大小写，如果过程体中要使用 SQL 语句，那么任何参数名不能和数据库中表字段名称相同。

特性说明如下。

（1）LANGUAGE SQL：说明接下来过程体使用 SQL 语言编写，是系统默认的。

（2）[NOT] DETERMINISTIC：DETERMINISTIC 指确定的，即每次输入一样，输出也一样；NOT 则相反。

（3）{CONTAINS SQL | NO SQL | READS SQL DATA | MODIFIES SQL DATA}：CONTAINS SQL 表示过程体包含读或写数据的语句，NO SQL 表示过程体不包含 SQL 语句，READS SQL DATA 表示过程体包含读数据的语句但不包含写数据的语句，MODIFIES SQL DATA 表示过程体包含写数据的语句。默认值为 CONTAINS SQL。

（4）SQL SECURITY {DEFINER | INVOKER}：指定过程体使用创建过程者的许可来执行，还是使用调用者的许可来执行，默认值是 DEFINER。

（5）COMMENT s1：存储过程的注释信息 s1。

下面示例为定义存储过程 proc_add：

```
DELIMITER $$
CREATE PROCEDURE studentdb.proc_add(IN a int, IN b int, OUT c int)
COMMENT '输入两个整数，输出它们之和'
BEGIN
   SET c = a + b;
END$$
DELIMITER;
```

2. 存储过程的调用

调用存储过程的语法如下：

```
CALL database_name.procedure_name(实际参数列表);
```

语法说明：database_name 是数据库名，省略时为当前数据库；procedure_name 为存储过程名；实际参数列表顺序要和定义时保持一致。

OUT 或 INOUT 修饰的参数需要事先定义，以下是存储过程 proc_add 调用过程：

```
SET @sum = 0;
CALL studentdb.proc_add(1, 2, @sum);
SELECT @sum;
```

图 7.4 演示了存储过程 proc_add 的定义和调用。

```
mysql> CREATE PROCEDURE studentdb.proc_add(IN a INT, IN b INT, OUT c INT)
    -> COMMENT '输入两个整数，输出它们之和'
    -> BEGIN
    ->  SET c = a + b;
    -> END$$
Query OK, 0 rows affected (0.01 sec)

mysql> DELIMITER ;
mysql> SET @sum = 0;
Query OK, 0 rows affected (0.00 sec)

mysql> CALL studentdb.proc_add(1, 2, @sum);
Query OK, 0 rows affected, 1 warning (0.00 sec)

mysql> SELECT @sum;
+------+
| @sum |
+------+
|    3 |
+------+
1 row in set (0.00 sec)
```

图 7.4 存储过程 proc_add 的定义和调用

知识点2 存储过程的列表和查看

1. 存储过程列表

可以使用命令 SHOW PROCEDURE STATUS 列出全部或指定数据库的存储过程信息，包括名称、创建者、创建日期、修改日期、备注信息等，语法如下：

```
SHOW PROCEDURE STATUS [WHERE 子句];
```

不含 WHERE 子句显示全部数据库的存储过程，否则根据 WHERE 条件查询存储过程。MySQL 的存储过程的全部信息存放在系统数据库 information_schema 的 Routines 表中，上述命令等效于对 Routines 表执行查询操作，因此也可以执行 SQL 查询语句获取相关信息。

查询 studentdb 数据库所定义的所有存储过程有两种方式，具体如下：

```
-- 使用 SHOW PROCEDURE STATUS 列出指定数据库的存储过程
SHOW PROCEDURE STATUS WHERE DB='studentdb';
-- 使用 SELECT 查询语句列出指定数据库的存储过程
SELECT ROUTINE_NAME,DEFINER,CREATED,ROUTINE_COMMENT FROM information_schema.Routines WHERE ROUTINE_TYPE='PROCEDURE' AND ROUTINE_SCHEMA='studentdb';
```

图 7.5 所示分别为使用 SHOW 和 SELECT 命令列出的 studentdb 数据库的存储过程的结果。

SHOW PROCEDURE STATUS 的 WHERE 子句也支持名称查询，如“SHOW PROCEDURE STATUS WHERE name like 'proc_%';”用于查询 MySQL 中以“proc_”开头的所有存储过程的信息。

2. 查看存储过程的定义

查看存储过程的语法如下：

```
SHOW CREATE PROCEDURE [database_name].procedure_name
```

```
--------+--------------------+----------------------------------+----------------------+-----------
------------+----------------------+
| Db         | Name               | Type       | Definer | Modified              | Created
       | Security_type | Comment                          | character_set_client | collation_
connection | Database Collation |
+------------+--------------------+------------+---------+-----------------------+-----------
--------+--------------------+----------------------------------+----------------------+-----------
------------+----------------------+
| studentdb | proc_add           | PROCEDURE | root@%  | 2024-03-20 20:20:00 | 2024-03-20 20
:20:00 | DEFINER        | 输入两个整数，输出它们之和      | gbk                  | gbk_chines
e_ci        | utf8mb4_0900_ai_ci |
| studentdb | proc_insert_class | PROCEDURE | root@%  | 2024-03-19 20:53:54 | 2024-03-19 20
:53:54 | DEFINER        |                                  | gbk                  | gbk_chines
e_ci        | utf8mb4_0900_ai_ci |
| studentdb | proc_score         | PROCEDURE | root@%  | 2024-03-20 20:14:08 | 2024-03-20 20
:14:08 | DEFINER        | 输入数值分数，输出等级分数      | gbk                  | gbk_chines
e_ci        | utf8mb4_0900_ai_ci |
| studentdb | proc_stu_count     | PROCEDURE | root@%  | 2024-03-20 20:34:15 | 2024-03-20 20
:34:15 | DEFINER        | 通过班级编号，查询人数          | gbk                  | gbk_chines
e_ci        | utf8mb4_0900_ai_ci |
| studentdb | proc_sum           | PROCEDURE | root@%  | 2024-03-20 20:21:12 | 2024-03-20 20
:21:12 | DEFINER        | 输入整数n，输出1+2+...+n的结果 | gbk                  | gbk_chines
e_ci        | utf8mb4_0900_ai_ci |
+------------+--------------------+------------+---------+-----------------------+-----------
--------+--------------------+----------------------------------+----------------------+-----------
------------+----------------------+
5 rows in set (0.00 sec)

mysql> -- 使用SELECT查询语句列出指定数据库的存储过程
mysql> SELECT ROUTINE_NAME,DEFINER,CREATED,ROUTINE_COMMENT FROM information_schema.Routines
 WHERE ROUTINE_TYPE='PROCEDURE' AND ROUTINE_SCHEMA='studentdb';
+-------------------+---------+---------------------+--------------------------------+
| ROUTINE_NAME      | DEFINER | CREATED             | ROUTINE_COMMENT                |
+-------------------+---------+---------------------+--------------------------------+
| proc_add          | root@%  | 2024-03-20 20:20:00 | 输入两个整数，输出它们之和    |
| proc_insert_class | root@%  | 2024-03-19 20:53:54 |                                |
| proc_score        | root@%  | 2024-03-20 20:14:08 | 输入数值分数，输出等级分数    |
| proc_stu_count    | root@%  | 2024-03-20 20:34:15 | 通过班级编号，查询人数        |
| proc_sum          | root@%  | 2024-03-20 20:21:12 | 输入整数n，输出1+2+...+n的结果 |
+-------------------+---------+---------------------+--------------------------------+
5 rows in set (0.00 sec)
```

图 7.5　studentdb 数据库的存储过程

如果使用 USE 命令选择数据库，则数据库名称可省略，示例如下：

```
USE studentdb;
SHOW CREATE PROCEDURE proc_sum;
```

同理，可以通过查询 Routines 表来获取某个存储过程的定义，这里不再演示。

知识点3　存储过程的修改和删除

1. 存储过程的修改

存储过程的修改范围通常包括注释、安全性等特性，不支持修改参数，语法格式如下：

```
ALTER PROCEDURE [database_name].procedure_name {COMMENT | 特性};
```

以下演示了修改存储过程的权限、注释、安全性。

```
-- 读写权限改为 MODIFIES SQL DATA
USE studentdb;
ALTER PROCEDURE proc_sum MODIFIES SQL DATA;
-- 存储过程的注释
ALTER PROCEDURE proc_sum COMMENT '新的注释';
-- 修改存储过程的安全性
ALTER PROCEDURE proc_sum SQL SECURITY INVOKER;
```

2. 存储过程的删除

删除存储过程命令的语法格式如下：

```
DROP PROCEDURE [IF EXISTS] [database_name].procedure_name;
```

本质上是删除 Routines 表的某条记录，如删除数据库 studentdb 的存储过程 proc_sum

的语句为 DROP PROCEDURE studentdb.proc_sum。

知识点4 错误处理

存储过程的语句体中如果出现数据类型不匹配、插入的数据发生唯一性约束冲突、插入的数据主键重复等情况，调用存储过程将产生异常，存储过程会立即终止执行并输出错误信息。为此需要在存储过程体中进行错误处理，以提高存储过程的健壮性。

下面演示了未进行错误处理的存储过程的定义和调用过程。studentdb 库的 students 表的主键字段是 s_no，定义实现插入一条记录的存储过程 proc_students_insert，再调用此存储过程来插入一条已存在 s_no 字段的记录，结果产生异常并中断程序的调用。

```
/*
定义用户插入表 students 的存储过程
*/
DELIMITER $$
CREATE PROCEDURE studentdb.proc_students_insert(IN sno char(11), IN
sname varchar(10), OUT res int)
COMMENT '插入一条记录'
BEGIN
   SET res = 1;
   INSERT INTO studentdb.students(s_no, s_name) VALUES(sno, sname);
   SET res = 2;
END$$
DELIMITER;
-- 调用存储过程
CALL studentdb.proc_students_insert('20221090501', '张三', @res);
SELECT @res;
```

由于数据表 students 中存在主键为 20221090501 的学生，调用存储过程时产生异常，如图 7.6 所示。可见，在执行存储过程时，过程体的命令有错误时将终止执行，后续语句“SELECT @res;”无法执行。

```
mysql> /*
   /*> 定义用户插入表students的存储过程
   /*> */
mysql> DELIMITER $$
mysql> CREATE PROCEDURE studentdb.proc_students_insert(IN sno CHAR(11), IN sname VARCHAR(
10), OUT res INT)
    -> COMMENT '插入一条记录'
    -> BEGIN
    ->  SET res = 1;
    -> INSERT INTO studentdb.students(s_no, s_name) VALUES(sno, sname);
    -> SET res = 2;
    -> END$$
Query OK, 0 rows affected (0.01 sec)

mysql> DELIMITER ;
mysql> -- 调用存储过程
mysql> CALL studentdb.proc_students_insert('20221090501', '张三', @res);
ERROR 1062 (23000): Duplicate entry '20221090501' for key 'students.PRIMARY'
```

图 7.6 产生异常的存储过程调用

因此，需要在存储过程体中进行错误处理。其声明语句的语法格式如下：

```
DECLARE 错误处理类型 HANDLER FOR 错误条件 错误处理程序；
```

错误处理语句须放在所有变量和游标的定义之后、其他 SQL 语句之前，游标将在“知识点 5”中学习。下面介绍错误处理语法的几个关键信息。

1. 错误处理类型

只有 CONTINUE 和 EXIT 两种。前者表示错误发生后忽略该错误，并立即执行错误处理程序，之后再继续执行剩余语句；后者表示错误发生后立即执行错误处理程序，并停止执行之后的语句。

2. 错误处理程序

错误处理程序是出现错误时的处理逻辑，比如设置状态变量值、插入异常信息到日志表中等。如果错误处理程序是由多条语句构成，则需放在 BEGIN...END 结构中。

3. 错误条件

错误条件定义了产生错误的原因，包括 SQL 状态码、MySQL 错误码等。上面调用存储过程报错“ERROR 1062 (23000)”就包括了 MySQL 错误码和 SQL 状态码。错误条件取值包括以下内容。

1）SQLSTATE ANSI 标准错误代码

SQLSTATE ANSI 标准错误代码是包含 5 个字符的字符串，如 23000 表示主键冲突、21S01 表示字段数量和传入参数数量不匹配。其中，以 01 结尾的 SQLSTATE 错误代码可使用 SQLWARNING 代替，以 02 结尾的 SQLSTATE 错误代码可使用 NOT FOUND 代替，其他的 SQLSTATE 错误代码可用 SQLEXCEPTION 代替。下面两个示例演示了使用错误代码和关键词 NOT FOUND 来进行错误处理：

```
-- SQLSTATE 为 42S02 错误条件的错误处理
DECLARE EXIT HANDLER FOR SQLSTATE '42S02'
BEGIN
    SET @code=1;
    SET @error=' 该表不存在 ';
END;
-- 使用 NOT FOUND 错误条件的错误处理
DECLARE EXIT HANDLER FOR NOT FOUND SET @error=' 该表不存在 ';
```

2）MySQL 错误代码

MySQL 错误代码可参考 MySQL 官方文档，下面是一些常用的错误代码：1062（主键 / 唯一键冲突错误）、1146（表不存在错误）、1451（外键约束错误，发生主表与从表关联的数据完整性问题）、1452（外键约束错误，发生从表插入或更新时找不到相应的主表记录问题）、1364（字段非空约束错误，发生插入或更新时空字段值不允许的情况）、1048（字段非空约束错误，发生插入或更新时空字段值不允许的情况）、1215（外键约束错误，发生创建外键时引用的主表或外键表不存在的情况）、1054（未知列错误，发生查询或更新时引用了不存在的列名的情况）。用于处理主键冲突的错误处理如下：

```
DECLARE EXIT HANDLER FOR 1062 SET @error=' 主键冲突 ';
```

3）自定义错误条件

自定义错误条件是给错误条件取一个名称，然后在错误处理中使用自定义的错误条件名，以增加程序的可读性。自定义错误条件及其使用的语法格式如下：

```
-- 自定义错误条件
DECLARE 自定义错误条件名 CONDITION FOR 错误条件;
-- 使用自定义错误条件的错误处理
DECLARE 错误处理类型 HANDLER FOR 自定义错误条件名 错误处理程序;
```

下例将标准错误代码 42S02 定义为 noSuchTable，并在声明错误处理中使用它：

```
DECLARE noSuchTable CONDITION FOR SQLSTATE '42S02';
DECLARE CONTINUE HANDLER FOR noSuchTable SET @error='该表不存在';
```

系统还支持多个错误条件列表来定义自定义错误条件，多个错误条件之间用逗号分开。下例是将外键约束两种错误代码 1451 和 1452 定义为 foreignKeyError 并使用：

```
DECLARE foreignKeyError CONDITION FOR 1451,1452;
DECLARE CONTINUE HANDLER FOR foreignKeyError SET @error='外键约束错误';
```

根据上述错误处理知识，将本任务定义的存储过程 proc_students_insert 修改如下：

```
DROP PROCEDURE IF EXISTS studentdb.proc_students_insert;
/*
定义用户插入表 students 的存储过程
*/
DELIMITER $$
CREATE PROCEDURE studentdb.proc_students_insert(IN sno char(11), IN
sname varchar(10), OUT res int)
COMMENT '插入一条记录'
BEGIN
    DECLARE EXIT HANDLER FOR 1062 SET res=0; # 失败
    INSERT INTO studentdb.students(s_no, s_name) VALUES(sno, sname);
    SET res = 1; # 成功
END$$
DELIMITER;
-- 调用存储过程
CALL studentdb.proc_students_insert('20221090501', '张三', @res);
SELECT @res;
```

执行带错误处理的存储过程，发生错误时存储过程能正确处理，如图 7.7 所示。

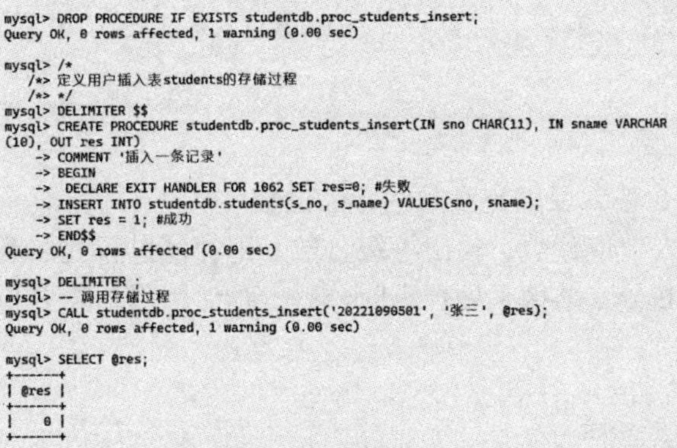

```
mysql> DROP PROCEDURE IF EXISTS studentdb.proc_students_insert;
Query OK, 0 rows affected, 1 warning (0.00 sec)

mysql> /*
   /*> 定义用户插入表students的存储过程
   /*> */
mysql> DELIMITER $$
mysql> CREATE PROCEDURE studentdb.proc_students_insert(IN sno CHAR(11), IN sname VARCHAR
(10), OUT res INT)
    -> COMMENT '插入一条记录'
    -> BEGIN
    ->  DECLARE EXIT HANDLER FOR 1062 SET res=0; #失败
    -> INSERT INTO studentdb.students(s_no, s_name) VALUES(sno, sname);
    -> SET res = 1; #成功
    -> END$$
Query OK, 0 rows affected (0.00 sec)

mysql> DELIMITER ;
mysql> -- 调用存储过程
mysql> CALL studentdb.proc_students_insert('20221090501', '张三', @res);
Query OK, 0 rows affected, 1 warning (0.00 sec)

mysql> SELECT @res;
+------+
| @res |
+------+
|    0 |
+------+
```

图 7.7　带错误处理的存储过程 proc_students_insert

知识点5　游标

在存储过程体中，表的查询结果如果只是一个字段，可以使用 SELECT…INTO 将结果存放到变量中。如果表的查询结果是一条或多条记录，且需要处理这些记录，就必须使用游标。游标能从包括多条数据记录的 SELECT 结果集中每次提取一条记录，再通过控制游标遍历结果集中的每一行。

游标的使用包括以下步骤。

1. 声明游标

使用“DECLARE CURSOR FOR…”语句声明游标，其语法格式如下：

```
DECLARE cursor_name CURSOR FOR SELECT 查询语句；
```

其中，cursor_name 是游标名。

2. 打开游标

声明游标时并未将结果集放在内存中，用 OPEN 命令打开游标后数据集才存放到内存。其语法格式如下：

```
OPEN cursor_name;
```

3. 获取数据

使用“FETCH…INTO…”语句提取游标的当前记录到变量中，成功提取后，游标指针后移。如果当前游标指向最后一条记录，则再次执行 FETCH 语句时将产生 ERROR 1329(02000) 错误，因此需要进行错误处理，错误处理语句必须放在游标定义后。错误处理相关知识请参考“知识点 4　错误处理”。获取游标数据的语法如下：

```
FETCH [[NEXT] FROM] cursor_name INTO var_name[, var_name] … ;
```

其中，cursor_name 是游标名；var_name 是变量名。

通常情况下，我们要循环执行“FETCH…INTO…”语句来提取游标的所有数据，并进行错误处理。

4. 关闭游标

游标使用后需关闭，用 CLOSE 语句即可关闭游标，其语法如下：

```
CLOSE cursor_name;
```

游标的使用示例，请参考本任务的“任务实施 5”。

任务实施

1. 编写和调用包含输入及输出参数的存储过程

存储过程包括输入数值分数，输出等级分数。即存储过程的参数包括输入的分数和输出的结果，使用 CASE 分支结构来处理不同分数。存储过程的定义和调用代码如下：

```
/*
定义存储过程 proc_score
```

```
*/
DELIMITER $$
CREATE PROCEDURE studentdb.proc_score(IN score int, OUT res char(3))
COMMENT '输入数值分数，输出等级分数'
BEGIN
   CASE
      WHEN score >= 90 THEN SET res = '优秀';
      WHEN score >= 80 THEN SET res = '良好';
      WHEN score >= 60 THEN SET res = '合格';
      ELSE SET res = '不合格';
   END CASE;
END$$
DELIMITER ;
-- 调用存储过程
CALL studentdb.proc_score(85, @res);
SELECT @res;
```

图 7.8 所示为本任务的完整截图。

```
mysql> /*
   /*> 定义存储过程proc_score
   /*> */
mysql> DELIMITER $$
mysql> CREATE PROCEDURE studentdb.proc_score(IN score INT, OUT res CHAR(3))
    -> COMMENT '输入数值分数，输出等级分数'
    -> BEGIN
    ->  CASE
    -> WHEN score >= 90 THEN SET res = '优秀';
    -> WHEN score >= 80 THEN SET res = '良好';
    -> WHEN score >= 60 THEN SET res = '合格';
    -> ELSE SET res = '不合格';
    -> END CASE;
    -> END$$
Query OK, 0 rows affected (0.00 sec)

mysql> DELIMITER ;
mysql> -- 调用存储过程
mysql> CALL studentdb.proc_score(85, @res);
Query OK, 0 rows affected, 1 warning (0.00 sec)

mysql> SELECT @res;
+------+
| @res |
+------+
| 良好 |
+------+
1 row in set (0.00 sec)
```

图 7.8 存储过程 proc_score 的定义和使用

2. 编写和调用带 INOUT 类型参数的存储过程

编写存储过程，计算 1+2+⋯+*n*，其中 *n* 既是输入参数，又是输出参数，最后调用该存储过程。

存储过程中用 INOUT 修饰参数 *n*，存储过程体定义 *i* 和 sum 两个局部变量，调用存储过程之前定义用户变量 @n，用户变量名前需加 @ 符号，完整的存储过程之定义和调用如下：

```
/*
定义存储过程 studentdb.proc_sum
*/
DELIMITER $$
```

```
CREATE PROCEDURE studentdb.proc_sum(INOUT n int)
COMMENT '输入整数n，输出1+2+...+n的结果'
BEGIN
    DECLARE i,sum int DEFAULT 0;
    REPEAT
        SET i = i + 1;
        SET sum = sum + i;
        UNTIL i >= n
    END REPEAT;
    SET n = sum;
END$$
DELIMITER;
-- 调用存储过程
SET @n = 100;
CALL studentdb.proc_sum(@n);
SELECT @n;
```

图 7.9 所示为本任务的完整截图。

```
mysql> CREATE PROCEDURE studentdb.proc_sum(INOUT n INT)
    -> COMMENT '输入整数n, 输出1+2+...+n的结果'
    -> BEGIN
    ->  DECLARE i,sum INT DEFAULT 0;
    ->  REPEAT
    ->          SET i = i + 1;
    ->          SET sum = sum + i;
    ->      UNTIL i >= n
    ->  END REPEAT;
    ->  SET n = sum;
    -> END$$
Query OK, 0 rows affected (0.01 sec)

mysql> DELIMITER ;
mysql> -- 调用存储过程
mysql> SET @n = 100;
Query OK, 0 rows affected (0.00 sec)

mysql> CALL studentdb.proc_sum(@n);
Query OK, 0 rows affected, 1 warning (0.00 sec)

mysql> SELECT @n;
+------+
| @n   |
+------+
| 5050 |
+------+
1 row in set (0.00 sec)
```

图 7.9　INOUT 参数的存储过程

3. 编写操作数据库表的存储过程

编写存储过程，查询 studentdb 库的 students 表，要求输入班级号、输出班级总人数。

这里，存储过程只读取数据库的数据，故在存储过程中增加访问数据库的特性参数，完整代码如下：

```
/*
定义存储过程 proc_stu_count
*/
DELIMITER $$
CREATE PROCEDURE studentdb.proc_stu_count(IN cno varchar(100), OUT res
int)
READS SQL DATA
```

```
COMMENT '通过班级编号，查询人数'
BEGIN
   SELECT COUNT(*) INTO res FROM studentdb.students WHERE class_no= cno;
END$$
DELIMITER;
-- 调用存储过程
SET @result = NULL;
CALL studentdb.proc_stu_count('JSJ2201', @result);
SELECT @result;
```

图 7.10 所示为存储过程 proc_stu_count 的定义和调用过程。

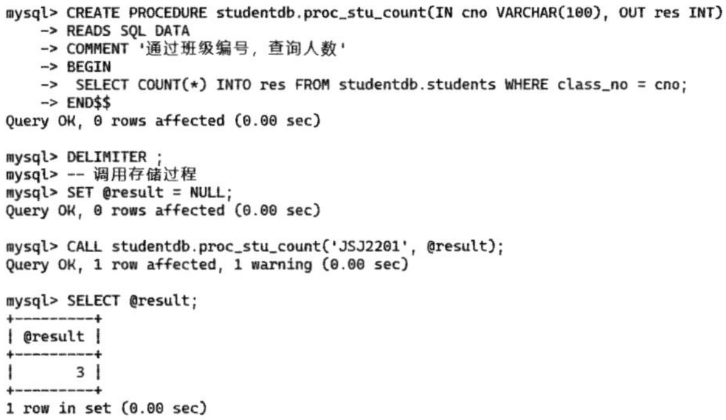

```
mysql> CREATE PROCEDURE studentdb.proc_stu_count(IN cno VARCHAR(100), OUT res INT)
    -> READS SQL DATA
    -> COMMENT '通过班级编号，查询人数'
    -> BEGIN
    ->  SELECT COUNT(*) INTO res FROM studentdb.students WHERE class_no = cno;
    -> END$$
Query OK, 0 rows affected (0.00 sec)

mysql> DELIMITER ;
mysql> -- 调用存储过程
mysql> SET @result = NULL;
Query OK, 0 rows affected (0.00 sec)

mysql> CALL studentdb.proc_stu_count('JSJ2201', @result);
Query OK, 1 row affected, 1 warning (0.00 sec)

mysql> SELECT @result;
+---------+
| @result |
+---------+
|       3 |
+---------+
1 row in set (0.00 sec)
```

图 7.10　存储过程 proc_stu_count 的定义和调用过程

4. 编写包含错误处理的存储过程

class 表的 department 字段是 NOT NULL 约束，插入一条不含该字段的记录到 class 表时，存储过程能正确处理错误。如果插入班级表的 department 字段为 NULL，将产生系统错误（MySQL 错误码 1364），因此在存储过程中需进行错误处理，错误处理类型是 EXIT。完整代码如下：

```
/*
定义存储过程 proc_class_insert
*/
DELIMITER $$
CREATE PROCEDURE studentdb.proc_class_insert(IN cno char(7), IN cname
varchar(30), OUT res char(4))
COMMENT '插入一条记录到 class 班级表'
BEGIN
    DECLARE EXIT HANDLER FOR 1364 SET res = '失败';
    INSERT INTO studentdb.`class`(class_no,cl_name) VALUES(cno, cname);
    SET res = '成功';
END$$
DELIMITER ;
-- 调用存储过程
```

```
SET @result = NULL;
CALL studentdb.proc_class_insert('2024102', '24计应02', @result);
SELECT @result;
```

图 7.11 演示了存储过程 proc_class_insert 的错误定义和调用过程。

```
mysql> /*
   /*> 定义存储过程proc_class_insert
   /*> */
mysql> DELIMITER $$
mysql> CREATE PROCEDURE studentdb.proc_class_insert(IN cno CHAR(7), IN cname VARCHAR(30)
, OUT res CHAR(4))
    -> COMMENT '插入一条记录到class班级表'
    -> BEGIN
    ->     DECLARE EXIT HANDLER FOR 1364 SET res = '失败';
    ->  INSERT INTO studentdb.`class`(class_no,cl_name) VALUES(cno, cname);
    -> SET res = '成功';
    -> END$$
Query OK, 0 rows affected (0.00 sec)

mysql> DELIMITER ;
mysql> -- 调用存储过程
mysql> SET @result = NULL;
Query OK, 0 rows affected (0.00 sec)

mysql> CALL studentdb.proc_class_insert('2024102', '24计应02', @result);
Query OK, 0 rows affected, 1 warning (0.00 sec)

mysql> SELECT @result;
+---------+
| @result |
+---------+
| 失败     |
+---------+
1 row in set (0.00 sec)
```

图 7.11　定义含错误处理的存储过程

5. 编写带游标的存储过程

编写存储过程，将 studentdb 库中 class 表指定年级（作为参数传入）的所有记录保存到 classtest 表中。

以下代码演示了将指定年级的所有记录保存到 classtest 表的存储过程 proc_class_backup 的定义和调用过程。

```
/*
定义存储过程 proc_class_backup
*/
DELIMITER $$
CREATE PROCEDURE studentdb.proc_class_backup(IN n int)
COMMENT '将 n 年级的班级信息保存到 classtest 表'
BEGIN
   -- 定义变量，用于保存 class 表的各个字段
   DECLARE classno char(7);
   DECLARE classname varchar(30);
   DECLARE _department varchar(30);
   DECLARE _specialty varchar(20);
   -- 定义变量 flag，存储游标是否到达最后一行，初始值 flag=0
   DECLARE flag int DEFAULT 0;
   -- 声明游标 cur_class，该游标是一个多行数据的结果集
   DECLARE cur_class CURSOR FOR SELECT 'class_no','cl_
name','department','specialty' FROM studentdb.'class' WHERE grade= n;
   -- 错误处理：02000 是 SQL 状态参数，表示未找到，此时设置标志 flag 为 1
   DECLARE EXIT HANDLER FOR SQLSTATE '02000' SET flag = 1;
```

```
    -- 打开游标
    OPEN cur_class;
    -- 取一行数据到字段变量
    FETCH cur_class INTO classno, classname, _department, _specialty;
    -- 开始循环读取数据
    WHILE flag <> 1 DO
        INSERT INTO studentdb.classtest VALUES(classno, classname, _
department, _specialty, n, null);
        -- 读取下一行数据
        FETCH NEXT FROM cur_class INTO classno, classname, _department, _
specialty;
    END WHILE;
    -- 关闭游标
    CLOSE cur_class;
END$$
DELIMITER;
```

调用存储过程的代码如下：

```
USE studentdb;
-- 调用存储过程
CALL studentdb.proc_class_backup(2024);
SELECT * FROM classtest;
```

图 7.12 所示为调用带游标的存储过程的运行结果。

```
mysql> USE studentdb;
Database changed
mysql> -- 调用存储过程
mysql> CALL studentdb.proc_class_backup(2024);
Query OK, 0 rows affected, 1 warning (0.01 sec)

mysql> SELECT * FROM classtest;
+----------+----------+--------------+-----------+-------+----------+
| class_no | cl_name  | department   | specialty | grade | h_counts |
+----------+----------+--------------+-----------+-------+----------+
| 2024201  | 24网络01 | 信息工程学院 | 网工      |  2024 |     NULL |
| 2024202  | 24网络02 | 信息工程学院 | 网工      |  2024 |     NULL |
| 2024203  | 24网络03 | 信息工程学院 | 网工      |  2024 |     NULL |
| 2024204  | 24网络04 | 信息工程学院 | 网工      |  2024 |     NULL |
| 2024205  | 24网络05 | 信息工程学院 | 网工      |  2024 |     NULL |
| 2024206  | 24网络06 | 信息工程学院 | 网工      |  2024 |     NULL |
| 2024207  | 24网络07 | 信息工程学院 | 网工      |  2024 |     NULL |
| 2024208  | 24网络08 | 信息工程学院 | 网工      |  2024 |     NULL |
+----------+----------+--------------+-----------+-------+----------+
8 rows in set (0.00 sec)
```

图 7.12　调用带游标的存储过程的运行结果

任务 7.3　存储函数

任务描述

（1）使用 CREATE FUNCTION 语句创建存储函数，使用 SELECT、SET 语句调用存

储函数。

（2）使用 SHOW FUNCTION STATUS 语句列出存储函数，使用 SHOW CREATE FUNCTION 语句查看存储函数。

（3）使用 ALTER FUNCTION 语句修改存储函数，使用 DROP FUNCTION 语句删除存储函数。

微课：存储函数的定义和调用

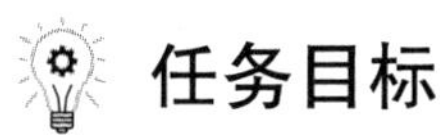

任务目标

（1）会创建存储函数。

（2）会调用存储函数。

（3）能列出存储函数。

（4）会查看存储函数。

（5）会修改存储函数。

（6）会删除存储函数。

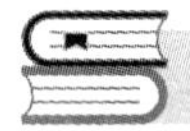

知识储备

知识点1　存储函数的创建和调用

存储函数相当于 MySQL 的自定义函数，存储函数体计算后会返回一个结果给调用者，其调用者通常是 SELECT 或 SET 语句。与存储过程类似，存储函数的基本操作也包括创建、调用、列表、查看、修改、删除。

1. 存储函数的创建

使用 CREATE FUNCTION 语句创建存储函数，其语法如下：

```
DELIMITER $$   # 将语句结束符声明为 $$
CREATE FUNCTION [IF NOT EXISTS] [database_name.]func_name ([param_name type[,...]])
RETURNS type
[ 特性 ]
BEGIN
   [DECLARE 变量名 类型 [DEFAULT 值 ];]
   包含 RETURN 语句的函数体
END$$
DELIMITER;  # 将语句结束符恢复默认符号
```

注意

参数列表没有 IN/OUT 关键字，type 是数据类型；特性与存储过程有所不同，取值包括 DETERMINISTIC、NO SQL、READS SQL DATA。

下面是存储函数 func_add 的示例。

```
/*
定义存储函数，输入两个数，返回它们之和
*/
DELIMITER $$   # 将语句结束符分号 ";" 声明为 $$
CREATE FUNCTION studentdb.func_add(a int, b int)
RETURNS int
COMMENT '返回两个整数之和'
NO SQL
BEGIN
   DECLARE c int DEFAULT 0;
   SET c = a + b;
   RETURN c;
END$$
DELIMITER;
```

2. 存储函数的调用

可以使用 SELECT、SET 来调用存储函数。如下演示了分别使用 SELECT 和 SET 调用存储函数 func_add。

```
SELECT studentdb.func_add(1, 2);
SET @x = studentdb.func_add(1, 2);
SELECT @x;
```

知识点2 存储函数的列表和查看

1. 存储函数列表

使用 SHOW FUNCTION STATUS 语句列出全部或 WHERE 条件限定的存储函数信息，包括名称、创建者、创建日期、修改日期、备注信息等，语法如下：

```
SHOW FUNCTION STATUS [WHERE 子句];
```

MySQL 的存储过程的全部信息存放在系统数据库 information_schema 的 Routines 表中，上述命令等效于对 Routines 表执行查询操作，因此也可以执行 SQL 查询以获取相关信息。

下面分别演示了用 SHOW 和 SELECT 语句列出 studentdb 的存储函数：

```
-- 用 SHOW FUNCTION STATUS 列出 studentdb 数据库的存储函数
SHOW FUNCTION STATUS WHERE DB='studentdb';
-- 用 SELECT 查询语句列出 studentdb 数据库的存储函数
SELECT ROUTINE_NAME,DEFINER,CREATED,ROUTINE_COMMENT FROM
information_schema.Routines WHERE ROUTINE_TYPE='FUNCTION' AND ROUTINE_
SCHEMA='studentdb';
-- 用 SHOW FUNCTION STATUS 列出所有数据库中以 func_ 开头的存储函数
SHOW FUNCTION STATUS WHERE name like 'func_%';
```

2. 查看存储函数的定义

使用 SHOW CREATE FUNCTION 可查看存储函数的定义，其语法如下：

```
SHOW CREATE FUNCTION [database_name].function_name
```

其中，function_name 是存储函数名称。同理，也可以通过查询 Routines 表来获取某个存储函数的定义，这里不再演示。

知识点3　存储函数的修改和删除

1. 存储函数的修改

使用 ALTER FUNCTION 语句可修改存储函数，其修改范围通常包括注释、安全性等特性，不支持修改参数等。其语法如下：

```
ALTER FUNCTION [database_name].function_name {COMMENT | 特征值}
```

如下是一些修改存储函数 func_add 的权限、注释、安全性的示例。

```
-- 将存储函数 func_add 的读写权限改为 NO SQL
ALTER FUNCTION studentdb.func_add NO SQL;
-- 修改存储函数 func_add 的注释
ALTER FUNCTION studentdb.func_add COMMENT '新的注释';
-- 修改存储函数 func_add 的安全性
ALTER FUNCTION studentdb.func_add SQL SECURITY INVOKER;
```

2. 存储函数的删除

使用 DROP FUNCTION 语句删除存储函数，其语法如下：

```
DROP FUNCTION [IF EXISTS] [database_name].function_name
```

本质上是删除 Routines 表的某条记录。比如，删除数据库 studentdb 的存储函数 func_sum 的语句为 DROP FUNCTION studentdb.func_sum。

任务实施

1. 编写和调用传入数值分数、返回等级分数的存储函数

存储函数 func_score 的程序代码和存储过程的任务实施 1 类似，其定义和调用如下：

```
/*
定义存储函数
*/
DELIMITER $$
CREATE FUNCTION studentdb.func_score(score int)
RETURNS varchar(3)
COMMENT '输入数值分数，输出级分数'
NO SQL
BEGIN
```

```
    DECLARE res varchar(3) DEFAULT '';
    CASE
        WHEN score >= 90 THEN SET res = '优秀';
        WHEN score >= 80 THEN SET res = '良好';
        WHEN score >= 60 THEN SET res = '合格';
        ELSE SET res = '不合格';
    END CASE;
    RETURN res;
END$$
DELIMITER;
-- 调用存储函数
SET @res = studentdb.func_score(85);
SELECT @res;
```

图 7.13 所示为存储函数 func_score 的定义和调用过程。

```
mysql> CREATE FUNCTION studentdb.func_score(score INT)
    -> RETURNS VARCHAR(3)
    -> COMMENT '输入数值分数，输出等级分数'
    -> NO SQL
    -> BEGIN
    ->     DECLARE res VARCHAR(3) DEFAULT '';
    ->  CASE
    ->          WHEN score >= 90 THEN SET res = '优秀';
    ->          WHEN score >= 80 THEN SET res = '良好';
    ->          WHEN score >= 60 THEN SET res = '合格';
    ->          ELSE SET res = '不合格';
    ->  END CASE;
    ->  RETURN res;
    -> END$$
Query OK, 0 rows affected (0.01 sec)

mysql> DELIMITER ;
mysql> -- 调用存储函数
mysql> SET @res = studentdb.func_score(85);
Query OK, 0 rows affected, 1 warning (0.00 sec)

mysql> SELECT @res;
+------+
| @res |
+------+
| 良好 |
+------+
1 row in set (0.00 sec)
```

图 7.13　存储函数 func_score 的定义和调用

2. 编写操作数据表的存储函数

定义存储函数，输入年级，查询 class 表，返回班级数，最后调用该存储函数。

下面代码定义了存储函数 func_class_count，并调用该存储函数。

```
/*
定义存储函数
*/
DELIMITER $$
CREATE FUNCTION studentdb.func_class_count(_grade int)
RETURNS int
COMMENT '通过年级，查询班级数'
READS SQL DATA
BEGIN
     DECLARE res int DEFAULT 0;
    SELECT COUNT(*) INTO res FROM studentdb.`class` WHERE grade = _grade;
```

```
    RETURN res;
END$$
DELIMITER;
-- 用 SELECT 语句调用存储函数
SET @result = studentdb.func_class_count(2024);
SELECT @result;
```

图 7.14 所示为存储函数 func_class_count 的定义和调用过程。

```
mysql> /*
   /*> 定义存储函数
   /*> */
mysql> DELIMITER $$
mysql> CREATE FUNCTION studentdb.func_class_count(_grade INT)
    -> RETURNS INT
    -> COMMENT '通过年级，查询班级数'
    -> READS SQL DATA
    -> BEGIN
    ->     DECLARE res INT DEFAULT 0;
    ->  SELECT COUNT(*) INTO res FROM studentdb.`class` WHERE grade = _grade;
    ->  RETURN res;
    -> END$$
Query OK, 0 rows affected (0.01 sec)

mysql> DELIMITER ;
mysql> -- 用SELECT语句调用存储函数
mysql> SET @result = studentdb.func_class_count(2024);
Query OK, 0 rows affected (0.00 sec)

mysql> SELECT @result;
+---------+
| @result |
+---------+
|       8 |
+---------+
1 row in set (0.00 sec)
```

图 7.14　定义和调用存储函数 func_class_count

3. 编写带错误处理的存储函数

编写存储函数，向 class 表中插入一条记录，最后调用该存储函数。

下面定义的存储函数体中使用了错误处理，错误号 1062 表示主键冲突错误，相关知识参考本任务的“知识点 4”。

```
/*
定义存储函数
*/
DELIMITER $$
CREATE FUNCTION studentdb.func_insert_class(cno char(7), cname varchar(30), dpt varchar(30))
RETURNS varchar(20)
COMMENT '在 stuinfo 表中增加一条记录'
DETERMINISTIC
BEGIN
    DECLARE EXIT HANDLER FOR 1062 RETURN 'class 班级表存在该班级号';
    INSERT INTO studentdb.'class'(class_no, cl_name, department) VALUES(cno, cname, dpt);
    RETURN 'class 班级表成功插入一条记录';
END$$
DELIMITER ;
-- 调用存储函数
```

```
SET @res = studentdb.func_insert_class('2024101', '24计应01', '信息工程学院');
SELECT @res;
SET @res = studentdb.func_insert_class('2024101', '24计应02', '信息工程学院');
SELECT @res;
```

图 7.15 所示为存储函数 func_insert_class 的定义和调用过程，第二次调用时发生主键冲突错误并完成处理。

```
mysql> /*
   /*> 定义存储函数
   /*> */
mysql> DELIMITER $$
mysql> CREATE FUNCTION studentdb.func_insert_class(cno CHAR(7), cname VARCHAR(30), dpt VA
RCHAR(30))
    -> RETURNS VARCHAR(20)
    -> COMMENT '在stuinfo表中增加一条记录'
    -> DETERMINISTIC
    -> BEGIN
    ->  DECLARE EXIT HANDLER FOR 1062 RETURN 'class班级表存在该班级号';
    -> INSERT INTO studentdb.`class`(class_no, cl_name, department) VALUES(cno, cname, dp
t);
    -> RETURN 'class班级表成功插入一条记录';
    -> END$$
Query OK, 0 rows affected (0.01 sec)

mysql> DELIMITER ;
mysql> -- 调用存储函数
mysql> SET @res = studentdb.func_insert_class('2024101', '24计应01', '信息工程学院');
Query OK, 0 rows affected, 1 warning (0.00 sec)

mysql> SELECT @res;
+-----------------------------+
| @res                        |
+-----------------------------+
| class班级表成功插入一条记录 |
+-----------------------------+
1 row in set (0.00 sec)

mysql> SET @res = studentdb.func_insert_class('2024101', '24计应02', '信息工程学院');
Query OK, 0 rows affected (0.00 sec)

mysql> SELECT @res;
+-------------------------+
| @res                    |
+-------------------------+
| class班级表存在该班级号 |
+-------------------------+
1 row in set (0.00 sec)
```

图 7.15　带错误处理的存储函数

任务 7.4　触　发　器

任务描述

(1) 使用 CREATE TRIGGER 语句创建触发器。

(2) 使用 SHOW TRIGGERS 语句查看触发器。

(3) 使用 DROP TRIGGER 语句删除触发器。

微课：触发器的定义

任务目标

(1) 理解触发器的事件、NEW 变量、OLD 变量等概念。

（2）会创建各种类型的触发器。
（3）会查看触发器的定义。
（4）会删除触发器。

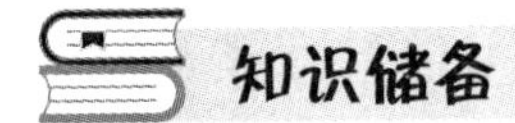

知识储备

知识点1　触发器的创建

触发器（TRIGGER）是由数据的插入、修改、删除等事件来触发某个操作，通过触发器可以实现多个表的数据同步。MySQL 从 5.0.2 版本开始支持触发器。使用 CREATE TRIGGER 语句创建触发器，其语法如下：

```
CREATE TRIGGER [IF NOT EXISTS] trigger_name trigger_time trigger_event
ON [database_name.]table_name FOR EACH ROW trigger_sql;
```

语法说明如下。

（1）trigger_name：触发器名称。

（2）trigger_time：触发器执行的时机，包括 BEFORE 和 AFTER，前者在触发器事件发生之前触发执行触发器的 SQL 语句，后者在触发器事件发生之后触发执行触发器的 SQL 语句。

（3）trigger_event：引起触发器执行的事件，包括 INSERT、UPDATE、DELETE。

（4）table_name：触发器所在的表名称。

（5）FOR EACH ROW：表示任何一条记录上的操作在满足触发的事件时都会触发该触发器的执行。

（6）trigger_sql：触发器执行的 SQL 语句，多个 SQL 语句需要放在 BEGIN/END 结构中，每条语句末尾加分号“;”。

触发器 SQL 语句中可以使用 OLD 和 NEW 两个变量，具体用法如下。

（1）INSERT 事件：用 NEW 变量表示插入 table_name 表的记录对象。

（2）DELETE 事件：用 OLD 变量表示删除 table_name 表的记录对象。

（3）UPDATE 事件：用 OLD 变量表示更新 table_name 表之前的记录对象，NEW 变量表示更新 table_name 表之后的记录对象。

下面是创建 trigger_before_delete_students 触发器，用于删除 students 表的记录之前删除 score 表中对应的 s_no 记录。

```
CREATE TRIGGER trigger_before_delete_students BEFORE DELETE ON
studentdb.students FOR EACH ROW DELETE FROM studentdb.score WHERE s_no =
OLD.s_no;
```

一个表的同一个事件（如 INSERT），触发时机 BEFORE 和 AFTER 都会引起触发器的执行。因此，相同的业务逻辑只需编写 BEFORE 和 AFTER 中一种时机的触发器。

知识点2 触发器的查看

使用 SHOW TRIGGERS 语句查看触发器，其语法如下：

```
SHOW TRIGGERS [FROM <database_name>] [LIKE 子句 | WHERE 子句];
```

FROM 子句用于指定查看触发器的数据库，LIKE 或 WHERE 子句可以进行精细查询，以下是查询示例。

```
SHOW TRIGGERS FROM studentdb;
SHOW TRIGGERS LIKE 'students%';
```

定义的触发器存储在系统数据库 information_schema 的 triggers 表中，因此可以通过 SQL 查询语句获取相同的结果。例如：

```
SELECT * FROM information_schema.triggers WHERE trigger_
schema='studentdb' AND event_object_table='students';
```

知识点3 触发器的删除

删除触发器本质上是删除系统数据库 information_schema 的 triggers 表的记录，为安全起见，系统默认不允许管理员删除 triggers 表的记录。而是使用 DROP TRIGGER 命令删除触发器，其语法如下：

```
DROP TRIGGER [IF EXISTS] trigger_name;
```

任务实施

1. 编写 AFTER 类型触发器

编写 AFTER 类型触发器，用于处理 students 表的插入、修改、删除操作。

假定：在 students 表中插入一条记录，在 score 表中为该学生添加所有课程的分数记录；在 students 表中删除一条记录，在 score 表中删除该学生所有课程的分数记录；在 students 表中修改一条记录，用 test 表的 info 字段记录学生修改前、后的信息，并记录修改时间。如下为这些 AFTER 类型触发器的定义。

创建 INSERT 事件触发器 trigger_after_insert_students。

```
-- 在 studentdb 数据库中创建 test 表
DROP TABLE IF EXISTS studentdb.'test';
CREATE TABLE studentdb.'test' (
 'info' text CHARACTER SET utf8mb4 COLLATE utf8mb4_0900_ai_ci NOT NULL,
 'createTime' datetime NULL
) ENGINE=InnoDB DEFAULT CHARSET=utf8mb4 COLLATE=utf8mb4_0900_ai_ci ROW_
FORMAT=Dynamic;
DELIMITER $$                         # 语句结束符声明为 "$$"
CREATE TRIGGER trigger_after_insert_students AFTER INSERT ON studentdb.
students FOR EACH ROW
```

```
BEGIN
   DECLARE cno varchar(20);      #课程号
   DECLARE flag int DEFAULT 0;
   DECLARE cur_course CURSOR FOR SELECT c_no FROM studentdb.course;
   DECLARE CONTINUE HANDLER FOR SQLSTATE '02000' SET flag = 1;
   OPEN cur_course;
   FETCH cur_course INTO cno;
   WHILE flag <> 1 DO
      INSERT INTO studentdb.score(s_no,c_no) VALUES(NEW.s_no, cno);
      FETCH NEXT FROM cur_course INTO cno;
   END WHILE;
   CLOSE cur_course;
END$$
DELIMITER;                           #将语句结束符声明为";"
```

创建 UPDATE 事件触发器 trigger_after_update_students。

```
DELIMITER $$  #语句结束符声明为"$$"
CREATE TRIGGER trigger_after_update_students AFTER UPDATE ON studentdb.
students FOR EACH ROW
BEGIN
    INSERT INTO studentdb.test SELECT CONCAT_WS(' ','students表更新前数据
为:学号-', OLD.s_no, ',姓名-', OLD.s_name,',性别-',OLD.sex,',生日-',OLD.
birthday,',籍贯-',OLD.nat_place,',民族-',OLD.nation,',电话-',OLD.ctc_
info,',班级号-',OLD.class_no), NOW();
    INSERT INTO studentdb.test SELECT CONCAT_WS(' ','students表更新后数据
为:学号-', NEW.s_no, ',姓名-', NEW.s_name,',性别-',NEW.sex,',生日-',NEW.
birthday,',籍贯-',NEW.nat_place,',民族-',NEW.nation,',电话-',NEW.ctc_
info,',班级号-',NEW.class_no), NOW();
END$$
DELIMITER; #将语句结束符声明为";"
```

创建 DELETE 事件触发器。

```
CREATE TRIGGER trigger_after_delete_students AFTER DELETE ON studentdb.
students FOR EACH ROW DELETE FROM studentdb.score WHERE s_no = OLD.s_no;
```

为验证触发器是否正常工作，在 students 表中依次进行如下操作：①插入一条记录，显示分数表的数据；②更新一条记录，显示 test 表的最新两条记录；③删除一条记录，显示分数表的数据。

```
INSERT INTO studentdb.students(s_no, s_name) VALUES ('20221090603','张三');
SELECT * FROM studentdb.score;
UPDATE studentdb.students SET sex='男',nation='回族' where s_no='20221090603';
SELECT * FROM studentdb.test ORDER BY createTime desc LIMIT 2;
```

```
DELETE FROM studentdb.students WHERE s_no='20221090603';
SELECT * FROM studentdb.score;
```

然后分别查看数据同步情况，结果显示触发器正常工作，如图 7.16 所示。

```
mysql> INSERT INTO studentdb.students(s_no, s_name) VALUES ('20221090603','张三');
Query OK, 1 row affected (0.01 sec)

mysql> SELECT * FROM studentdb.score;
+-------------+-------+-----------+-----------+-----------+
| s_no        | c_no  | usu_score | fin_score | ttl_score |
+-------------+-------+-----------+-----------+-----------+
| 20221090501 | 11001 |     84.00 |     94.00 |     88.00 |
| 20221090502 | 11003 |     90.00 |     96.00 |     92.40 |
| 20221090602 | 11002 |    100.00 |     90.00 |     96.00 |
| 20221090603 | 11001 |      NULL |      NULL |      NULL |
| 20221090603 | 11002 |      NULL |      NULL |      NULL |
| 20221090603 | 11003 |      NULL |      NULL |      NULL |
| 20221090603 | 21002 |      NULL |      NULL |      NULL |
+-------------+-------+-----------+-----------+-----------+
7 rows in set (0.00 sec)

mysql> UPDATE studentdb.students SET sex='男',nation='回族' where s_no='20221090603';
Query OK, 1 row affected (0.00 sec)
Rows matched: 1  Changed: 1  Warnings: 0

mysql> SELECT * FROM studentdb.test ORDER BY createTime desc LIMIT 2;
+-----------------------------------------------------------------------------------------------
---------+---------------------+
| info
         | createTime          |
+-----------------------------------------------------------------------------------------------
---------+---------------------+
| students表更新前数据为：学号- 20221090603 ,姓名- 张三 ,性别- 男 ,生日- ,籍贯- ,民族- 汉 ,电话- ,
班级号-   | 2024-03-23 08:46:19 |
| students表更新后数据为：学号- 20221090603 ,姓名- 张三 ,性别- 男 ,生日- ,籍贯- ,民族- 回族 ,电话-
,班级号- | 2024-03-23 08:46:19 |
+-----------------------------------------------------------------------------------------------
---------+---------------------+
2 rows in set (0.00 sec)

mysql> DELETE FROM studentdb.students WHERE s_no='20221090603';
Query OK, 1 row affected (0.00 sec)

mysql> SELECT * FROM studentdb.score;
+-------------+-------+-----------+-----------+-----------+
| s_no        | c_no  | usu_score | fin_score | ttl_score |
+-------------+-------+-----------+-----------+-----------+
| 20221090501 | 11001 |     84.00 |     94.00 |     88.00 |
| 20221090502 | 11003 |     90.00 |     96.00 |     92.40 |
| 20221090602 | 11002 |    100.00 |     90.00 |     96.00 |
+-------------+-------+-----------+-----------+-----------+
```

图 7.16　触发器的执行情况

项目小结

数据库编程是本课程非常重要的一个环节，涵盖了前面各个项目的知识点，也为后续的事务、安全等项目的学习打下了基础。本项目介绍了 MySQL 编程的基础知识，如注释符、语句结束符、数据类型、变量、运算符、表达式、分支循环结构、内置函数等，还详细地介绍了存储过程、存储函数、触发器、错误处理、游标等数据库高级操作。

知识巩固与能力提升

一、选择题

1. 可用于修饰局部变量的关键词是（　　）。

   A. SESSION　　B. GLOBAL　　C. LOCAL　　D. LIKE

2. 用于给用户变量赋值的命令有（　　）。

   A. SET　　B. SELECT　　C. UPDATE　　D. GET

3. MySQL 中属于循环结构的语句是（　　）。

A. CASE ... WHEN ... ELSE ... END CASE

B. WHILE ... END WHILE

C. REPEAT ... UNTIL ... END REPEAT

D. LOOP ... END LOOP

4. 创建存储过程的关键词是（　　）。

A. PROCEDURE　　B. FUNCTION　　C. TRIGGER　　D. EVENT

5. 触发器的事件包括（　　）。

A. SELECT　　B. INSERT　　C. UPDATE　　D. DELETE

6. MySQL 中用于声明语句结束符的关键字是（　　）。

A. DELIMITER　　B. DECLARE　　C. COMMENT　　D. SHOW

7. 下面有关存储过程的叙述错误的是（　　）。

A. MySQL 允许在存储过程创建时引用一个不存在的对象

B. 存储过程可以带多个输入参数，也可以带多个输出参数

C. 使用存储过程可以减少网络流量

D. 在一个存储过程中不可以调用其他存储过程

8. 下列说法中错误的是（　　）。

A. 常用触发器有 insert、update、delete 三种

B. 对于同一张数据表，可以同时有两个 before update 触发器

C. new 临时表在 insert 触发器中用来访问被插入的行

D. old 临时表中的值只能读，不能被更新

9. MySQL 中可进行单行注释的是（　　）。

A. /*　*/　　B. #　　C. { }　　D. –

二、实践训练

bookbrdb 数据库有 book 图书表、readers 读者表、readers_type 读者类别表、borrow 借阅表，它们的表结构请查询本书提供的资源文档。请完成以下任务。

（1）编写存储过程实现：统计已归还的借阅记录中“教师”“学生”“其他”等类别各有多少条，类别通过参数传入，返回条数。

（2）编写存储过程实现：新增借阅记录，图书 ID 和读者 ID 通过参数传入，返回执行状态，成功则返回 1，失败则返回 0。

（3）编写存储函数实现：输入出版社名称，返回馆藏中该出版社各类图书的总价。

数据安全

项目导读

随着信息技术的快速发展，数据库作为存储和处理大量数据的关键基础设施，其安全性日益受到关注。数据库的数据安全不仅关乎企业的正常运营，更涉及国家安全、个人隐私等多个层面。因此，开展数据库的数据安全项目具有重要的现实意义和社会价值。本项目将从用户的权限和安全、数据库备份和还原，以及事务和多用户管理三方面来讨论如何提高 MySQL 数据库的安全性。

学习目标

- 掌握创建和删除用户的语法。
- 掌握权限的授予和撤销。
- 掌握 MySQL 中数据的备份和恢复。
- 掌握事务的方法和数据库锁定机制。

任务 8.1 用户的权限和安全

任务描述

（1）为本地用户创建三个用户，分别为 test1、test2 和 test3，并为三个用户创建密码。

（2）分别使用 DROP 和 DELETE 语句删除 test1 用户和 test2 用户。

（3）将 test3 用户名修改为 test，并为其授予查询、插入、修改和删除的权限。

（4）撤销 test3 用户的删除权限。

微课：用户的权限和安全

任务目标

（1）能正确新建、删除普通用户。
（2）能正确修改用户密码。
（3）会对用户进行授权和收回操作。
（4）能正确查看用户的权限。

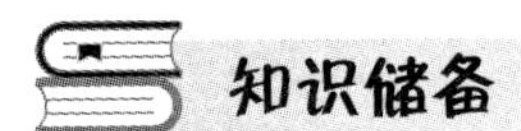

知识储备

知识点1　用户管理

MySQL 的客户端连接是以用户名来登录服务端。服务端可以对用户的权限进行更改，所以每个用户对数据库或对数据表的权限都是不一样的。一般来说不应该使用 root 用户登录，因为 root 用户拥有最高的权限，可以进行删除数据库等“危险”操作。为了安全应该使用其他用户登录，并且给它分配合适的权限。用户应该是有密码的，使用匿名用户（没有密码）是非常危险的，如果这个匿名用户开放了远程登录，别人只要检测到你的端口是开放的，就可以登录你的 MySQL。

MySQL 的用户账号和信息存储在名为 mysql 的 MySQL 数据库中。mysql 数据库有一个名为 user 的表，它包含所有用户账号。user 表有一个名为 user 的列，用于存储用户的登录名。

1. 创建用户

MySQL 默认为 root 用户，但是该用户权限太大，一般只在管理数据库时才用。如果要连接 MySQL 数据库，则建议新建一个权限较小的用户来连接。

CREATE USER 语句的基本语法形式如下：

```
CREATE USER 'username'@'host' IDENTIFIED BY 'password';
```

其中，username 表示新建的用户名；host 指定用户可在哪个主机地址进行登录，可以是 IP、IP 段、域名以及“%”（“%”为通配符，表示任何地址），本地登录可用 localhost；password 是指用户的登录密码，可以为空，如果为空则表示不需要密码即可登录。执行成功后，系统本身的 mysql 数据库的 user 表会添加一个新记录。

2. 用户的删除

当 MySQL 数据库中的普通用户已经没有存在的必要性时，需要将其删除。删除普通用户有两种方法。

方法一：使用 DROP USER 语句删除用户，但需要拥有 MySQL 数据库的全局 CREATE USER 权限或 DELETE 权限，语法形式如下：

```
DROP USER 'username'@'localhost';
```

方法二：使用 DELETE 语句删除用户，相当于删除一条记录。删除完成后，使用 FLUSH PRIVILEGES 进行生效。语法形式如下：

```
DELETE FROM mysql.user WHERE user='username' and host='localhost';
```

3. 用户名称的修改

可以使用 RENAME USER 语句修改已经创建好的用户名称。语法形式如下：

```
RENAME USER 'old_name'@'localhost' TO 'new_user'@'localhost',…;
```

其中，old_name 表示原用户名；new_user 表示新用户名，使用 RENAME USER 语句还必须要拥有 MySQL 数据库的全局 CREATE USER 权限或 UPDATE 权限。同时，RENAME USER 语句可以一次给多个用户更名。

知识点2 权限管理

权限管理主要是对登录到 MySQL 的用户进行权限验证。所有用户的权限都存储在 MySQL 的权限表中，不合理的权限规划会给 MySQL 服务器带来安全隐患。数据库管理员要对所有用户的权限进行合理规划并管理。

1. MySQL 的权限

MySQL 的权限信息被存储在 user、db、host、tables_priv、cloumns_priv 和 procs_priv 中。当 MySQL 启动时会加载这些表，并将权限信息读取到内存中，然后通过这些内存中的权限信息决定用户对数据库的访问权限。

表 8.1 罗列出了 MySQL 提供的权限以及每种权限的说明和级别，这些权限大家了解即可。

表 8.1 MySQL 提供的权限

权　限	权限说明	权限级别
ALL [PRIVILEGES]	所有权限	除了 grant option 和 proxy 以外的所有权限
CREATE	创建数据库、表或索引的权限	数据库、表或索引
DROP	删除数据库或表的权限	数据库或表
GRANT OPTION	赋予权限选项	数据库或表
REFERENCES	引用权限	数据库或表
ALTER	更改表的权限	数据表
DELETE	删除表数据的权限	数据表
INDEX	操作索引的权限	数据表
INSERT	添加表数据的权限	数据表
SELECT	查询表数据的权限	数据表
UPDATE	更新表数据的权限	数据表
CREATE VIEW	创建视图的权限	视图
SHOW VIEW	查看视图的权限	视图
ALTER ROUTINE	更改存储过程的权限	存储过程

续表

权　限	权 限 说 明	权 限 级 别
CREATE ROUTINE	创建存储过程的权限	存储过程
EXECUTE	执行存储过程权限	存储过程
FILE	服务器文件的访问权限	文件管理
CREATE TEMPORARY TABLES	创建临时表的权限	服务器管理
LOCK TABLES	锁表的权限	服务器管理
CREATE USER	创建用户的权限	服务器管理
RELOAD	执行 FLUSH 语句的权限	服务器管理
PROCESS	查看进程的权限	服务器管理
REPLICATION CLIENT	查看主从服务器状态的权限	服务器管理
REPLICATION SLAVE	主从服务器复制的权限	服务器管理
SHOW DATABASES	查看数据库的权限	服务器管理
SHUTDOWN	关闭数据库的权限	服务器管理
SUPER	超级权限	服务器管理
USAGE	没有任何权限	无

2. 授予权限

授权就是为某个用户授予权限。合理的授权可以保证数据库的安全。MySQL 中可以使用 GRANT 语句为用户授予权限，使用此语句需要具有 GRANT OPTION 权限。其语法如下：

```
GRANT priv_type [(colum_list)][,priv_type [(colum_list)]...] ON
database.table
    TO 'username'@'hostname'[IDENTIFIED BY[PASSWORD]'password']
    [,'username'@'hostname'[IDENTIFIED BY[PASSWORD]'password']]...
    [WITH with_option [with_option]...]
```

其中，priv_type 表示要授予的权限类型，如 SELECT；colum_list 表示权限作用于哪些列上，列名与列名之间需要用逗号隔开；database.table 表示用户的权限范围，如 StudentDB.* 表示 StudentDB 数据库的所有表；TO 关键字后接用户名或角色，如 JOJO@localhost；IDENTIFIED BY 表示为用户设置密码；password 表示用户的密码。

WITH 关键字有 5 个参数取值。

（1）GRANT OPTION 表示被授予的用户可以将自己的权限授予其他用户。

（2）MAX_QUERIED_PER_HOUR count 用于设置每小时最多可进行 count 查询的次数。

（3）MAX_UPDATES_PER_HOUR count 用于设置每小时最多可允许更新的次数。

（4）MAX_CONNECTIONS_PER_HOUR count 用于设置每小时允许用户建立连接的最大次数。

（5）MAX_USER_CONNECTIONS 用于设置每个用户最多可以同时建立的连接数量。

3. 查看权限

查看用户权限时，可以使用“SHOW GRANTS”语句查看指定用户的权限，但使用这种语句需要具备对MySQL数据库的SELECT权限，其语法如下：

```
SHOW GRANTS for 'username'@'hostname';
```

其中，'username'@'hostname'是用来指定要查看权限的用户。

4. 撤销用户权限

撤销用户权限就是收回该用户的权限，可以使用REVOKE命令将某个用户的部分或者全部权限撤销，以保证数据库的安全性。其语法如下：

```
REVOKE priv_type [column_list] [,priv_type [column_list]] ON database.table
FROM 'username'@'hostname'[,username'@'hostname']...
```

可以看出REVOKE命令的参数和GRANT命令的参数基本相同，这里不再一一赘述。

知识点3　使用图形化管理工具管理用户和权限

除了以上介绍的用命令行方式管理用户和权限，还可以通过图形化管理工具Navicat for MySQL来操作，具体步骤如下。

打开Navicat for MySQL图形化管理工具，用root用户建立连接，连接后单击工具栏中的“用户”按钮，进入如图8.1所示的用户管理操作窗口。

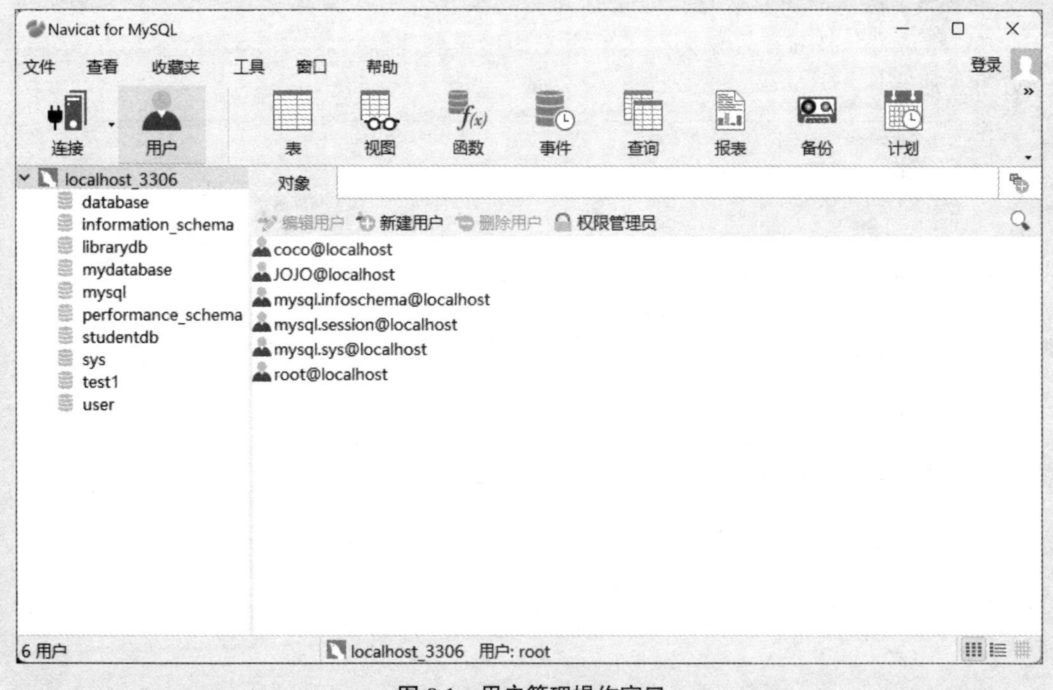

图8.1　用户管理操作窗口

单击“新建”按钮，在图 8.2 所示的新建用户窗口上填写新用户名、主机和密码，单击“保存”按钮，即可完成新用户的创建。

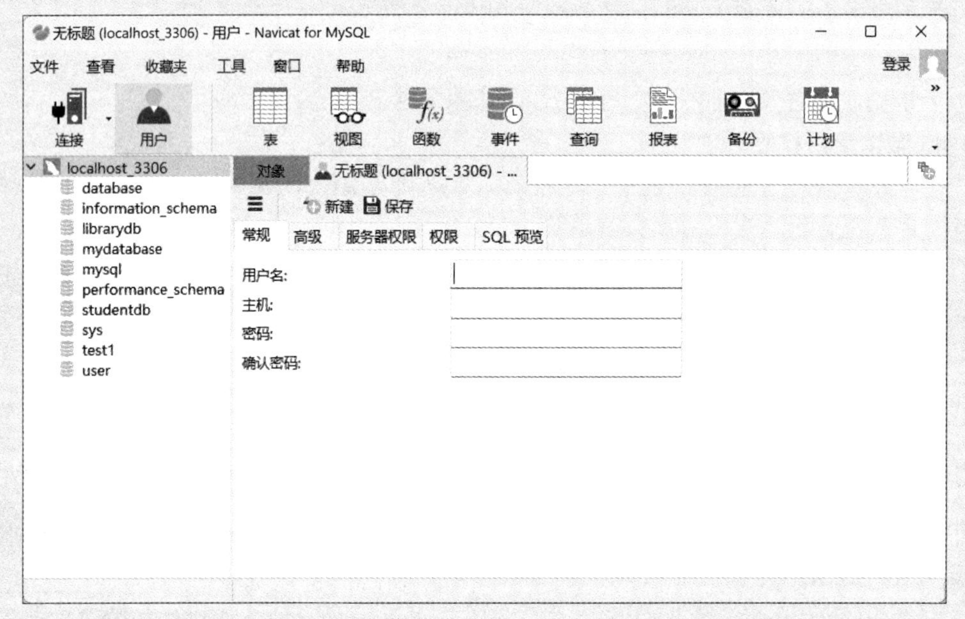

图 8.2　新建用户窗口

在图 8.1 所示的用户管理操作上选择需要操作的用户，单击工具栏中的“编辑用户”“删除用户”按钮，可以分别进行用户的编辑和删除操作。图 8.3 所示是正在编辑 vivi 用户的窗口。

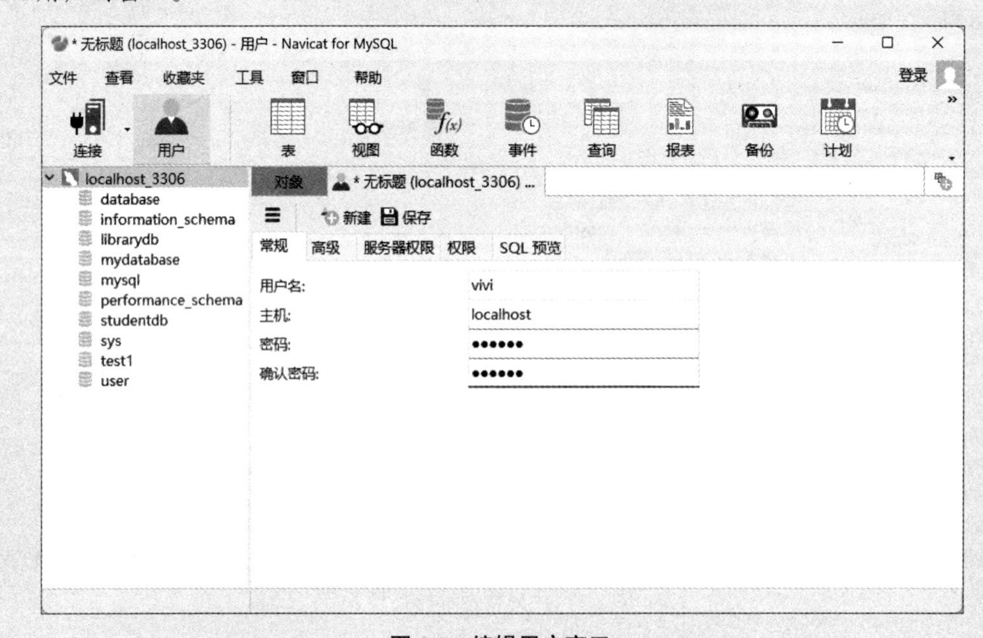

图 8.3　编辑用户窗口

单击图 8.3 所示窗口中的“服务器权限”“权限”选项卡，可以对该用户进行权限设置，如图 8.4 所示。

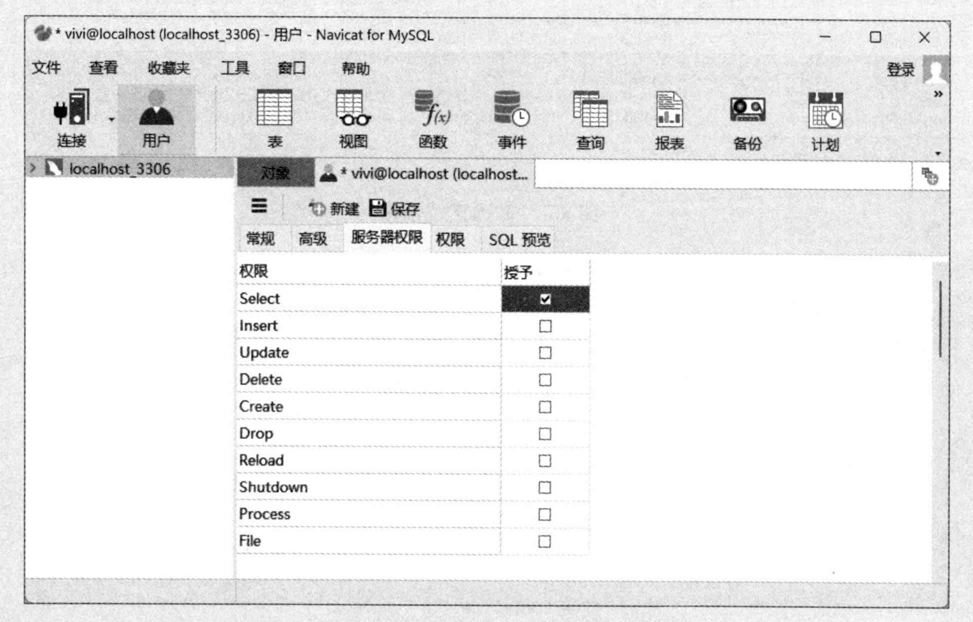

图 8.4　用户权限设置窗口

任务实施

1. 创建用户

为本地用户 JOJO 创建账户并设置密码为 321 的语句如下：

```
CREATE USER 'JOJO'@'localhost' IDENTIFIED BY '321';
```

执行结果如图 8.5 所示。

```
mysql> CREATE USER 'JOJO'@'localhost' IDENTIFIED BY '321' ;
Query OK, 0 rows affected (0.01 sec)
```

图 8.5　创建用户并设置密码

如果只指定用户名 JOJO，主机名默认为“%”（即对所有的主机开放权限）。但需要注意的是，使用“CREATE USER”语句创建的普通用户没有任何权限，若想要拥有某些权限，需要使用授权来实现。

查看 user 表中用户信息的语句如下：

```
SELECT host,user,authentication_string FROM mysql.user;
```

可以看到语句执行成功，执行结果如图 8.6 所示。

```
mysql> SELECT host,user,authentication_string FROM mysql.user ;
+-----------+------------------+------------------------------------------------------------------------+
| host      | user             | authentication_string                                                  |
+-----------+------------------+------------------------------------------------------------------------+
| localhost | JOJO             | $A$005$k`"O k])  s1Y/ILf-uW74nltGJx.sUQHH8YjiB43Z91I8wgyiOAb6UzSxxd0 |
| localhost | mysql.infoschema | $A$005$THISISACOMBINATIONOFINVALIDSALTANDPASSWORDTHATMUSTNEVERBRBEUSED |
| localhost | mysql.session    | $A$005$THISISACOMBINATIONOFINVALIDSALTANDPASSWORDTHATMUSTNEVERBRBEUSED |
| localhost | mysql.sys        | $A$005$THISISACOMBINATIONOFINVALIDSALTANDPASSWORDTHATMUSTNEVERBRBEUSED |
| localhost | root             | *6BB4837EB74329105EE4568DDA7DC67ED2CA2AD9                              |
| localhost | test1            | $A$005$3mVf%\  wC %c |*ckWbXeD5jUGenFYro9ePbu66HuwgSsBW91/AfnGOusIB797 |
| localhost | test2            | $A$005$]viJM     DMU/(7 U9b7.VRO2QLhbLaUGK//uOnjbwq09ENm7kSVO2iGOJK7 |
| localhost | yoyo             | $A$005$"dQY>PS=}Z m&!_ O  OLST3AnRAdvJJtPwIP8Ji1OpE2.ohIq.D2VrajYml4x7 |
+-----------+------------------+------------------------------------------------------------------------+
8 rows in set (0.00 sec)
```

图 8.6　查询系统用户

从图 8.6 中可以看到，user 表中多了 host 字段的值 localhost，并且 user 字段的值为 JOJO 的用户信息，这就是新建的用户。

2. 指定 DROP USER 语句删除用户

使用 DROP USER 语句删除用户 test1 的语句如下：

```
DROP USER 'test1'@'localhost' ;
```

执行结果如图 8.7 所示。

```
mysql> DROP USER 'test1'@'localhost';
Query OK, 0 rows affected (0.01 sec)
```

图 8.7　使用 DROP USER 语句删除用户 test1

3. 指定 DELETE 语句删除用户

使用 DELETE 语句删除用户 test2 的语句如下：

```
DELETE FROM mysql.user WHERE user='test2' and host='localhost';
```

执行结果如图 8.8 所示。

```
mysql> DELETE FROM mysql.user WHERE user='test2' and host='localhost';
Query OK, 1 row affected (0.01 sec)
```

图 8.8　使用 DELETE 语句删除用户 test2

从图 8.7 和图 8.8 中可以看到，执行 DROP USER 语句和 DELETE 语句删除用户都已经执行成功。然后，我们依旧使用 SELECT 语句查看 user 表中的用户信息。从图 8.9 中可以看到，user 表中少了两个 host 字段的值为 localhost 用户信息，并且 user 字段的值少了 test1 和 test2 的用户信息，这就是使用“DROP USER”语句和 DELETE 语句删除的用户。

4. 修改用户名

将 yoyo 用户名修改为 coco 的语句如下：

```
RENAME USER 'yoyo'@'localhost' TO 'coco'@'localhost';
```

```
mysql> SELECT host,user,authentication_string FROM mysql.user ;
+-----------+------------------+------------------------------------------------------------------------+
| host      | user             | authentication_string                                                  |
+-----------+------------------+------------------------------------------------------------------------+
| localhost | JOJO             | $A$005$?jr/b OZ□o□□~I□Ieu12W7CeqNOhXUVjAKsfuBolJmbjYb2mT42GyWb8CW.4mS7 |
| localhost | mysql.infoschema | $A$005$THISISACOMBINATIONOFINVALIDSALTANDPASSWORDTHATMUSTNEVERBRBEUSED |
| localhost | mysql.session    | $A$005$THISISACOMBINATIONOFINVALIDSALTANDPASSWORDTHATMUSTNEVERBRBEUSED |
| localhost | mysql.sys        | $A$005$THISISACOMBINATIONOFINVALIDSALTANDPASSWORDTHATMUSTNEVERBRBEUSED |
| localhost | root             | *6BB4837EB74329105EE4568DDA7DC67ED2CA2AD9                              |
| localhost | yoyo             | $A$005$"dQY>PS=}Z□m&!_□O□□OLST3AnRAdvJJtPwIP8Ji1OpE2.ohIq.D2VrajYml4x7 |
+-----------+------------------+------------------------------------------------------------------------+
6 rows in set (0.00 sec)
```

图 8.9 使用 DELETE 语句后查询系统用户

执行结果如图 8.10 所示。

```
mysql> RENAME USER 'yoyo'@'localhost' TO 'coco'@'localhost';
Query OK, 0 rows affected (0.01 sec)
```

图 8.10 将 yoyo 用户名修改为 coco

user 表中的用户信息如图 8.11 所示。

```
mysql> SELECT host,user,authentication_string FROM mysql.user ;
+-----------+------------------+------------------------------------------------------------------------+
| host      | user             | authentication_string                                                  |
+-----------+------------------+------------------------------------------------------------------------+
| localhost | JOJO             | $A$005$?jr/b OZ□o□□~I□Ieu12W7CeqNOhXUVjAKsfuBolJmbjYb2mT42GyWb8CW.4mS7 |
| localhost | coco             | $A$005$"dQY>PS=}Z□m&!_□O□□OLST3AnRAdvJJtPwIP8Ji1OpE2.ohIq.D2VrajYml4x7 |
| localhost | mysql.infoschema | $A$005$THISISACOMBINATIONOFINVALIDSALTANDPASSWORDTHATMUSTNEVERBRBEUSED |
| localhost | mysql.session    | $A$005$THISISACOMBINATIONOFINVALIDSALTANDPASSWORDTHATMUSTNEVERBRBEUSED |
| localhost | mysql.sys        | $A$005$THISISACOMBINATIONOFINVALIDSALTANDPASSWORDTHATMUSTNEVERBRBEUSED |
| localhost | root             | *6BB4837EB74329105EE4568DDA7DC67ED2CA2AD9                              |
+-----------+------------------+------------------------------------------------------------------------+
6 rows in set (0.01 sec)
```

图 8.11 查看 user 表中的用户信息

从执行结果来看，user 表中原来的 yoyo 用户已经成功修改为 coco 用户。

5. 授予和查看权限

为刚刚新建的 JOJO 用户授予用户权限，查看授予权限后的用户权限的执行语句如下：

```
GRANT SELECT,INSERT ON *.* TO 'JOJO'@'localhost';
SHOW GRANTS FOR 'JOJO'@'localhost';
```

可以看到语句执行成功，执行结果如图 8.12 所示。

```
mysql> GRANT SELECT,INSERT ON *.* TO 'JOJO'@'localhost';
Query OK, 0 rows affected (0.01 sec)

mysql> SHOW GRANTS FOR 'JOJO'@'localhost';
+-----------------------------------------------------+
| Grants for JOJO@localhost                           |
+-----------------------------------------------------+
| GRANT SELECT, INSERT ON *.* TO `JOJO`@`localhost`   |
+-----------------------------------------------------+
1 row in set (0.01 sec)
```

图 8.12 查看授予权限后的用户权限

由图 8.12 中可知，通过 SHOW GRANTS 语句可以查看到 JOJO 用户的所有表都具有查询、插入的权限。

6. 撤销用户权限

撤销 JOJO 用户的 INSERT 权限，查看 JOJO 用户的权限的执行语句如下：

```
REVOKE INSERT ON *.* FROM 'JOJO'@'localhost';
SHOW GRANTS FOR 'JOJO'@'localhost';
```

可以看到语句执行成功，执行结果如图 8.13 所示。

```
mysql> REVOKE INSERT ON *.* FROM 'JOJO'@'localhost' ;
Query OK, 0 rows affected (0.01 sec)

mysql> SHOW GRANTS FOR 'JOJO'@'localhost';
+-------------------------------------------+
| Grants for JOJO@localhost                 |
+-------------------------------------------+
| GRANT SELECT ON *.* TO `JOJO`@`localhost` |
+-------------------------------------------+
1 row in set (0.00 sec)
```

图 8.13　收回并查看权限

由图 8.13 中可知，使用 SHOW GRANTS 命令查看到 JOJO 用户只有查询权限，说明通过执行 REVOKE 语句撤销了 JOJO 用户的插入权限。

任务 8.2　数据的备份和还原

任务描述

（1）使用 mysqldump 命令备份 StudentDB 数据库。

（2）使用 mysqldump 命令备份 StudentDB 数据库的表结构。

（3）分别使用 mysql 命令和 source 命令还原数据库。

（4）使用 SELECT INTO OUTFILE 语句和 LOAD 语句导出和导入数据表。

（5）使用 mysqldump 命令和 mysqlimport 命令导出和导入数据表。

微课：数据的备份和还原

任务目标

（1）了解数据库的备份原理。

（2）掌握数据库的备份方法。

（3）掌握数据库的恢复方法。

（4）掌握数据表的导入和导出方法。

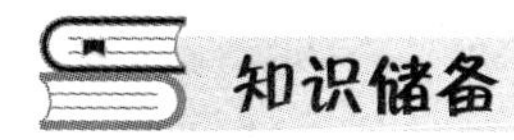

知识储备

知识点1 系统数据库的备份

MySQL 数据库的数据备份是指将数据库中的数据、表结构、视图、存储过程、触发器等信息复制到另一个位置或媒体，以便在数据丢失、损坏或意外情况发生时能够恢复数据库到正常状态的过程。数据备份是数据库管理中非常关键的一项任务，因为数据的安全性和可用性对企业的业务运营至关重要。

1. 数据备份的概述

备份的主要目的包括灾难恢复、测试应用、回滚数据修改、查询历史数据以及审计等。在实际应用中，备份策略的选择需要考虑多个因素，如数据库的大小、备份频率、恢复时间要求以及备份存储的可靠性等。

造成 MySQL 数据丢失的原因有很多，包括但不限于以下几个方面。

（1）硬件故障。硬盘损坏、电源故障、CPU 故障等硬件问题都可能导致 MySQL 数据丢失。例如，硬盘损坏可能导致数据无法读取；电源故障可能导致数据库突然关闭，未提交的事务丢失。

（2）数据库崩溃。MySQL 数据库本身的崩溃也可能导致数据丢失。例如，数据库服务器意外宕机、操作系统崩溃等情况都可能导致数据库无法正常运行，进而造成数据丢失。

（3）人为错误。管理人员的误操作也可能导致数据丢失。例如，误删除重要数据、错误地执行了某些操作导致数据被覆盖等。

（4）恶意攻击。MySQL 数据库可能受到恶意攻击，如黑客攻击或病毒感染，这些攻击可能导致数据丢失或数据被盗取。

（5）软件故障。如果 MySQL 数据库本身存在漏洞或出现异常，也可能导致数据丢失。例如，数据库软件的 bug（漏洞）可能导致数据损坏或丢失。

（6）网络问题。网络故障或不稳定可能导致数据在传输过程中丢失或损坏。

（7）未执行备份。没有定期执行数据库备份或者备份策略不合理，无法在数据丢失时及时恢复，也是导致数据丢失的重要原因。

因此，在企业信息系统建设中，数据库的备份管理是非常重要的。

2. 数据备份的分类

针对不同的应用场景，数据备份有着不同的分类。

从备份的数据库的内容来看，可以分为物理备份和逻辑备份：物理备份是对数据库操作系统的物理文件（如数据文件、日志文件等）进行备份；逻辑备份则是对数据库的逻辑组件进行备份，以 SQL 语句的形式保存数据库的表结构、数据等。

从数据库备份策略角度来看，常见的备份类型包括完全备份、增量备份和差异备份。完全备份是备份整个数据库的所有信息，增量备份是只备份自上一次完全备份或增量备份以来变化的数据，而差异备份则是备份自上一次完全备份以来变化的数据。

除了备份类型外，备份的自动化管理、备份文件的存储和传输、备份的验证和恢复等也是数据库备份过程中需要考虑的问题。通过合理的备份策略和管理措施，可以确保数据库备份的有效性和可靠性，从而保障企业的业务连续性和数据安全。

3. 数据备份的方法

mysqldump 是 MySQL 数据库中一个用于创建数据库备份的命令行工具。使用 mysqldump 可以将数据库的结构和内容导出到一个 SQL 文件中，这个文件可以被用来恢复数据库。

1）备份一个数据库

使用 mysqldump 命令可以备份一个数据库或者数据库中的某几张表，其基本语法如下：

```
mysqldump -u [username] -p [password][database_name]
[table1 table2...]>[backup_file.sql]
```

其中，username 表示 MySQL 数据库的用户名；password 表示 MySQL 数据库的密码；database_name 表示要备份的数据库名称；[table1 table2...] 表示数据表，如果没有指定数据表，则表示备份整个数据库；“>” 表示将备份表的定义和数据写入备份文件；backup_file.sql 表示要备份文件的路径和名称。

2）备份多个数据库

使用 mysqldump 命令同时备份多个数据库的基本语法如下：

```
mysqldump -u [username] -p --database [database_name1][database_
name2]>[backup_file.sql]
```

我们可以看出，备份多个数据库的命令参数和备份一个数据库的命令参数基本相同，在备份多个数据库时，需加上“--database”参数，在其后面填写一个或多个数据库名称，并且备份产生的脚本文件中包含了创建数据库的语句。

3）备份所有数据库

使用 mysqldump 命令备份所有数据库的基本语法如下：

```
mysqldump -u [username] -p --all-database >[backup_file.sql]
```

在备份所有数据库时，只需加上“--all-database”参数，即可以备份该用户的所有数据库。

4）备份表的结构

如果只想备份特定数据库中的表结构，而不包括表中的数据，可以使用 mysqldump 命令，基本语法如下：

```
mysqldump -u [username] -p --no-data [database_name]
 >[backup_file.sql]
```

其中，“--no-data”选项是告诉 mysqldump 命令不包含任何数据。这样，mysqldump 命令将只会生成创建表结构的 SQL 语句，而不会包含 INSERT 语句。

知识点2 系统数据库的还原

要使用mysqldump生成的备份文件恢复数据，可以使用mysql命令将SQL文件中的命令导入到MySQL数据库中。其语法格式如下：

```
mysql -u [username] -p [database_name]<[backup_file.sql]
```

其中，database_name是想要恢复数据的数据库名称。如果该数据库不存在，则它将被创建。如果希望将备份数据恢复到不同的数据库，可以在执行mysql命令时指定新的数据库名称。但是，必须确保备份文件中的USE语句与要恢复到的数据库名称相匹配，或者可以在恢复之前编辑备份文件来更改数据库名称。在数据恢复之后，还要检查数据库的完整性和数据的准确性。

如果已经在命令行中登录到MySQL服务器，可以使用source命令来执行SQL文件中的命令，从而恢复数据库。这种方法通常用于恢复由mysqldump命令创建的备份文件。其语法格式如下：

```
mysql -u [username] -p
CREATE DATABASE IF NOT EXISTS [database_name];
USE [database_name];
source /backup_file.sql;
```

首先通过命令行登录到MySQL服务器，选择想要恢复的数据库，如果该数据库不存在，可能需要创建一个新的数据库；database_name为要使用的数据库名称；然后使用source命令来执行备份文件，source命令会执行备份文件中的SQL命令，创建表结构、索引，并插入数据。backup_file.sql表示备份文件的实际路径。

知识点3 系统数据表的导入/导出

MySQL数据的导入/导出是我们十分常见的场景，一般用于进行数据迁移以及数据备份。了解常见的导入/导出方式以及注意事项是十分必要的，MySQL提供了多种方式支持数据的导入和导出。

1. 使用SELECT...INTO OUTFILE语句导出数据

在MySQL中，SELECT ... INTO OUTFILE语句用于将查询结果导出到一个文件中。这通常用于生成一个指定格式的文件，以便于数据导入其他系统或进行进一步的处理。其语法格式如下：

```
SELECT 列名 FROM table [WHERE 语句] INTO OUTFILE '文件名'[OPTIONS]
```

该语句用SELECT来查询所需要的数据，用INTO OUTFILE来导出数据。其中，“文件名”是用来指定将查询到的记录导出到哪个文件。OPTIONS为参数可选项，OPTIONS部分的语法包括FIELDS子句和LINES子句，FIELDS和LINES两个子句都是自选的，但是如果两个都被指定了，FIELDS必须位于LINES的前面。

OPTIONS 有以下参数。

（1）FIELDS TERMINATED BY 'value'：设置字段之间的分隔符，可以为单个或多个字符，默认情况下为制表符“\t”。

（2）FIELDS [OPTIONALLY] ENCLOSED BY 'value'：设置括住 CHAR、VARCHAR 和 TEXT 等字符型字段。如果使用了 OPTIONALLY，则只能用来括住 CHAR 和 VARCHAR 等字符型字段。

（3）FIELDS ESCAPED BY 'value'：设置如何写入或读取特殊字符，只能为单个字符，即设置转义字符，默认值为“\”。

（4）LINES STARTING BY 'value'：设置每行开头的字符，可以为单个或多个字符，默认情况下不使用任何字符。

（5）LINES TERMINATED BY 'value'：设置每行结尾的字符，可以为单个或多个字符，默认值为“\n”。

由于 MySQL 默认对导出的目录有权限限制，所以在进行导出数据之前要清楚 MySQL 指定的 secure_file_priv 参数所指定的路径，可以通过以下语句获取位置：

```
SELECT @@secure_file_priv;
```

其返回的结果如图 8.14 所示。

图 8.14　查看 secure_file_priv 参数所指定的路径

2. 使用 mysqldump 命令导出数据

MySQL 除了可以使用 SELECT...INTO OUTFILE 语句导出数据表，还可以使用 mysqldump 命令。其语法格式如下：

```
mysqldump -u root -p -T "目标路径" 数据库名称 [表1 表2] [OPTIONS]
```

其中，“-T”表示纯文本文件；“目标路径”是导出数据的路径，必须是 MySQL 的 secure_file_priv 参数所指定的路径；“数据库名称 [表 1 表 2]”表示要导出的表的名称，如果不指定，则导出数据库中的所有表。另外，OPTIONS 是可选参数，该参数需要结合“-T”参数使用。常用的参数有以下几项。

（1）--fields-terminated-by=value：用于设置字段之间的分隔符，可以为单个或多个字符，默认情况下为制表符“\t”。

（2）--fields-enclosed-by=value：用于设置字段的包围字符。

（3）--fields-optionally-enclosed-by=value：用于设置字段的包围字符，只能是单个字

符，如果使用了OPTIONALLY则只能用来括住CHAR和VARCHAR等字符型字段。

（4）--fields-escaped-by=value：用于设置如何写入或读取特殊字符，只能为单个字符，即设置转义字符，默认值为“\”。

（5）--lines-terminated-by=value：用于设置每行数据结尾的字符，可以为单个或多个字符，默认值为“\n”。

mysqldump命令需在命令行窗口中运行，否则会出现语法错误。

3. 使用LOAD DATA INFILE语句导入数据

LOAD DATA INFILE语句可以从一个文本文件中以很高的速度读入一个表中，它是SELECT…INTO OUTFILE语句的反操作。其语法格式如下：

```
LOAD DATA [LOCAL] INFILE <文本文件名> INTO TABLE <表名>[OPTIONS]
```

其中，LOCAL参数表示用于指定从客户机读文件，如果没有使用LOCAL参数，则文件必须位于服务器上；“文本文件名”表示导入数据的来源；“表名”表示待导入的表名称；OPTIONS为可选参数选项，OPTIONS部分的语法包括FIELDS子句和LINES子句，其语句选项的功能与SELECT…INTO OUTFILE语句选项的功能相同。

4. 使用mysqlimport命令导入数据

在MySQL中，还可以使用mysqlimport命令将文本文件导入到MySQL数据库中。mysqlimport客户端实际上就是LOAD DATA INFILE语句的一个包装实现，所以大部分参数选项与LOAD DATA INFILE语句相同。其语法格式如下：

```
mysqlimport -u root -p -T 数据库名称 "文件名"[OPTIONS]
```

其中，数据库名称是指导入表所在的数据库名称；OPTIONS的参数与mysqldump命令的参数大致相同。

mysqlimport命令不导入数据表的名称，其表名称由导入文件名确定。也就是说，文件名作为表名，在导入前必须存在。

任务实施

1. 备份数据库

为用户名是root，密码是123456的StudentDB数据库备份文件，并保存到D:\Downloads\stubak.sql路径，在命令行窗口中执行的命令如下：

```
mysqldump -u root -p StudentDB>D:\Downloads\stubak.sql
```

可以看到语句执行成功，执行结果如图8.15所示。

```
C:\Windows\System32>mysqldump -u root -p StudentDB>D:\Downloads\stubak.sql
Enter password: ******

C:\Windows\System32>
```

图 8.15　备份数据库到 stubak.sql

输入密码后，等待备份完成。mysqldump 命令将开始导出数据库的内容到指定的 SQL 文件中。这可能需要一些时间，具体取决于数据库的大小。备份完成后，可以检查生成的 SQL 文件以确保它包含了想要备份的数据。备份文件如图 8.16 所示。

```
stubak.sql ×
D: > Downloads > stubak.sql
1    -- MySQL dump 10.13  Distrib 8.0.21, for Win64 (x86_64)
2    --
3    -- Host: localhost    Database: studentdb
4    -- ------------------------------------------------------
5    -- Server version 8.0.21
6
7    /*!40101 SET @OLD_CHARACTER_SET_CLIENT=@@CHARACTER_SET_CLIENT */;
8    /*!40101 SET @OLD_CHARACTER_SET_RESULTS=@@CHARACTER_SET_RESULTS */;
9    /*!40101 SET @OLD_COLLATION_CONNECTION=@@COLLATION_CONNECTION */;
10   /*!50503 SET NAMES utf8mb4 */;
11   /*!40103 SET @OLD_TIME_ZONE=@@TIME_ZONE */;
12   /*!40103 SET TIME_ZONE='+00:00' */;
13   /*!40014 SET @OLD_UNIQUE_CHECKS=@@UNIQUE_CHECKS, UNIQUE_CHECKS=0 */;
14   /*!40014 SET @OLD_FOREIGN_KEY_CHECKS=@@FOREIGN_KEY_CHECKS, FOREIGN_KEY_CHECKS=0 */;
15   /*!40101 SET @OLD_SQL_MODE=@@SQL_MODE, SQL_MODE='NO_AUTO_VALUE_ON_ZERO' */;
16   /*!40111 SET @OLD_SQL_NOTES=@@SQL_NOTES, SQL_NOTES=0 */;
17
18   --
19   -- Table structure for table `class`
20   --
21
22   DROP TABLE IF EXISTS `class`;
23   /*!40101 SET @saved_cs_client     = @@character_set_client */;
24   /*!50503 SET character_set_client = utf8mb4 */;
25   CREATE TABLE `class` (
26     `class_no` char(7) NOT NULL,
27     `cl_name` varchar(30) NOT NULL,
28     `department` varchar(30) NOT NULL,
29     `specialty` varchar(20) DEFAULT NULL,
30     `grade` int DEFAULT NULL,
31     `h_counts` int DEFAULT NULL,
32     PRIMARY KEY (`class_no`)
```

图 8.16　stubak.sql 文件的内容

文件开头首先表明了使用工具的版本号，备份账户信息，主机信息，备份数据库名称和 MySQL 服务器版本号。

备份文件接下来的部分是 set 语句，这些语句将一些系统变量值赋给用户定义变量，确保恢复的数据库变量与备份时变量相同。

备份文件中以“--”开头的为注释语句，以“/* !”和“*/”结尾的语句为可执行的 MySQL 注释，这些语句会被 MySQL 执行，但在其他数据库管理系统中会被作为注释，用于提高数据库的移植性。

另外，一些语句以数字开头，代表了 MySQL 的版本号限制，这些语句只有在指定的 MySQL 版本或更高版本中才能执行。

（1）确保有足够的权限来访问数据库并执行备份操作。

（2）定期备份是非常重要的，以防止数据丢失。

（3）备份文件应该保存在安全的位置，以防意外丢失。

（4）考虑安全性，密码在命令行中明文显示可能存在风险。一种更安全的方法是不在命令中指定密码，而是在命令行窗口中手动输入。这样，密码就不会在命令行历史记录中留下记录。

2. 备份多个数据库

使用 mysqldump 命令备份数据库 mydatabase 和数据库 librarydb，并且将备份文件保存在 D:\Downloads\mylibak.sql 路径，在命令行窗口中执行的备份命令如下：

```
mysqldump -u root -p --databases
mydatabase librarydb>D:\Downloads\mylibak.sql
```

可以看到语句执行成功，执行结果如图 8.17 所示。

```
C:\Windows\System32>mysqldump -u root -p --databases mydatabase librarydb>D:\Downloads\mylibak.sql
Enter password: ******

C:\Windows\System32>
```

图 8.17　备份数据库到 mylibak.sql 文件

在这个例子中，数据库 mydatabase 和数据库 librarydb 都会被备份，并且它们的内容都会被写入 mylibak.sql 文件中。如果想为每个数据库分别创建不同的备份文件，则需要为每个数据库分别执行 mysqldump 命令。

3. 备份所有数据库

备份 root 用户的所有数据库，并且将备份文件保存为 D:\Downloads\allbak.sql 的命令如下：

```
mysqldump -u root -p --all-databases>D:\Downloads\allbak.sql
```

可以看到语句执行成功，执行结果如图 8.18 所示。

```
C:\Windows\System32>mysqldump -u root -p --all-databases>D:\Downloads\allbak.sql
Enter password: ******

C:\Windows\System32>
```

图 8.18　备份数据库到 allbak.sql 文件

执行这个命令后，要确保有足够的磁盘空间来存储所有数据库的备份，因为合并所有数据库的备份可能会生成一个非常大的文件。此外，如果正在处理敏感数据，请确保备份文件的安全，并采取适当的措施保护该文件不被未授权的用户访问。在将备份文件移动到远程存储或共享之前，务必使用强密码对其进行加密。

4. 备份表的结构

只备份 StudentDB 数据库的表结构，并且将备份保存为 D:\Downloads\nodbbak.sql 的命令如下：

```
mysqldump -u root -p --no-data StudentDB>D:\Downloads\nodbbak.sql
```

可以看到语句执行成功，执行结果如图 8.19 所示。

```
C:\Windows\System32>mysqldump -u root -p --no-data StudentDB>D:\Downloads\nodbbak.sql
Enter password: ******

C:\Windows\System32>
```

图 8.19　备份数据库到 nodbbak.sql 文件

打开 nodbbak.sql 文件，如图 8.20 所示，这是一个包含所有数据库表结构的 SQL 文件，

```
nodbbak.sql ×
D: > Downloads > nodbbak.sql
19  -- Table structure for table `class`
20  --
21
22  DROP TABLE IF EXISTS `class`;
23  /*!40101 SET @saved_cs_client     = @@character_set_client */;
24  /*!50503 SET character_set_client = utf8mb4 */;
25  CREATE TABLE `class` (
26    `class_no` char(7) NOT NULL,
27    `cl_name` varchar(30) NOT NULL,
28    `department` varchar(30) NOT NULL,
29    `specialty` varchar(20) DEFAULT NULL,
30    `grade` int DEFAULT NULL,
31    `h_counts` int DEFAULT NULL,
32    PRIMARY KEY (`class_no`)
33  ) ENGINE=InnoDB DEFAULT CHARSET=gb2312;
34  /*!40101 SET character_set_client = @saved_cs_client */;
35
36  --
37  -- Table structure for table `course`
38  --
39
40  DROP TABLE IF EXISTS `course`;
41  /*!40101 SET @saved_cs_client     = @@character_set_client */;
42  /*!50503 SET character_set_client = utf8mb4 */;
43  CREATE TABLE `course` (
44    `c_no` char(5) NOT NULL,
45    `c_name` varchar(20) NOT NULL,
46    `credit` int NOT NULL,
47    `cr_hours` int NOT NULL,
48    `semester` char(2) DEFAULT NULL,
49    `type` char(8) DEFAULT NULL,
50    PRIMARY KEY (`c_no`)
51  ) ENGINE=InnoDB DEFAULT CHARSET=gb2312;
```

图 8.20　nodbbak.sql 文件的内容

其内没有任何数据。由于文件仅包含表结构，所以它通常会比包含数据的备份文件小得多。最后，不要忘记保护备份文件，特别是如果它包含有关数据库结构的敏感信息，确保只有授权的用户可以访问该文件。

5. 使用 mysql 命令恢复数据库

通过使用 mysql 命令把 stubak.sql 脚本文件恢复到数据库中。

（1）首先要将 StudentDB 数据库中的数据删除。最快的方式是使用 SQL 语句删除数据库，再创建数据库，以便后面查看恢复后的结果。删除和创建数据库的语句如下：

```
DROP DATABASE StudentDB;
CREATE DATABASE StudentDB;
```

可以看到语句执行成功，执行结果如图 8.21 和图 8.22 所示。

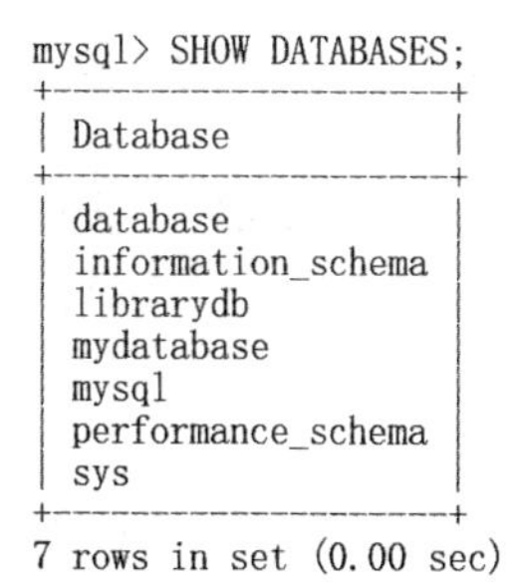

```
mysql> DROP DATABASE StudentDB;
Query OK, 6 rows affected (0.06 sec)

mysql> SHOW DATABASES;
+--------------------+
| Database           |
+--------------------+
| database           |
| information_schema |
| librarydb          |
| mydatabase         |
| mysql              |
| performance_schema |
| sys                |
+--------------------+
7 rows in set (0.00 sec)
```

图 8.21 删除 StudentDB 数据库

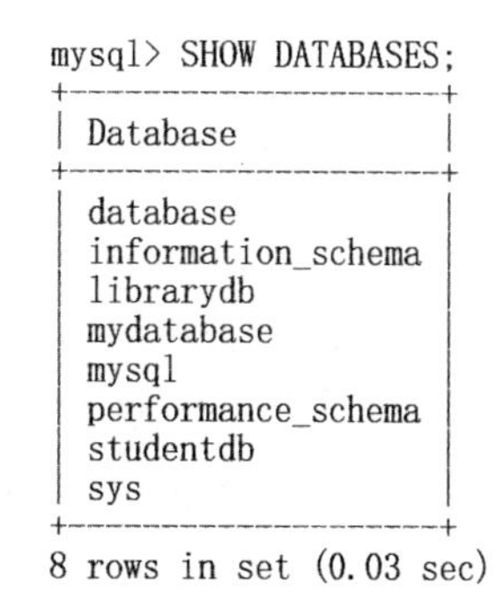

```
mysql> CREATE DATABASE StudentDB;
Query OK, 1 row affected (0.01 sec)

mysql> SHOW DATABASES;
+--------------------+
| Database           |
+--------------------+
| database           |
| information_schema |
| librarydb          |
| mydatabase         |
| mysql              |
| performance_schema |
| studentdb          |
| sys                |
+--------------------+
8 rows in set (0.03 sec)
```

图 8.22 创建 StudentDB 数据库

（2）在命令行窗口中执行如下命令，恢复数据库 StudentDB。

```
mysql -u root -p StudentDB<D:\Downloads\stubak.sql
```

可以看到语句执行成功，执行结果如图 8.23 所示。

```
C:\Windows\System32>mysql -u root -p StudentDB<D:\Downloads\stubak.sql
Enter password: ******

C:\Windows\System32>
```

图 8.23 恢复数据库 StudentDB

执行语句之前，必须要先在 MySQL 服务器中创建数据库，如果数据库不存在，则在数据还原过程中会出现错误。恢复后的 StudentDB 数据库如图 8.24 所示。

6. 使用 source 命令恢复数据库

使用 source 命令将脚本文件 libbak.sql 恢复到数据库，首先登录到 MySQL 服务器上，将 librarydb 数据库中的数据删除。最快的方式是使用 SQL 语句删除数据库，再创建数据库。

然后进入数据库中使用 source 命令执行以下语句。

```
USE librarydb;
source D:\Downloads\libbak.sql
```

可以看到语句执行成功，执行结果如图 8.25 所示。

```
mysql> USE StudentDB;
Database changed
mysql> SHOW TABLES;
+----------------------+
| Tables_in_studentdb |
+----------------------+
| class               |
| course              |
| score               |
| students            |
+----------------------+
4 rows in set (0.00 sec)
```

图 8.24　恢复后的 StudentDB 数据库

```
mysql> USE librarydb;
Database changed
mysql> source D:\Downloads\libbak.sql
Query OK, 0 rows affected (0.00 sec)

Query OK, 0 rows affected (0.00 sec)

Query OK, 0 rows affected (0.00 sec)

Query OK, 0 rows affected (0.00 sec)

Query OK, 0 rows affected (0.00 sec)

Query OK, 0 rows affected (0.00 sec)
```

图 8.25　使用 source 命令恢复数据库

如果需要恢复到一个不同的数据库，可以更改 USE [database_name] 命令来指定新的数据库，或者在恢复之前重命名备份文件中的数据库名称。通过这种方法可以直接在 MySQL 命令行中恢复数据，而不需要额外的命令行工具。

7. 使用 SELECT…INTO OUTFILE 语句导出数据

使用 SELECT…INTO OUTFILE 语句导出 StudentDB 数据库中的 class 表的数据要求每条记录以“>”开头，字段之间用“,”隔开，字符型数据用双引号引起来。进入 StudentDB 数据库中执行以下语句。

```
SELECT * FROM class INTO OUTFILE
'D:/class.txt'
FIELDS TERMINATED BY',' OPTIONALLY ENCLOSED BY'"'
LINES STARTING BY '>'TERMINATED BY '\r\n';
```

可以看到语句执行成功，执行结果如图 8.26 所示。

```
mysql> SELECT * FROM class INTO OUTFILE
    -> 'D:/class.txt'
    -> FIELDS TERMINATED BY ','
    -> OPTIONALLY ENCLOSED BY'"'
    -> LINES STARTING BY'>' TERMINATED BY'\r\n';
Query OK, 5 rows affected (0.00 sec)
```

图 8.26　用 SELECT…INTO OUTFILE 恢复数据库

这里的“TERMINATED BY '\r\n'”是为保证每条记录占一行，执行成功后，用文本编辑器打开 class.txt 文件，可以看到如图 8.27 所示的文件内容。

```
class.txt - 记事本
文件    编辑    查看

>"JD2301","机电一体化23-1","电气学院","机电",2023,55
>"JSJ2201","计算机22-1"," 信息学院","计算机",2022,50
>"JSJ2202","计算机22-2","信息学院","计算机",2022,55
>"KJ2201","会计22-1","管理学院","会计",2022,45
>"KJ2302","会计23-2","管理学院","会计",2022,40
```

图 8.27　class.txt 文件的内容

8. 使用 LOAD DATA INFILE 语句导入数据

使用 LOAD DATA INFILE 语句将中 class.txt 文件中的数据导入 StudentDB 数据库的 class 表中。

（1）进入 StudentDB 数据库中，将 class 表中的数据删除并查询的语句如下：

```
DELETE FROM class;
SELECT * FROM class;
```

可以看到语句执行成功，执行结果如图 8.28 所示。

```
mysql> DELETE FROM class;
Query OK, 5 rows affected (0.01 sec)

mysql> SELECT * FROM class;
Empty set (0.00 sec)
```

图 8.28　删除 class 表中的数据

（2）从 class.txt 文件中恢复数据。语句如下：

```
LOAD DATA INFILE
'D:/class.txt'
INTO TABLE studentdb.class
FIELDS TERMINATED BY',' OPTIONALLY ENCLOSED BY'"'
LINES STARTING BY '>'TERMINATED BY '\r\n';
```

可以看到语句执行成功，执行结果如图 8.29 所示。

```
mysql> LOAD DATA INFILE
    -> 'D:\class.txt'
    -> INTO TABLE studentdb.class
    -> FIELDS TERMINATED BY',' OPTIONALLY ENCLOSED BY'"'
    -> LINES STARTING BY'>' TERMINATED BY'\r\n';
Query OK, 3 rows affected (0.01 sec)
```

图 8.29　恢复 class.txt 文件

在导入数据时，必须根据文件中数据行的格式指定判断的符号。与 SELECT...INTO OUTFILE 语句相对应。

9. 使用 mysqldump 语句导出数据

使用 mysqldump 语句导出 StudenDB 数据库中的 students 表的数据。要求导出为文本文件，在命令行窗口中执行以下语句：

```
mysqldump -u root -p -T "D:\Downloads" StudentDB students
--lines-terminated-by=\r\n
```

可以看到语句执行成功，执行结果如图 8.30 所示。

```
C:\Windows\System32>mysqldump -u root -p -T "D:\Downloads" StudentDB students --lines-terminated-by=\r\n
Enter password: ******

C:\Windows\System32>
```

图 8.30　导出 students 表的数据

运行执行完后，可以在 D:\Downloads 目录下看到一个名为 students.sql 的文件和一个名为 students.txt 的文件，如图 8.31 所示为 students.txt 文件的内容。

```
2022109	程鸿	男	2003-11-12	\N	广西	壮	JSJ2202
20221090501	汪燕	女	2003-12-09	\N	江西	汉	JSJ2201
20221090502	李强	男	2004-07-10	\N	江西	汉	JSJ2201
20221090803	陈海	男	2004-03-02	\N	江西	汉	JSJ2202
20221090976	王菲	女	2003-12-29	\N	山西	汉	KJ22-2
20232090701	谢婷	女	2004-08-13	\N	河南	汉	JD2301
20232090807	陆优	女	2004-08-15	\N	安徽	汉	KJ2302
20232090817	刘涛	女	2004-05-17	\N	江苏	汉	KJ2302
20232090819	吴谭	男	2004-09-16	\N	浙江	汉	JD2301
```

图 8.31　students.txt 文件的内容

10. 使用 mysqlimport 语句导入数据

使用 mysqlimport 语句将图 8.31 所示的 students.txt 文件中的数据导入 StudentDB 数据库的 students 表中。

（1）进入 StudentDB 数据库，将 students 表中的数据删除并查询的语句如下：

```
DELETE FROM students;
SELECT * FROM students;
```

可以看到语句执行成功，执行结果如图 8.32 所示。

```
mysql> DELETE FROM students;
Query OK, 9 rows affected (0.02 sec)

mysql> SELECT * FROM students;
Empty set (0.00 sec)
```

图 8.32　清空 students 表

（2）在命令行窗口执行语句，从 students.txt 文件中恢复数据。语句如下：

```
mysqlimport -u root -p StudentDB "D:\Downloads\students.txt"
--lines-terminated-by=\r\n
```

可以看到语句执行成功，执行结果如图 8.33 所示。

```
C:\Windows\System32>mysqlimport -u root -p StudentDB "D:\Downloads\students.txt" --lines-terminated-by=\r\n
Enter password: ******
StudentDB.students: Records: 9  Deleted: 0  Skipped: 0  Warnings: 0

C:\Windows\System32>
```

图 8.33 恢复 students.txt 文件

（3）进入 StudentDB 数据库查看 students 表的数据，可以看到数据恢复成功，执行结果如图 8.34 所示。

```
mysql>  USE StudentDB;
Database changed
mysql>  SELECT * FROM students;
+-------------+--------+-----+------------+----------+-----------+--------+---------+
| s_no        | s_name | sex | birthday   | ctc_info | nat_place | nation | class_no |
+-------------+--------+-----+------------+----------+-----------+--------+---------+
| 2022109     | 程鸿   | 男  | 2003-11-12 | NULL     | 广西      | 壮     | JSJ2202 |
| 20221090501 | 汪燕   | 女  | 2003-12-09 | NULL     | 江西      | 汉     | JSJ2201 |
| 20221090502 | 李强   | 男  | 2004-07-10 | NULL     | 江西      | 汉     | JSJ2201 |
| 20221090803 | 陈海   | 男  | 2004-03-02 | NULL     | 江西      | 汉     | JSJ2202 |
| 20221090976 | 王菲   | 女  | 2003-12-29 | NULL     | 山西      | 汉     | KJ22-2  |
| 20232090701 | 谢婷   | 女  | 2004-08-13 | NULL     | 河南      | 汉     | JD2301  |
| 20232090807 | 陆优   | 女  | 2004-08-15 | NULL     | 安徽      | 汉     | KJ2302  |
| 20232090817 | 刘涛   | 女  | 2004-05-17 | NULL     | 江苏      | 汉     | KJ2302  |
| 20232090819 | 吴谭   | 男  | 2004-09-16 | NULL     | 浙江      | 汉     | JD2301  |
+-------------+--------+-----+------------+----------+-----------+--------+---------+
9 rows in set (0.01 sec)
```

图 8.34 查看 students 表的数据

任务 8.3 事务与锁定机制

任务描述

（1）创建一个用户表 users，用来存储用户号 u_no 和用户名 u_name。

（2）使用 COMMIT 语句提交结果，并查看 COMMIT 语句的作用。

（3）使用 ROLLBACK 语句对插入语句的操作进行回滚效果验证。

任务目标

（1）掌握事务的相关概念。

（2）掌握事务的使用方法。

（3）了解数据库的锁定机制。

知识储备

知识点1　事务的管理

在 MySQL 中，事务是在数据库中执行的一组操作，这些操作要么全部成功执行，要么全部不执行。事务被设计为确保数据库中数据的完整性和一致性，即使在并发访问的情况下也是如此。事务是数据库管理系统（DBMS）中执行的一个逻辑操作单元，由一系列数据库操作组成的逻辑处理单元构成。

1. 事务的基本概念

事务是一组 SQL 语句组成的逻辑处理单元，这些语句在逻辑上具有强烈的相关性，用以完成一个业务功能的共同体。事务的目的是确保这组操作要么全部成功执行，要么全部失败回滚，以保持数据的一致性。

对于事务，我们需要了解以下基本知识。

（1）在 MySQL 中只有使用 InnoDB 数据库引擎的数据库或数据表才支持事务，使用事务时可以设置自动提交功能是否开启。

（2）在事务中，如果其中任何一条语句执行失败，整个事务将会被回滚，即之前的操作都会被撤销，数据库状态回到事务开始之前的状态。

（3）事务可以用来管理 INSERT、UPDATE、DELETE 语句。DROP、ALTER 语句不能通过事务处理，会直接提交。

2. 事务的四大基本特性

MySQL 中事务的四大基本特性如下。

（1）原子性（atomicity）：原子是自然界最小的颗粒，具有不可再分的特性。事务中的所有操作可以看作一个原子，事务是应用中不可再分的最小的逻辑执行体。事务的所有操作要么全部提交成功，要么全部失败回滚。这意味着事务内的操作如果失败了，会回滚到事务开始前的状态，不会对数据库产生任何影响。

（2）一致性（consistency）：一致性确保事务将数据库从一个一致的状态转变到另一个一致的状态。在事务开始之前和事务结束以后，数据库的完整性约束没有被破坏。这表示写入的任何数据都必须满足所有的设置规则，包括约束、触发器、级联回滚等。

（3）隔离性（isolation）：隔离性是指在并发环境中，当多个事务同时执行时，一个事务的执行不应影响其他事务。例如，在转账时，只有当 A 账户中的转出操作和 B 账户中的转入操作都执行成功后才能看到 A 账户中的金额减少以及 B 账户中的金额增多。并且其他的事务对转账操作的事务是不能产生任何影响的。

（4）持久性（durability）：持久性是指一旦事务提交，则其结果就是永久性的。即使系统发生故障、重新启动后，数据库还能恢复到事务成功结束时的状态。这意味着，一旦事务被提交，它对数据库中数据的改变是永久性的。

这四大特性保证了事务在数据库操作中的正确性、可靠性和一致性。MySQL 的 InnoDB 存储引擎支持事务处理，并提供了 ACID 兼容的事务支持。

3. 事务的提交

在 MySQL 中，事务的提交是通过语句来完成的。当执行一个事务（即一系列数据库操作）并且希望这些操作可以永久性地保存到数据库中时，需要提交这个事务。提交事务意味着告诉数据库系统，你已经完成了对数据的修改，并且这些修改应该被永久保存。一旦事务被提交，它的所有更改都会成为数据库的一部分，并且即使在系统崩溃或重启后，这些更改也会保留下来。

MySQL 有两种事务提交方式：

1）自动提交（默认）

在自动提交模式下，每个 SQL 语句都是一个独立的事务。这意味着，当执行一个用于更新（修改）表的语句之后，MySQL 会立刻把“更新”存储到磁盘中。

2）手动提交（commit）

手动设置“set @@autocommit = 0”，即设定为非自动提交模式，只对当前的 MySQL 命令行窗口有效，打开一个新的窗口后，默认还是自动提交。使用 MySQL 客户端执行 SQL 命令后必须使用 COMMIT 命令执行事务，否则所执行的 SQL 命令无效。如果想撤销事务，则使用 ROLLCACK 命令（在 COMMIT 之前）。

我们可以以 START TRANSACTION 命令显式地开启事务，执行命令“SET AUTOCOMMIT=0”来禁止使用当前会话的自动提交。

查询当前自动提交功能的状态可以使用以下语句：

```
SELECT @@autocommit;
```

或者可以使用以下语句：

```
SHOW VARIABLES LIKE 'autocommit';
```

执行结果如图 8.35 所示。

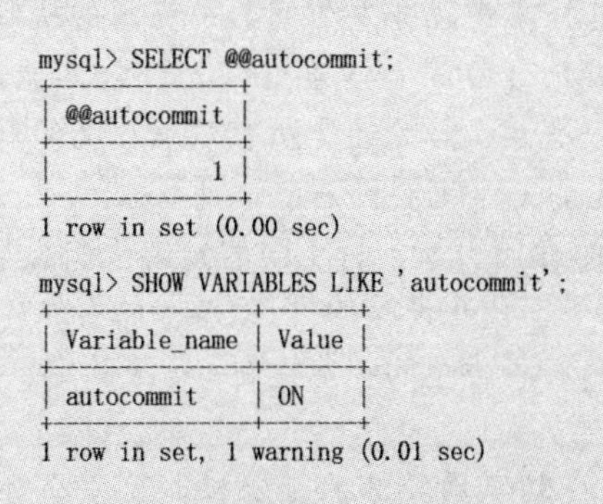

```
mysql> SELECT @@autocommit;
+--------------+
| @@autocommit |
+--------------+
|            1 |
+--------------+
1 row in set (0.00 sec)

mysql> SHOW VARIABLES LIKE 'autocommit';
+---------------+-------+
| Variable_name | Value |
+---------------+-------+
| autocommit    | ON    |
+---------------+-------+
1 row in set, 1 warning (0.01 sec)
```

图 8.35 查询当前自动提交功能的状态

从图 8.35 可以看出，当数据库的搜索引擎为 InnoDB 时，自动提交功能是默认开启的。当自动提交功能开启后，语句执行后会提交（COMMIT）；而当把自动提交功能关闭后，必须手动执行 COMMIT 语句才能提交。

4. 事务的回滚

事务回滚是指将该事务已经完成的、对数据库的更新操作撤销。在事务中，每个正确的原子操作都会被顺序执行，直到遇到错误的原子操作。回滚事务是一种安全措施，它允许在出现错误或异常情况下撤销对数据库所做的更改。

回滚事务使用 ROLLBACK 命令实现。当想撤销事务中所做的所有更改，并将数据库恢复到事务开始前的状态时，可以使用 ROLLBACK。

要在 MySQL 中回滚事务，需要首先确保目前正处于事务的上下文中。可以通过以下步骤进行事务的回滚。

（1）开始事务：使用 START TRANSACTION 语句开始一个新的事务。

（2）执行操作：在事务中执行一系列数据库操作。

（3）检查状态：在执行操作后，需要检查是否所有操作都成功执行。如果出现错误，可以决定对事务进行回滚。

（4）回滚事务：使用 ROLLBACK 语句撤销事务中的所有更改。这会将数据库恢复到事务开始之前的状态。

在自动提交模式下，若要手动控制事务回滚，需通过执行“SET AUTOCOMMIT = 0”来关闭自动提交模式，然后在需要的时候使用 COMMIT 或 ROLLBACK 来管理事务的提交和回滚。

知识点2　锁定机制

MySQL 支持多用户同时连接并访问数据库，在某个用户修改数据的过程中，存在有其他用户发起更改请求的情况，为保证数据一致性，需要对这种并发操作进行控制，因此提供了各种锁定机制以确保数据的完整性和并发访问控制。

锁是计算机协调多个进程或线程并发访问某一资源的机制。在数据库中，除了传统的计算资源（如 CPU、RAM、I/O 等）的争用以外，数据也是一种供用户共享的资源。如何保证数据并发访问的一致性、有效性是所有数据库必须解决的一个问题，锁冲突也是影响数据库并发访问性能的一个重要因素。

MySQL 数据库中不同的存储引擎支持不同的锁定机制。每种存储引擎的锁定机制都是为各自所面对的的特定场景而优化设计的，因此各存储引擎的锁定机制也有较大的区别。MySQL 各存储引擎主要使用三种类型的锁定机制：行级锁定、表级锁定和页级锁定。

1. 行级锁定

MySQL 的行级锁定是一种更细粒度的锁定机制，它允许数据库系统对表中的单个行进行锁定，而不是对整个表进行锁定。行级锁定提供了更高的并发性能，因为它允许多个事务同时访问不同的行，而不会相互阻塞。

在 MySQL 中，行级锁定主要依赖于存储引擎的实现。例如，InnoDB 存储引擎支持行级锁定，而 MyISAM 存储引擎则只支持表级锁定。InnoDB 的行级锁定是基于索引实现的。当事务尝试访问一行时，InnoDB 会根据查询条件中的索引值来锁定相应的行。如果查询条件没有使用索引，或者使用了全表扫描，那么 InnoDB 会退化为表级锁定。

行级锁定的特点如下。

（1）细粒度锁定：行级锁定允许对单个行进行锁定，从而提高并发性能。多个事务可以同时访问不同的行，而不会相互干扰。

（2）高并发性能：由于行级锁定只锁定需要访问的行，因此多个事务可以同时进行，而不会相互等待。这有助于减少锁竞争和死锁的可能性。

（3）锁定冲突减少：由于只锁定需要访问的行，行级锁定减少了锁冲突的可能性。只有当多个事务尝试访问同一行时，才会出现锁定冲突。

（4）锁定开销较大：虽然行级锁定提供了更高的并发性能，但由于需要跟踪每个行的锁定状态，因此相比表级锁定，行级锁定的开销较大。

总之，行级锁定是一种更细粒度的锁定机制，它提供了更高的并发性能。然而，行级锁定也有其开销和限制，需要根据应用的需求和数据库的工作负载来综合考虑并选择使用。

2. 表级锁定

每次锁定的是一张表的锁定机制就是表级锁定。它是MySQL各存储引擎中粒度最大的锁定机制。表级锁定是MySQL中锁定粒度最大的一种锁，是对当前操作的整张表加锁，它的实现简单，资源消耗较少，被大部分MySQL引擎支持。最常使用的MyISAM与innoDB都支持表级锁定。表级锁定分为表共享读锁（共享锁）与表独占写锁（排他锁）。

表级锁定的特点如下。

（1）锁定粒度大：表级锁定的最大特点就是锁定粒度大，即一次锁定操作会锁住整张表。这种锁定方式简单直接，不需要复杂的算法来跟踪锁定的行。

（2）性能开销小：由于锁定的是整张表，所以在锁定和解锁的过程中对系统资源的占用开销相对较小。

（3）冲突可能性高：由于锁定的是整张表，因此当一个事务对表进行写操作时，其他所有需要对该表进行写操作的事务都必须等待，这会导致冲突的可能性较高。

（4）读写互斥：在表级锁定中，写操作和读操作是互斥的。当一个事务对表进行写锁定时，其他事务无法对该表进行写操作，但可以进行读操作（取决于具体的锁定类型）。

表级锁定在高并发场景下可能会导致性能问题。因此在选择锁定策略时，如果应用需要高并发写操作，或者需要对表进行频繁的结构变更操作，那么可能需要考虑使用支持行级锁定的存储引擎，如InnoDB。

3. 页级锁定

页级锁是MySQL中锁定粒度介于行级锁和表级锁中间的一种锁。页级锁定是MySQL中比较独特的一种锁定级别。表级锁定速度快，但冲突多；行级冲突少，但速度慢。所以取了折中的页级锁定，一次锁定相邻的一组记录。所以获取锁定所需要的资源开销，以及所能提供的并发处理能力也同样是介于上面二者之间。并且，使用页级锁定的主要是 BerkeleyDB 存储引擎。

页级锁定的特点如下。

（1）中等粒度锁定：页级锁定锁定的粒度介于表和行之间，通常一次锁定相邻的一组记录，即一个数据页。这种锁定粒度允许更高的并发性，但相比于行级锁定，锁冲突的概率会增加。

（2）性能开销适中：页级锁定的开销和加锁时间界于表级锁定和行级锁定之间。由于锁定的粒度比表级锁更细，但比行级锁定更粗，所以其性能开销也介于两者之间。

（3）可能出现死锁：和行级锁定一样，页级锁定也可能出现死锁的情况。当两个或多个事务相互等待对方释放锁时，就会发生死锁。

（4）并发度一般：页级锁定的并发度介于表级锁定和行级锁定之间。由于锁定的粒度较细，多个事务可以同时访问不同的数据页，但相比于行级锁定，其并发性能可能略逊一筹。

此外，和行级锁定一样，使用页级锁定时也需要优化查询条件，尽量避免全表扫描或全页扫描的查询，以减少锁冲突和提高并发性能。在选择锁定策略时，需要根据应用的需求和数据库的工作负载来综合考虑使用哪种锁定机制。

任务实施

1. 事务的开启和提交

（1）我们先做好操作前的准备工作，使用 SQL 语句创建 user 表并插入两条数据，语句如下：

```
CREATE TABLE 'user'(
'u_no' int DEFAULT NULL,
'u_name' varchar(10) DEFAULT NULL);
INSERT INTO 'user' VALUES ('1','jojo');
INSERT INTO 'user' VALUES ('2','coco');
```

可以看到语句执行成功，执行结果如图 8.36 所示。

```
mysql> CREATE TABLE `user` (
    ->   `u_no` int DEFAULT NULL,
    ->   `u_name` varchar(10) DEFAULT NULL);
Query OK, 0 rows affected (0.11 sec)

mysql> INSERT INTO `user` VALUES ('1', 'jojo');
Query OK, 1 row affected (0.03 sec)

mysql> INSERT INTO `user` VALUES ('2', 'coco');
Query OK, 1 row affected (0.02 sec)
```

图 8.36 创建 user 表

（2）采用插入新数据的方式验证 COMMIT 的作用。学习事务，我们通常利用两个 section 来验证，所以需要开启两个命令行窗口，执行语句如下：

```
Set autocommit=0;
START TRANSACTION;
INSERT INTO 'user' VALUES ('3','vivi');
SELECT * FROM users;
COMMIT;
SELECT * FROM users;
```

section1 和 section2 的执行结果如图 8.37 和图 8.38 所示。

```
mysql> set Autocommit=0;
Query OK, 0 rows affected (0.00 sec)

mysql> START TRANSACTION;
Query OK, 0 rows affected (0.00 sec)

mysql> INSERT INTO `users` VALUES('3' , 'vivi');
Query OK, 1 row affected (0.03 sec)

mysql> COMMIT;
Query OK, 0 rows affected (0.02 sec)
```

图 8.37　section1 事务执行

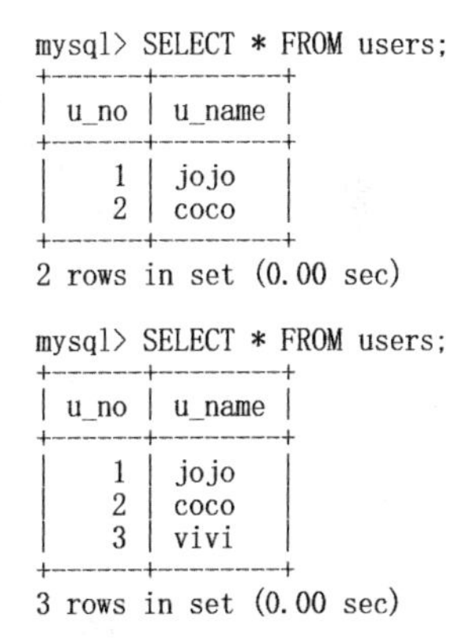

```
mysql> SELECT * FROM users;
+------+--------+
| u_no | u_name |
+------+--------+
|    1 | jojo   |
|    2 | coco   |
+------+--------+
2 rows in set (0.00 sec)

mysql> SELECT * FROM users;
+------+--------+
| u_no | u_name |
+------+--------+
|    1 | jojo   |
|    2 | coco   |
|    3 | vivi   |
+------+--------+
3 rows in set (0.00 sec)
```

图 8.38　section2 事务执行

由以上代码可以看出，当 section1 在执行完插入操作及 COMMIT 语句后，事务才会真正交给数据库系统执行。当 section1 执行完 INSERT 插入数据的操作时，在 section2 查看 users 表的信息时发现表数据并没有发生变化，只有当 section1 执行了 COMMIT 语句后才能完成查询。

2. 事务的回滚并指定回滚位置

首先利用 DELETE FROM users 语句清空 users 表。并且在回滚操作中使用 SAVEPOINT 语句来指定回滚的位置，执行语句如下：

```
START TRANSACTION;
INSERT INTO 'users' VALUES ('1','jojo');
SELECT * FROM users;
SAVEPOINT point;
INSERT INTO 'users' VALUES ('2','coco');
SELECT * FROM users;
ROLLBACK TO SAVEPOINT point;
SELECT * FROM users;
COMMIT;
```

可以看到语句执行成功，如图 8.39 所示。

```
mysql> START TRANSACTION;
Query OK, 0 rows affected (0.00 sec)

mysql> INSERT INTO `users` VALUES ('1', 'jojo');
Query OK, 1 row affected (0.01 sec)

mysql> SELECT * FROM users;
+------+--------+
| u_no | u_name |
+------+--------+
|    1 | jojo   |
+------+--------+
1 row in set (0.00 sec)

mysql> SAVEPOINT point;
Query OK, 0 rows affected (0.00 sec)

mysql> INSERT INTO `users` VALUES ('2', 'coco');
Query OK, 1 row affected (0.00 sec)

mysql>  SELECT * FROM users;
+------+--------+
| u_no | u_name |
+------+--------+
|    1 | jojo   |
|    2 | coco   |
+------+--------+
2 rows in set (0.00 sec)

mysql> ROLLBACK TO SAVEPOINT point;
Query OK, 0 rows affected (0.00 sec)

mysql>  SELECT * FROM users;
+------+--------+
| u_no | u_name |
+------+--------+
|    1 | jojo   |
+------+--------+
1 row in set (0.01 sec)

mysql> COMMIT;
Query OK, 0 rows affected (0.02 sec)
```

图 8.39　用 ROLLBACK 验证回滚效果

从图 8.39 可以看出，在插入 ('1', 'jojo') 语句后设置了一个保存点 point，然后又插入一条新记录 ('2', 'coco')，所以当执行回滚操作“ROLLBACK TO SAVEPOINT point”时，('2', 'coco') 这条记录就被清除掉了，因此查不到数据。最后执行 COMMIT 语句进行提交，最终只有 ('1', 'jojo') 这条记录被提交至数据库。

项目小结

数据安全是数据库管理系统中的重要条件，特别是在 MySQL 这样广泛使用的关系型数据库中。首先，用户管理是数据安全的第一道防线，MySQL 允许数据库管理员为不同的用户或角色分配不同的权限。其次，数据恢复备份是数据安全的重要保障，定期备份数据库并妥善保存备份文件至关重要。最后，事务与锁定机制是维护数据一致性和完整性的关键机制，用于确保数据始终保持一致和完整。在本项目中，我们深入探讨了 MySQL 数据库中数据安全的三大关键要素：用户管理、数据恢复备份、事务与锁定机制，它们是共同构建数据库安全的重要基石。

知识巩固与能力提升

一、选择题

1. MySQL 中存储用户全局权限的表是（　　）。

   A. tables_priv　　B. procs priv　　C. columns_priv　　D. User

2. 为 bobo 用户分配数据库 temp 中 s 表的查询和数据插入权限的语句是（　　）。

   A. GRANT SELECT,INSERT ON temp.s FOR bobo@localhost;

   B. GRANT SELECT,INSERT ON temp.s TO bobo@localhost;

   C. GRANT bobo@localhost TO SELECT,INSERT FOR temp.s;

   D. GRANT bobo@localhost TO temp.s ON SELECT,INSERT;

3. MySQL 中备份数据库的命令是（　　）。

   A. mysqldump　　B. mysql　　C. backup　　D. copy

4. MySQL 中恢复数据库的命令是（　　）。

   A. mysqldump　　B. mysql　　C. backup　　D. return

5. 导出数据库正确的方法是（　　）。

   A. mysqldump 数据库名＞＞文件名　　B. mysqldump 数据库名＞文件名

   C. mysqldump 数据库名 文件名　　D. mysqldump 数据库名 = 文件名

6. 事务的原子性是指（　　）。

   A. 事务必须是使数据库从一个一致性状态变到另一个一致性状态

   B. 事务一旦提交，对数据库的改变是永久的

   C. 一个事务内部的操作及使用的数据对并发的其他事务是隔离的

   D. 事务中包括的所有操作要么都做，要么都不做

7. 对并发操作若不加以控制，可能会带来（　　）问题。

   A. 不安全　　B. 死锁　　C. 不一致　　D. 死机

二、实践训练

1. 创建本地用户账号 user_test，密码为 test1。
2. 修改用户 user_test 的密码为 321。
3. 为用户 user_test 授予 CREATE 和 DROP 的权限。
4. 撤销用户 user_test 的所有权限。
5. 试述使用 mysqldump 命令备份数据库和数据表的步骤。
6. 简述使用 mysql 命令恢复数据库的步骤。

参 考 文 献

[1] 李月军 . 数据库原理与 MySQL 应用（微课版）[M]. 北京：人民邮电出版社，2022.
[2] 张巧荣 , 王娟 , 邵超 . MySQL 数据库管理与应用（微课版）[M]. 北京：人民邮电出版社，2022.
[3] 刘素芳，孔庆月 . MySQL 数据库项目化教程 [M]. 北京：北京出版社，2022.
[4] 周德伟，覃国蓉，任仙怡 . MySQL 数据库基础实例教程 [M]. 北京：人民邮电出版社，2021.
[5] 舒蕾，刘均 .MySQL 数据库应用与维护项目式教程 [M]. 北京：人民邮电出版社，2023.
[6] 石坤泉，汤双霞 . MySQL 数据库任务驱动式教程 [M]. 北京：人民邮电出版社，2023.
[7] 杨云，温凤娇，余建浙，等 . 数据库管理与开发项目教程 [M]. 北京：人民邮电出版社，2023.
[8] 龚静，邓晨曦 . MySQL 数据库项目化教程 [M]. 北京：人民邮电出版社，2023.
[9] 屈武江，张宏，霍艳飞 . 数据库系统及应用 [M]. 大连：大连理工大学出版社，2021.
[10] 谢萍，苏林萍 .MySQL 数据库实用教程（附微课）[M]. 北京：人民邮电出版社，2023.